图书在版编目(CIP)数据
跟着档案看上海.第二辑/徐未晚主编;上海市档案局（馆）编.
上海：同济大学出版社,2025.1.
ISBN 978-7-5765-1401-8
Ⅰ.①跟… Ⅱ.①徐… ②上… Ⅲ.①城市史－建筑史－上海 Ⅳ.①TU-098.12
中国国家版本馆CIP数据核字第20241YD886号

本书由上海文化发展基金图书出版专项基金资助出版

跟着档案看上海(第二辑)

上海市档案局(馆) 编
主　　编　徐未晚
出版策划　《民间影像》
责任编辑　陈立群(clq8384@126.com)
视觉策划　景嵘设计
内文设计　昭　阳
封面设计　昭　阳
电脑制作　宋　玲 唐　斌
责任校对　徐春莲

出　　版　同济大学出版社 www.tongjipress.com.cn
发　　行　上海市四平路1239号　邮编 200092　电话 021-65985622
经　　销　全国各地新华书店
印　　刷　上海锦良印刷厂
成品规格　170mm×213mm　320面
字　　数　312 000
版　　次　2025年1月第1版
印　　次　2025年1月第1次印刷
书　　号　ISBN 978-7-5765-1401-8
定　　价　138.00元

跟着档案看上海

（第二辑）

上海市档案局（馆）编

主编 徐未晚

同济大学出版社

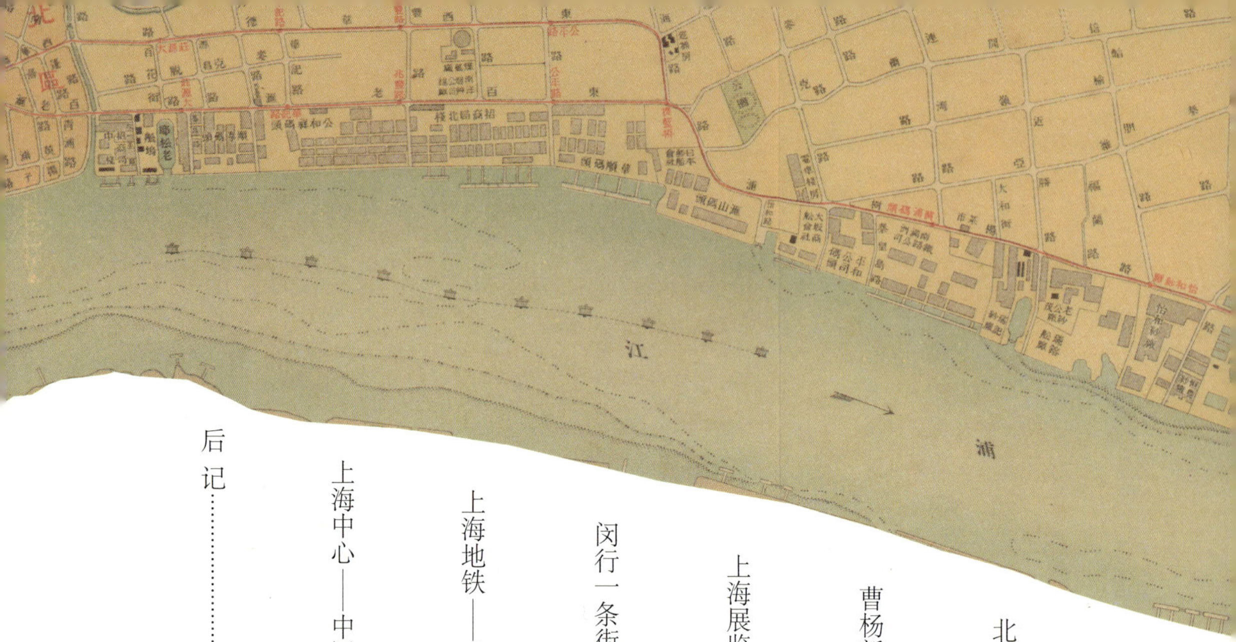

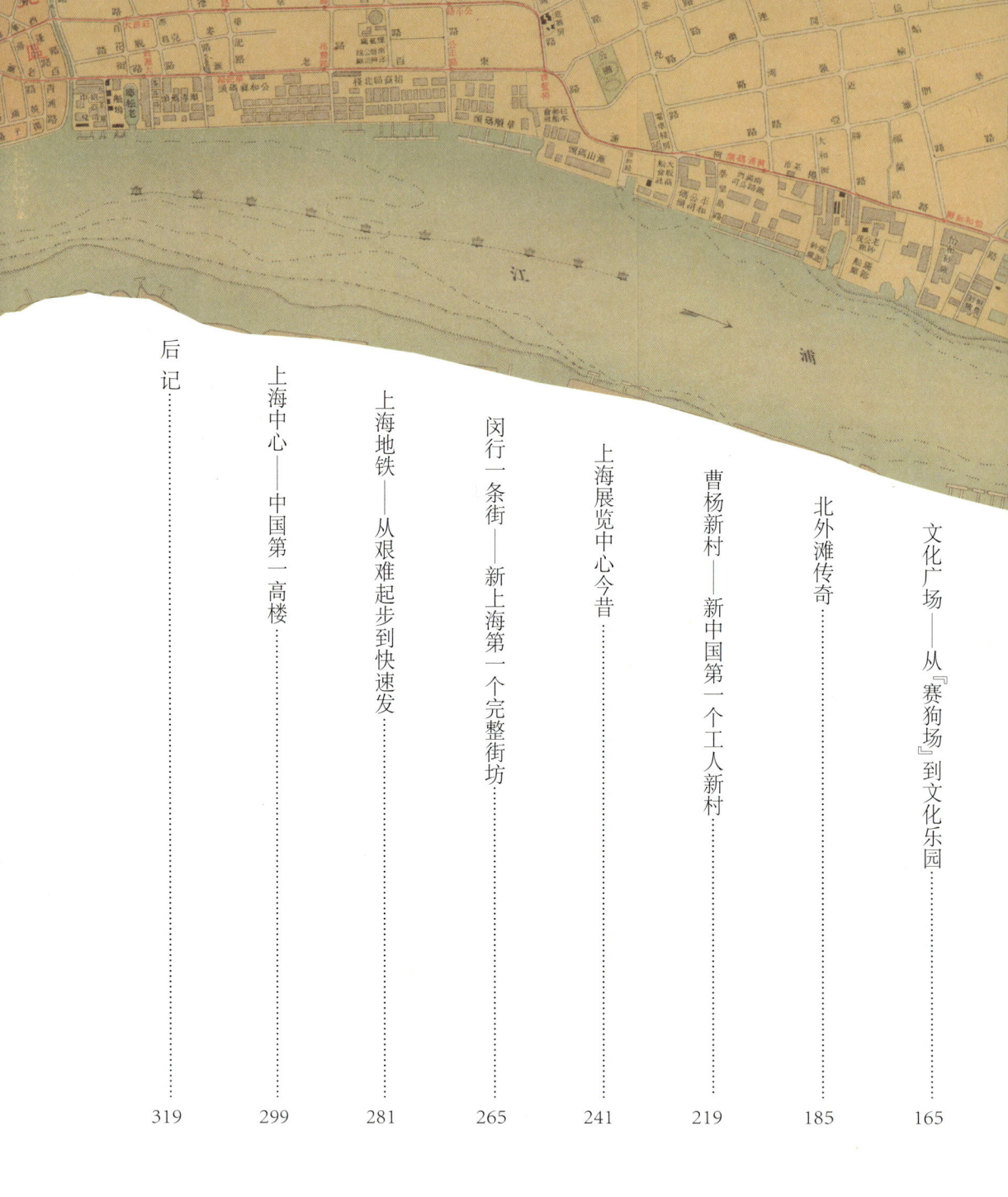

目录

主 编

徐未晚

编 委

徐未晚　肖　林　蔡纪万
葛影敏　郑泽青　石　磊

总 纂

张　新

编者的话

2021年初，上海市档案馆编辑的《跟着档案看上海》面世。暌违四载，《跟着档案看上海》第二辑也将付梓。

四年来，上海全力打造人民城市最佳实践地，浸润上海城市文化的红色底色更加鲜亮，"共建共治共享"理念深入人心，城市正变得越来越"宜业宜居宜乐宜游"。

四年来，上海档案事业也呈现出新的面貌，上海市档案馆新馆投入使用，城市记忆得到更为妥善的保管与呵护，档案查阅窗口经常"客满"，一座难求，到档案馆观展休闲的市民络绎不绝。

城市的发展、事业的成长都使我们更深入地思考档案与城市以及生活在其中的人之间的关系。作为新时代的档案人，如何更好地保存、唤醒城市记忆，活化档案资源，发挥档案在弘扬城市精神品格中的独特作用，让档案文化更多走进市民生活，需要我们付出更大的努力。

有鉴于此，在本书的编撰中，一方面我们延续第一辑的做法，努力讲好上海中心、文化广场、展览中心等著名城市地标建筑的故事；另一方面，我们拓宽视野，去探寻北外滩、徐家汇、城隍庙、南京路步行街、闵行一条街、曹杨新村等上海标识性街区的历史文化根脉；书写创下近代中国多个"第一"的江南造船厂、与上海城市一起成长的轨道交通的前世今生；我们还把目光投向活生生的人，热情讴歌用生命守护"中央文库"秘密的革命先烈，探寻孙中山、宋庆龄与这座城市割不断的联结。

由于题材更为宏阔，本书大部分单篇文章的篇幅较第一辑大大扩充，这对作者的写作及挖掘取舍档案的能力提出了更高的要求，也使成书时间有所拉长。为了使本书便于翻阅，我们还不得不忍痛割舍了数篇已经完稿的文章，留待下一辑出版。

近年来，上海市档案馆努力将“跟着档案看上海”打造成独具档案特色的城市文化名片。令人欣喜的是，第一辑甫一出版，就上榜中国图书评论学会“中国好书榜”月榜，随后又入选“世纪朵云·云上书榜”和浦东图书馆“你选我读好书榜”候选图书，在上海城市历史研究者与爱好者中也引起了一定的反响。

依托有关成果，我们拍摄了“跟着档案Citywalk｜杨浦滨江‘变身记’”系列短视频，上线了“跟着档案观上海”数字人文平台，使档案在数字时代焕发出新的生命力。

这一切都说明，所有的付出都是值得的。

我们将继续在档案这块“沃土”上精耕细作，努力用档案赓续红色血脉、传承城市荣光，讲好上海故事。

2024年12月

誓言无声

——中共中央秘书处机关(阅文处)旧址与『中央文库』

上海江宁路673弄10号，90多年前，这里是公共租界戈登路文余里1141号。这幢一正两厢三开间的石库门老房子，清水砖外墙，红砖饰线门楣，巴洛克式观音兜山墙……1927～1931年间，这里曾是中共中央阅文处所在地，党中央重要文件资料的收发、保管等机要工作在此开展。周恩来、瞿秋白、张闻天、项英等中共中央领导人，在此阅批文电或参加中央政治局会议。这里，曾上演过一幕幕惊心动魄的历史事件。

1921年7月，中共“一大”在上海召开。“一大”选举陈独秀为中央局书记，李达负责中央局宣传工作并兼任中央文件保管等秘书工作。其住所——原南成都路辅德里625号(今静安区老成都北路7弄30号)，不仅是党诞生后第一个秘密机关——中央局所在地，也是党中央文件秘书工作所在地。辅德里位于当时公共租界，又靠近法租界，“交界处”往往会形成行政管理上的“真空地带”，周围相同的石库门房屋连排连幢，而深巷内前后门均可通行，在当时严峻的环境下，这便于党组织应对突发情况，及时疏散。

党在初创时期，党员数量少，地方组织有限，没有专门设立独立的秘书工作机构。但为保守党的秘密，当时就规定中央局下达一切文件，都必须在辅德里625号起草、讨论、修改和发出。当时，党内把文件与以革命斗争为主要内容的书报刊物统称为“材料”。中央局要求在革命斗争实践中产生的文件材料不准全部销毁，其中重要者要永久保存。因此，辅德里625号就成为中共中央第一个文件材料秘密保存地。经李达之手，中央局日常工作通过的许多重要文件被精心保存下来。从1921年7月到1923年6月，中央局已累积近百份文件材料。

辅德里625号

随着中国革命快速发展，党中

央工作日益繁忙，事务性工作也越来越多。1923年6月，在广州召开的中共“三大”制定了《中央执行委员会组织法》，规定“秘书员(负)本党内外文件及通信及开会记录之责任，并管理本党文件”。中央局成员毛泽东于1923年6月至1924年9月担任秘书，其后，由罗章龙接任，但并未设立专门的秘书工作部门。

大革命期间，全国各地工农运动高涨，党的队伍日益壮大，党中央和地方组织逐渐健全，对秘书的技术性和工作要求越来越高，成立专门秘书机构势在必行。1926年7月，在上海召开的中共中央“第三次中央扩大执行委员会会议”决定“增设中央秘书处，以总揽中央各种技术工作”。从此，中共中央机关有了常设秘书工作部门，为党领导的大革命和机关工作提供了坚强保障。

1927年大革命失败后，曾短暂迁至武汉的中共中央又迁回上海。当年10月，中共中央秘书处也由武汉迁上海。1927年12月1日《中央关于党的组织第十七号通告》规定：中共中央设立中央组织局、党报委员会和职工运动委员会三个机关。中央组织局内设中央秘书处，由邓小平任秘书长，中央组织局设有文书科，专门负责文书档案工作。秘书处各科室由秘书长直接领导，不仅与地下斗争形式相适应，也是今天档案工作由党委秘书长分管领导的源头。当时，担任文书科主任的张唯一，除管理文书处理、会务工作外，还兼任文件保管处负责人。为了给中央领导开会阅文和保管档案提供一处安全场所，1927年11月，党组织租下了戈登路文余里1141号的房屋，张唯一乔装成木器行老板，与“儿子”于达、“儿媳”张小妹(张晓梅)租住在这里。

张唯一

1928年中共六大召开后，周恩来担任中共中央政治局常委会秘书长，在他领导下，党的秘书工作在思想观念、组织结构等逐步走向稳定和健全。“一切工作政治化”“一切工作集体化”“一切工作科学化”“一切工作系统化”“一切工作执行必须带督促性”，这“五个一切”成为秘密斗争时期文秘工作的基本原则。据档案记载，1928年9月至1929年9月一年内，中央秘书处共搜集政治党务文件4575件，事务技术性文件5635件，共

10210件。到1931年秋，积攒的文档已达20余箱。

在1931年1月召开的中共六届四中全会上，周恩来当选中共中央政治局常委，分工主管中央军委和中央秘书处工作，同时兼中共中央秘密工作委员会负责人。为了确保党的档案安全，周恩来和张唯一等人一起商定，设立了被称为“一号机密”的中国共产党第一个秘密档案库(党内习惯称“中央文库”)，张唯一也成为“中央文库”第一任保管者。“中央文库”设立后不久，周恩来提出“文件材料应分条理细，进行分类整理”，并提出意见“区别不同情况整理和保存文件”。1931年初，受周恩来委托，瞿秋白起草了中共历史上第一份档案文件管理规定——《文件处置办法》。《文件处置办法》共7条，详细规定了应当收集文件档案材料的范围内容，以及整理、保管、销毁文件的原则和方法。在办法最后的总注中瞿秋白写道，“如可能，当然最理想的是每种二份，一份存阅，一份入库，备交将来(我们天下)之党史委员会”，墨迹饱蘸着对革命前途充满必胜的信心。周恩来在这份文件处置办法上批示：试办下，看可否便当。

随后，张唯一按照《文件处置办法》，对“中央文库”档案开展整理工作。他将20余箱文件按照国际的、中央的、地方的、群众团体等不同来源分门别类，打包存放；重要的入库，无关紧要的销毁；会议记录、统计报表、人员名册、暗语代号、党内指示等绝密文

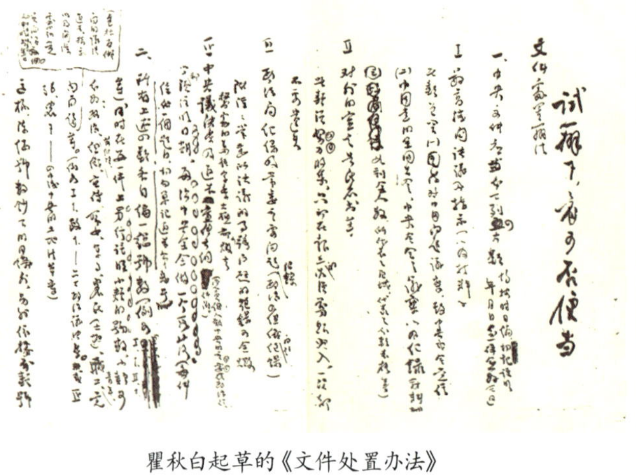
试办下，看可否便当

瞿秋白起草的《文件处置办法》

陈为人

电，装入机要箱，放在既隐蔽又方便转移处。箱内常备火柴，一旦遭遇紧急状况，可一把火立刻烧掉文件。张唯一还制定了《一切文件归档案制度》和《关于文库材料编目问题的方案》，按照时间和目录项目，对文库的文档分类顺序编目。这样，“中央文库”有了最初的管理规范流程。

继张唯一之后，“中央文库”由秘书处文书科另一工作人员张纪恩保管。他化名“黄寄慈”，以其父名义继续租下阅文处所在地，与夫人张越霞(化名“黄张氏”)住楼下，其他工作人员分别以“佣人”“娘姨”“亲戚”“房客”身份住在楼内其他房间，掩护机关安全。1931年4月，中央特科主要负责人，掌握大量重要机密的顾顺章被捕叛变。得知顾顺章叛变消息后，周恩来立刻部署上海各秘密机关转移，“中央文库”的20余箱秘密档案也紧急转移到安全场所，避免了一场大劫难。

1931年6月，阅文处机关遭租界巡捕搜查，张纪恩夫妇被捕。次年6月，已任中共中央秘书处负责人的张唯一将保管“中央文库”的重任交到了陈为人手中。陈为人，湖南江华县人，中共早期党员，曾参加党的“三大”，并担任中共满洲临时省委书记。当时，他刚被党组织营救出狱不久，在上海从事党的刊物《上海报》的编辑等工作。接受管理文库任

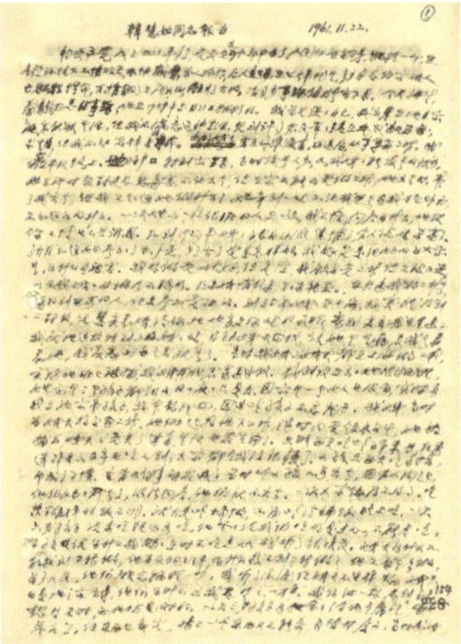
韓慧如同志報告　1961.11.22.

韩慧茹回忆

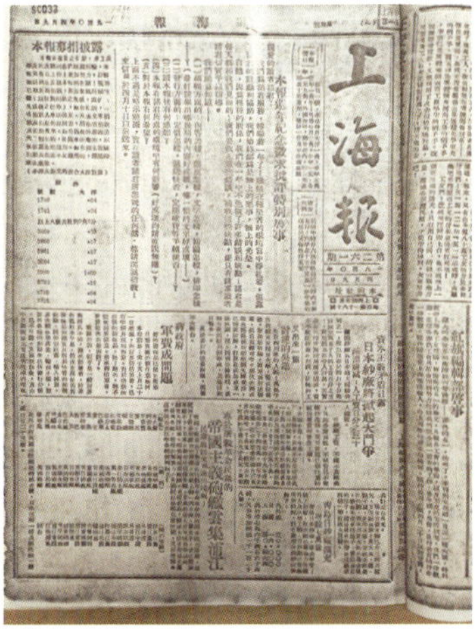
上海報

陈为人参与编辑的《上海报》

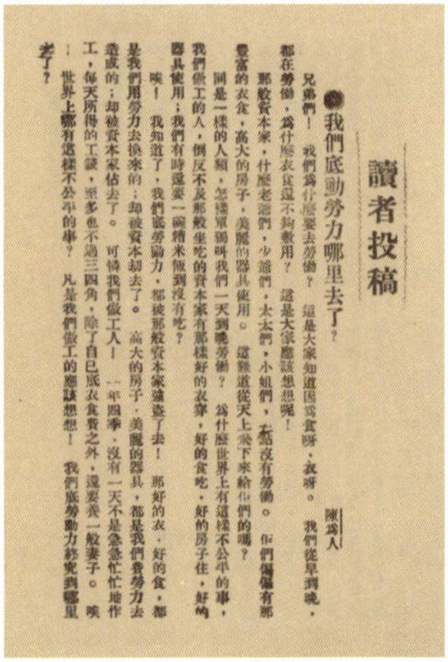
讀者投稿

我們底勞動力哪里去了？

陳為人

兄弟們！我們為什麼要去勞動？這是大家知道因為食呀，衣呀。我們從早到晚，都在勞働，為什麼衣食還不夠敷用？這是大家應該想想呢！

那般資本家，什麼老爺們，少爺們，太太們，小姐們，一點沒有勞働。他們偏偏有那豐富的衣食，高大的房子，美麗的器具使用。這難道從天上飛下來給他們的嗎？

同是一樣的人類，怎樣單獨叫我們一天到晚勞働？為什麼世界上有這樣不公平的事，我們做工的人，倒反不及那般坐吃的資本家有那樣好的衣穿，好的食吃，好的房子住，好的器具使用；我們有時還要一碗糙米飯都沒有吃？

唉！我知道了，我們底勞働力，都被那般資本家搶去了！那好的衣，好的食，都是我們用勞力去換來的；卻被資本劫去了。高大的房子，美麗的器具，都是我們費勞力去造成的；卻被資本家佔去了。可憐我們做工人！一年四季，沒有一天不是急急忙忙地作工，每天所得的工錢，至多也不過三四角，除了自己底衣食費之外，還要養一般妻子。唉！世界上哪有這樣不公平的事？凡是我們做工的應該想想！我們底勞動力終究到哪里去了？

陈为人所著《我们底劳动力去哪了》

务后，陈为人将“中央文库”全部文档秘密搬运至小沙渡路合兴坊15号(后为西康路560弄15号)一幢独门三层小楼房里，这里也是他的住所。

“中央文库”转移到合兴坊后，陈为人在第三层阁楼靠里墙做了一堵木板墙，两墙当中存放文档。平时，陈为人以富商面目出现在邻居面前，妻子韩慧英在附近小学当教师，交通员李沫英是这家的“佣人”，她们协助陈为人管理“中央文库”。陈为人对库藏文件、资料进行整理和编目。他将文件中厚纸的改抄在薄纸上，把大字改成小字，把文件的宽边空白裁掉，把密写在小说、报纸上的文件抄录下来，重新整理装箱，放在通风安全处。经他这样整理好的文件材料，共6箱，两万多件。他还在存放档案的阁楼中放了一个不熄的火炉，平时整理过的文件碎片、书籍随手烧掉；一旦出现问题而又无法挽救时，一根火柴就可实现夫妻俩“定以生命相护，宁可放火烧楼，与文件俱焚”的誓言。

西康路560弄15号中央文库

1935年2月，“中央文库”单线联系人张唯一被捕。事发当天，去和张接头的韩慧英也同时被捕。陈为人没有等到妻子在规定时间内回来，便立即转移了“中央文库”。他化名

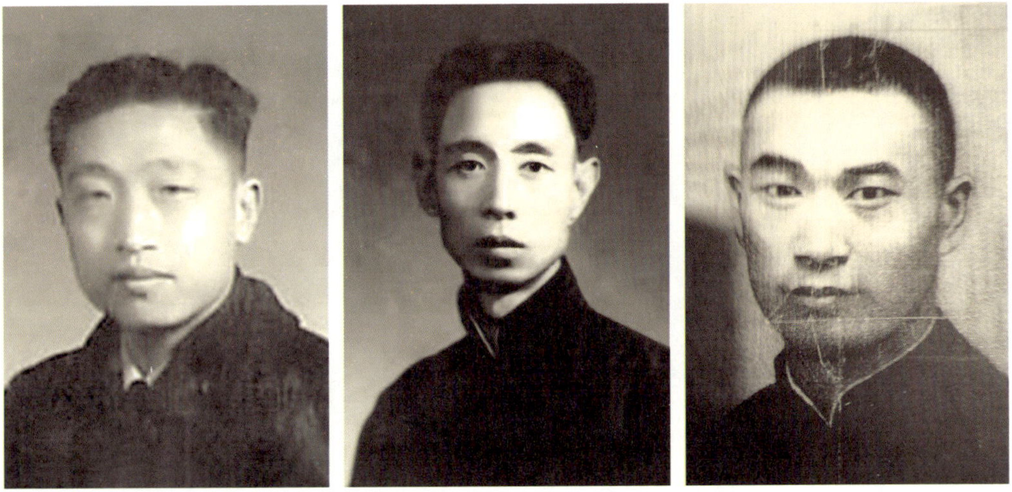

中央文库保管者周天宝、刘钊、缪谷稔(左起)

张慧生高价租下一幢二层楼房。从这时起，他和党组织就失去了联系，也失去了经费来源。除了独自担负起保卫“中央文库”的重任，他还要养活和照顾身边3个孩子，有时一天只吃两顿红薯甚至稀饭度日。到了7月，其生活再也无法维持下去，只得写信给在河北的妻妹韩慧如，要她前来上海看望“重病”的姐姐慧英。韩慧如和陈为人见面后，没有发现姐姐的身影，本想一走了之，但看到可怜的孩子，又留了下来。在陈为人影响下，也担负起保卫“中央文库”的工作，而狱中的韩慧英，始终没有泄露党的机密。

1935年底，韩慧英出狱，一家人终于团聚。1936年春，韩慧英辗转和党组织情报系统派来的徐强接上关系。此时的陈为人，由于日夜操劳过度，加上生活贫困，肺病非常严重，不能再承担繁重工作。鉴于他的身体状况，党组织决定将“中央文库”交由周天宝(又名周始)保管。周天宝也是中共情报系统工作人员，从此，“中央文库”就一直由党在上海的地下情报系统保管，直到解放。

为了便于以后的同志管理中共中央文库，陈为人抱病写下一份《开箱必读》：第一部分是“装箱记”，记录着五只文件箱分别装入什么文件资料，第一箱是中共中央和共产国际文件，第二箱是中共顺直省委、鄂豫皖中央分局、闽西特委等18个地区的文件，第三

1942年7月，陈来生将中央文库的文件、资料，分批从新闻路1851弄转移至新闻路944弄庚庆里的一间阁楼保管

中央文库所在的新闻路1851弄

箱是中共上海区委、河南省委、湘鄂西中央分局等10个地区的文件，第四箱是未整理的文件，第五箱是中文和俄文书籍、刊物；第二部分是开箱注解，“在未开箱之先，必取目录审查，尤其是要审查清理的大纲共二件(一切文件，都是按此大纲清理的)，然后才按目录次第去检查，万不可乱开乱动。同时于检查之后，仍须按原有秩序放好”。

在徐强指挥下，“中央文库”又一次搬迁至法租界恺自迩路(今金陵中路)仁昌里17号。仁昌里整条弄堂都是周天宝亲戚家的产业，17号是一幢花园洋房，周天宝本人也住在仁昌里6号，附近又有“海上闻人”黄金荣、杜月笙公馆，谁也不会想到这里有着共产党的机密档案库。完成了文库移交工作后，陈为人再也支撑不住，经常大口吐血，虽经多方抢救，但他在1937年3月的一天走完了革命的、光辉的一生，年仅38岁。

1939年，徐强奉调延安，党组织指派吴成方接替徐强担任“中央文库”直接领导人。1940年，存放“中央文库”的周天宝亲戚家附近房屋因拍摄电影失火，加之周天宝上级被捕，为保证档案安全，党组织让地下党员刘钊把存放在仁昌里的档案转移到安全地点。刘钊先把档案搬回小沙渡路合兴坊(西康路560弄)15号后又搬迁到公共租界康脑脱路(今康定

成都北路974号中央文库

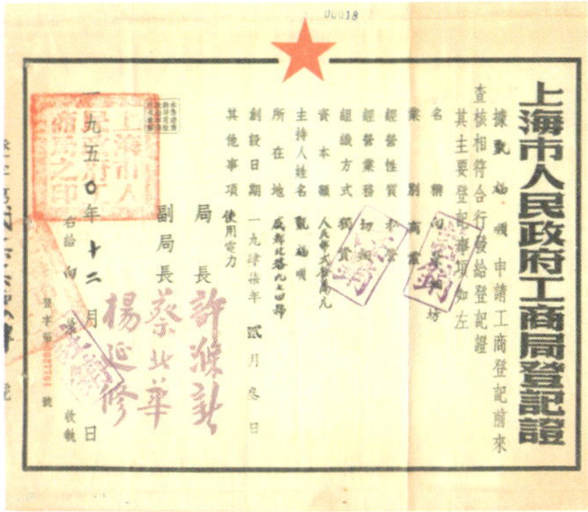

上海市人民政府工商局登記證

據甄福順申請工商登記前來

查核相符合行發給登記證

其主要登記事項如左

名稱

業別 商業

經營性質

經營業務 切麵

組織方式 獨資

資本額

主持人姓名 甄福順

所在地 成都北路九七四號

創設日期 一九肆柒年貳月叁日

其他事項 使用電力

局長 許滌新

副局長 蔡北華 楊延修

一九五〇年十二月 日

向荣切面店工商登记证

路)生生里的地下联络点。

1940年秋，缪谷稔接替刘钊成为“中央文库”第四任守护人。由于生生里联络点人员来往比较频繁，缪谷稔与妻子一起，把全部文档秘密搬运到新闸路1851弄金运坊自己家中。1942年夏，因缪谷稔病重，党组织决定调陈来生接替缪谷稔负责管理“中央文库”。陈来生接手“中央文库”时只有23岁，却是有5年党龄的“老革命”了，他也是历任“中央文库”保管人中最年轻、保管时间最长的一位，前后达7年之久。接到保管“中央文库”的重任后，陈来生动员父亲甄德荣、弟弟甄福顺和甄长顺，以及妹妹甄雨珍等亲属，用竹篮、面粉袋等简陋工具暗藏文件材料，采取“蚂蚁搬家”方式，穿过日伪的哨卡，一点一点将2万余件党的重要文件、资料转移至新闸路944弄赓庆里弄堂口过街楼亭子间里暂存。而病重的缪谷稔于1943年夏天离开上海，回江阴原籍休养，翌年病逝，终年37岁。

为了更安全守护党的机密，1942年冬，陈来生又以家人名义租下成都北路972弄3号(后为成都北路974号)。这是一个楼上楼下两层，单门独屋的石库门民宅，楼下为卧室，楼上是新搭的小阁楼。陈来生将全部文件、资料整齐沿墙码放到阁楼顶棚，又在外面钉上一层木板，糊上报纸，这样从外面看不出任何改动的痕迹。而且夹壁墙被档案塞得严严实实，即便用手敲，也听不见空心层的声音。

为掩护“中央文库”和维持生计，陈来生与家人在自家门前摆过杂货摊，还在自家楼

1945年中央文库保管地点：新闸路944弄赓庆里488号

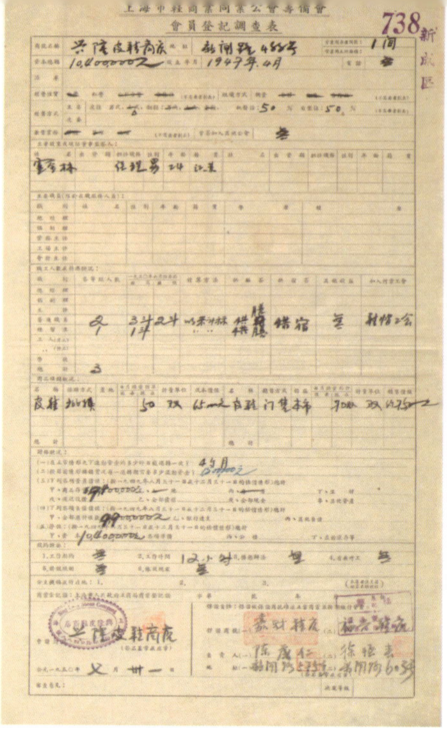

會員登記調查表

738 新成區

1947年4月

兴隆皮鞋店登记表

下开设“向荣切面店”，冒着生命危险穿过封锁线把从农村买来米面加工贩卖。每到春夏天，上海气温高，空气潮湿。为了不使文件、资料因保管不当受损，陈来生利用一切机会在屋内秘密晾晒，以防文件霉烂，还在文件中放上烟叶等，以防虫蛀鼠咬。每次开箱，他都按照陈为人写下的“开箱必读”，仔细整理，再放回原位。

1945年日本投降前夕，陈来生将“中央文库”转移至新闸路488号“兴隆”大饼油条店后面的厨房保藏。1946年底，因“兴隆”的房东要收回房屋转行开设皮鞋店，陈来生又将文库搬回成都北路972弄3号，直到上海解放。陈来生保护中央文库期间，不仅躲过敌人多次来家盘查，而且连日夜相处的同楼居民也无人察觉。更难能可贵的是，陈来生在保管“中央文库”同时，还带领一批地下工作者开展情报工作，获取了多份重要情报，在隐蔽战线上为抗战胜利和上海解放作出了重要贡献。

10多年来，“中央文库”在上海多地辗转保存，中央领导也时刻牵挂这些党的“一号机密”。1945年3月，吴成方指示陈来生“抄写(六届)三中全会前后各种中央历史文件，呈

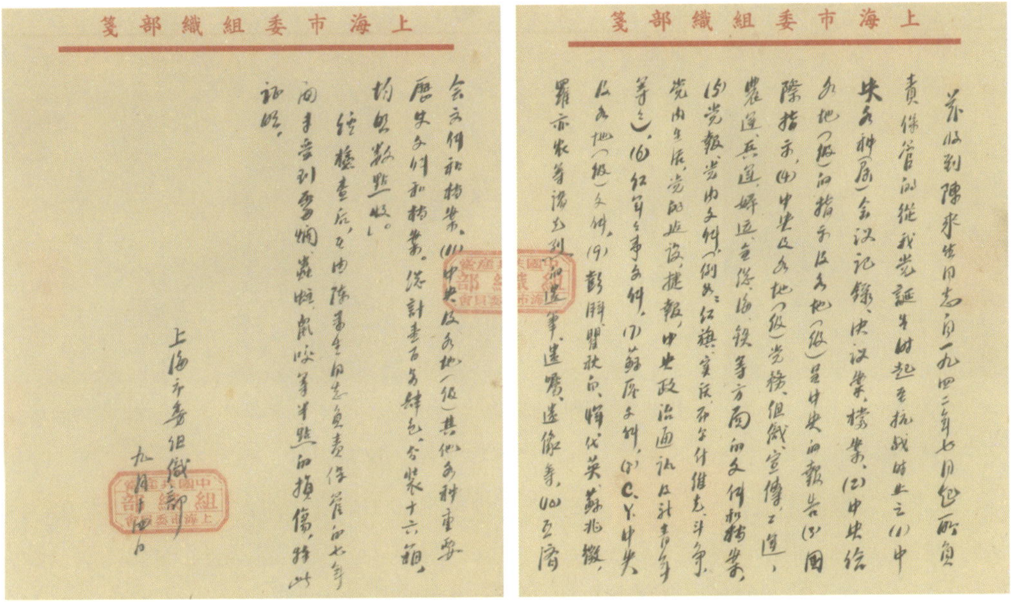

上海市委組織部箋

兹收到陈来生同志自一九四二年七月起所负责保管的從我党誕生时起至抗战时止之(1)中央各种(届)会议記録、决议案、檔案、(2)中央给各地(级)的指示及各地(级)呈中央的報告(3)国際指示,(4)中央及各地(级)党務、组织、宣傳、工運、農運、兵運、婦運、青運、保衛、锄奸等方面的文件和档案,(5)党報、党内文件(例如:红旗、实话、布尔什维克、斗争、党内生活、党的建设、捷報、中央政治通讯以及……等等),(6)红軍文件,(7)蘇區文件,(8)C.Y.中央及各地(级)文件,(9)彭湃、瞿秋白、惲代英、蘇兆徵、羅亦农等諸烈士的遗筆、遺囑、遺像等,(10)互濟

上海市委組織部箋

会文件和档案,(11)中共及各地(级)其他各种重要歷史文件和档案。總計壹百零肆包,分裝十六箱,均照数照收。

經檢查后,这由陈来生同志负责保管的七年而未受到霉烂、虫蛀、鼠咬等半点的损傷,特此证明。

上海市委组织部

九月 日

中共上海市委组织部在给陈来生的证明信

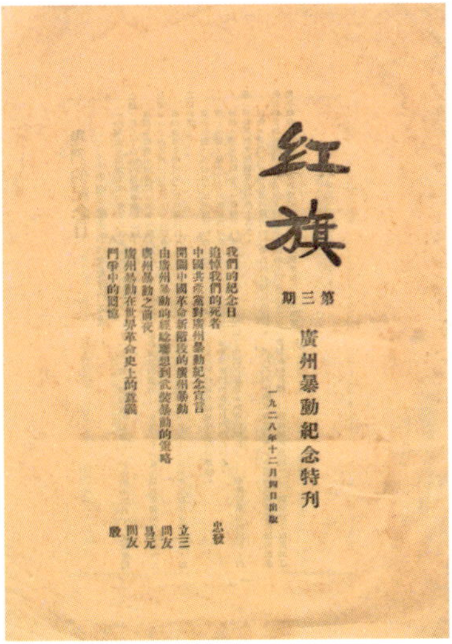

紅旗

第三期

廣州暴動紀念特刊

一九二八年十二月四日出版

我們的紀念日 忠發

追悼我們的死者

中國共產黨對廣州暴動紀念宣言

開闢中國革命新階段的廣州暴動 立三

由廣州暴動的經驗應想到武裝暴動的策略 問友

廣州暴動之前夜 恩元

廣州暴動在世界革命史上的意義 問友

鬥爭中的團結 殷

党刊《红旗》杂志

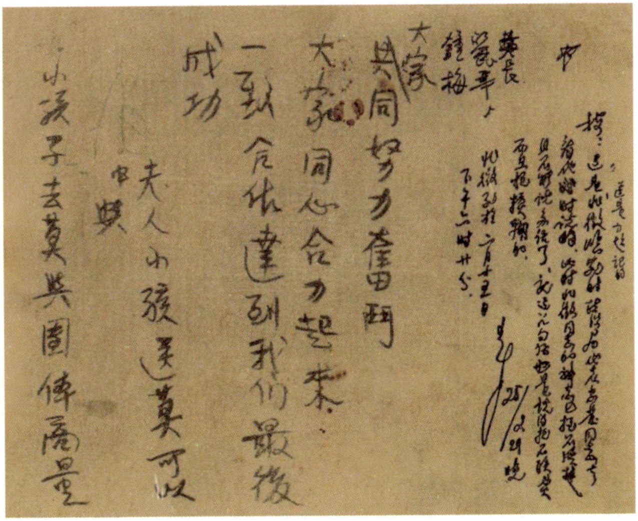

大家共同努力奮鬥

大家同心合力起來,

一致合作達到我們最後成功

夫人小孩是可以

苏兆征遗嘱

秦鸿钧全家福

1981年7月10日，陈来生接受中央档案馆、上海市档案馆工作人员的采访

交中央”。陈来生立即组织地下工作人员开箱查找文件，秘密誊抄，顺利完成了任务，1946年，陈来生又根据上级指示，从“中央文库”中取出5000余份文件，装入两个航空皮箱内送到吴成方家中，再由其他同志转送延安。

1949年5月，上海解放后，陈来生把“中央文库”全部库藏文件、资料清点装箱，于9月初将104包共16箱档案移交中共上海市委组织部，全部档案“未受到霉烂、虫蛀、鼠咬等半点的损伤”。

得悉中央档案“完璧归赵”后，中共中央办公厅电令华东局办公厅：“大批党的历史文件，十分宝贵，请你处即指定几个可靠的同志，负责清理登记、装箱，并派专人护送，全部送来北平中央秘书处。”中央办公厅的这份复电，是经毛泽东修改，刘少奇、朱德圈阅，周恩来批发的。电报中有一句原文是“对保存文件有功的同志，请你处先予奖励”，毛泽东阅后将“有功的同志”改为“有功的人员”。意即对保护中央文库有功的同志、朋友、家属，都要予以表彰和奖励。1949年10月4日中共上海市委发布了《给陈来生的嘉奖信》。1950年2月8日，中共上海市委组织部又派专人携带礼品和慰问信慰问协助陈来生守护“中央文库”有功的甄家家属。慰问信说：“自1942年迄上海解放，7年来由于先生等协助陈来生同志全力掩护，使我党之重要历史文件，得以在敌伪及国民党反动派白色恐怖下免遭损失。”

在接到中央办公厅复电后，中共中央华东局办公厅和中共上海市委办公厅即抽调干部

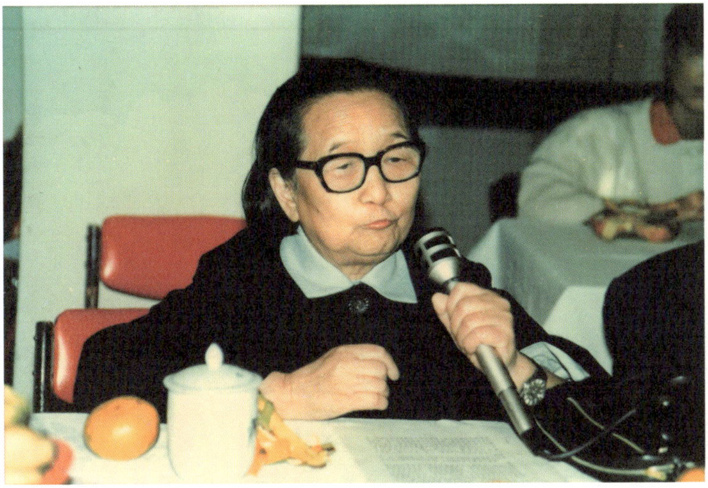

韩慧茹回忆中央文库

韩慧英

对陈来生交来的中央历史文件、资料进行了清点、登记，仍分装16箱。1950年2月下旬，由中共中央华东局秘书处资料室副主任罗文和中共上海市委组织部一名干部负责将“中央文库”全部文件运送至北京，上交中共中央秘书处。经中共中央秘书处清点，陈来生保存的这批文件在15000件左右，其中包括1922～1934年中共中央文件、中华苏维埃政府的文件、红军文件、国际文件和各地党委文件等，其中有共产国际指示和党中央会议记录；有党中央和各地党组织间的指示和报告；有苏区和红军的军事文件；有毛泽东、周恩来手稿，还有革命先烈遗墨、照片，等等。至此，“中央文库”库藏档案全部移交中共中央，后又入藏中央档案馆，“中央文库”的传奇历史遂告结束。

峥嵘岁月，誓言无声。从1927年大革命失败后党中央迁回上海到1949年上海解放，在长达20多年的白色恐怖和动荡岁月中，先后有多名地下工作者前赴后继、薪火相传守护党的“红色档案”，默默奉献青春、汗水乃至生命，历史不会忘记他们。

张唯一，被捕入狱后一直坚守党的秘密，1937年第二次国共合作后出狱，继续从事党的秘密工作。1949年后担任中央人民政府情报总署副署长、政务院副秘书长、全国政协副秘书长等职务，1955年12月在北京病逝。张纪恩，接任张唯一负责中央秘书处文书工作，

张纪恩向烈士墓献花

中央秘书处旧址保护前面貌*

中央秘书处旧址施工现场*

1931年被捕，1934年出狱。抗日战争和解放战争期间，在上海、重庆等地从事秘密工作。解放后长期在煤炭系统工作，1982年从煤炭工业部科学研究总院上海分院顾问职务上离休，2008年去世，享年102岁。

韩慧英，陈为人去世后，将三个孩子送回陈为人老家湖南江华，后与党组织失去联系。解放后一直在湖南从事文教工作，1968年在长沙病逝。妹妹韩慧如在姐夫、姐姐影响下走上革命道路。1937年与秦鸿钧结婚，协助丈夫开展秘密电台工作。上海解放前夕，秦鸿钧被捕牺牲。解放后，韩慧如历任私立海光小学教师、副校长。1954年9月，任徐汇区第一中心小学校长，党支部书记，2009年去世。

中央秘书处旧址主题陈列*

中央秘书处旧址当年场景复原*

文余里门头和中央秘书处旧址纪念馆外雕塑*

徐强，1949年后曾任上海市第一商业局办公室主任，1988年10月病逝。吴成方，长期从事党的情报工作，1981年任上海市人民政府参事室参事，1992年去世。周天宝，1940年与党组织失去联系，解放后将开设的药房等资产无偿捐献国家，1982年任上海市人民政府参事室参事。刘钊，解放后在市公安局工作。陈来生，解放后一直在军队系统工作，1997年去世。

时光荏苒，如今，“中央文库”各保存地点都已不存，人们只能在当年寻访留下的照片和后人回忆的文字材料中追寻当年的峥嵘岁月。幸运的是，在上海大规模的城市改造更新中，中共中央秘书处机关(阅文处)得以完整保留下来。2010年8月，该处被登记为静安区不可移动文物。2013年，旧址保护工作正式启动。2018年，中共中央秘书处机关旧址纪念馆筹建工作正式启动，2023年6月27日，中共中央秘书处机关旧址纪念馆开馆，这是上海市实施“党的诞生地”红色文化传承弘扬工程重点项目。7月1日，在建党102周年之际，纪念馆正式对公众开放。

今天，当我们重新回顾这段历史时，看到的是中国共产党人用忠诚与信仰，赓续守护了革命之魂，使红色基因不断薪火相传。

(金志浩)

*系静安区档案局(馆)提供

孙中山宋庆龄的上海印记

上海是一座具有光荣革命传统的城市，伟大的革命先行者孙中山及其伴侣——中国共产党的亲密朋友宋庆龄曾在这里生活、从事革命活动，留下许多值得永远铭记的回忆。

1885年4月，时年20岁的孙中山从檀香山初到上海，腐败的清朝吏治与租界殖民主义暴政给他留下了深刻印象。1894年春夏间，孙中山怀揣救国梦想，再次来到上海寻求上书朝廷重臣李鸿章书的门径。上书失败后，孙中山从上海出发前往檀香山，继续寻求救国救民道路。同一时期，孙中山结识了宋庆龄的父亲宋耀如，与宋家结下了深厚友谊。

史有记载，孙中山曾先后莅沪27次，为时8年之久(期间短暂居住他处)，超过他据以为南方革命根据地的广州。1911年10月10日，武昌起义爆发，全国各地纷纷相应。11月25日，孙中山乘船经由欧洲回国到达光复后的上海。革命党人建立的沪军都督府事先在法租界宝昌路408号(今淮海中路650弄3号)预备了一幢新落成的洋房作为孙中山在沪行馆，12月26日，孙中山在行馆召开同盟会最高干部会议，研究临时政府组织形式等重大问题。1912年元旦，孙中山从此出发，上午11时乘火车赴南京就任临时大总统。

1912年4月，辞任临时大总统职位的孙中山再次来到上海，他考察《民立报》，在张园安垲第、寰球中国学生会、公共租界三马路(今广东路)中华大戏院等处发表演讲。还在广

青年孙中山

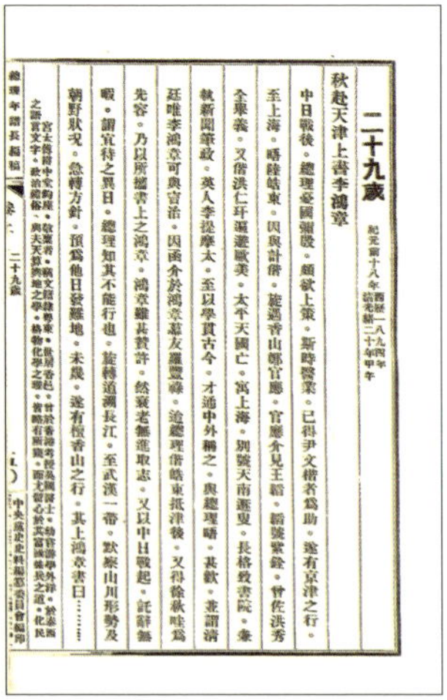

二十九歲 紀元前十八年 西曆一八九四年 清光緒二十年甲午

秋赴天津上書李鴻章

中日戰後。總理憂國彌殷。頗欲上策。漸時醫業。已得尹文楷者爲助。遂有京津之行。至上海。晤陸皓東。因與計偕。旋遇香山鄭官應。官應介見王韜。韜號紫銓。曾佐洪秀全舉義。又偕洪仁玕漫遊歐美。太平天國亡。寓上海。別號天南遯叟。長格致書院。秉執新聞筆政。英人李提摩太。至以學貫古今。才通中外稱之。與總理晤。甚歡。並謂清廷唯李鴻章可與言治。因函介於鴻章幕友羅豐祿。迨總理偕皓東抵津後。又得徐秋畦爲先容。乃以所擬書上之鴻章。鴻章雖甚贊許。然衰老無進取志。又以中日戰起。託辭無暇。謂宜待之異日。總理知其不能行也。旋轉道溯長江。至武漢一帶。默察山川形勢及朝野狀況。急轉方針。預爲他日發難地。未幾。遂有檀香山之行。其上鴻章書曰……

宮太傅爵中堂鈞座。敬稟者。竊文籍隸粵東。世居香邑。曾於香港考授英國醫士。幼嘗游學外洋。於泰西之語言文字。政治禮俗。與夫天算輿地之學。格物化學之理。皆略有所窺。而尤留心於其富國強兵之道。化民

總理年譜長編稿 卷二 二十九歲

中央黨史史料編纂委員會編印

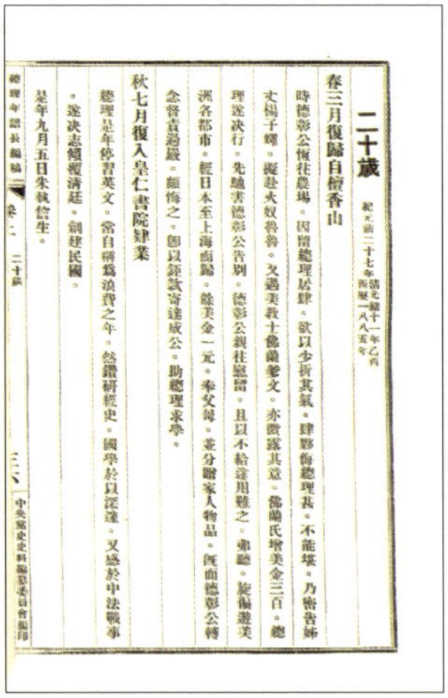

二十歲 紀元前二十七年 清光緒十一年乙酉 西曆一八八五年

春三月復歸自檀香山

時德彰公恆往農場。因留總理居肆。欲以少折其氣。肆夥倚總理甚。不能堪。乃密告姊丈楊子嶍。擬赴大奴魯魯。又遇美教士芙蘭諦文。亦微露其意。芙蘭氏贈美金三百。總理遂決行。先馳書德彰公告別。德彰公親往臨留。且以不給途用難之。弗聽。旋偏遊美洲各都市。經日本至上海面歸。餘美金一元。奉父母。並分贈家人物品。既而德彰公轉念督責過嚴。頗悔之。圖以鉅款寄達成公。助總理求學。

秋七月復入皇仁書院肄業

總理是年停習英文。常自稱爲浪費之年。然鑽研經史。國學於以深造。又感於中法戰事。遂決志傾覆清廷。創建民國。

是年九月五日朱執信生。

總理年譜長編稿 卷二 二十歲

中央黨史史料編纂委員會編印

孙中山年谱有关其到上海记录

孙中山上海行馆(陈刚毅摄)

东路36号设立中国铁路总公司并亲任总理，筹划全国铁路建设。1913年1月初，圣约翰大学校长卜舫济致函中国铁路总公司，邀请孙中山在该校结业式上发表演讲。孙中山愉快受邀，于1913年2月1日，在圣约翰大学思颜堂二楼大厅对莘莘学子发表演说，他告诫青年学子：“民主国家，教育为本。人民爱学，无不乐承，先觉觉后。责无旁贷，以若所得，教若国人，幸勿自秘其光。”同年，宋庆龄留美归来，接替其姐宋霭龄担任孙中山秘书。

1915年，袁世凯窃取民国总统职务，企图恢复帝制。孙中山发动起义讨袁，捍卫辛亥革命成果，永丰舰等海军军舰在沪通电响应，加入孙中山领导的护国军行列。同年，孙中山与宋庆龄在日本结婚，两人携手度过此后革命的峥嵘岁月。1918年5月，由于西南军阀政客悍然改组广州军政府，孙中山愤然辞去海陆军大元帅职务，由广州抵沪，入住莫利爱路(今香山路)29号。这幢建于20世纪初、两层带花园英国乡村别墅式建筑，是4名加拿大华

民国初年孙中山等革命党人在上海与外国友人合影

侨于1918年集资购置赠与的。之后，孙中山夫妇便以此地作为开展革命活动的主要场所之一，它也成了中国现代史上许多重大事件的“见证者”。

从1918年6月到1920年11月，孙中山在寓所内深居简出，潜心研究革命理论，认真总结经验教训，发奋写下了《孙文学说》和《实业计划》，连同1917年完成的《民权初步》合成著名的《建国方略》并在上海出版，其后又多次再版。1919年，孙中山的中文秘书邵元冲准备赴美留学，孙中山致函圣约翰大学校长卜舫济，请求准许邵元冲到圣约翰旁听补习英文课程，卜舫济回函表示同意。

1922年8月底，孙中山在寓所会见了受中共中央委托，专程前来拜访的李大钊。两人就“振兴国民党以振兴中国之问题”展开热烈探讨。孙中山亲自主盟，吸收李大钊为国民党

张园安垲第(《民间影像》提供)

党员。此后，陈独秀、张太雷、蔡和森等中共领导人也陆续加入国民党。在此前后，孙中山还在寓所接待了共产国际使者维经斯基、马林等人。1923年1月18日起，孙中山在寓所与苏俄代表越飞多次会谈，商讨改组国民党、建立军队以及苏俄援助中国等问题。1月26日，他们联名发表《孙文越飞联合宣言》，为“联俄、联共、扶助农工”三大政策的确立和第一次国共合作奠定了基础。

1923年10月，孙中山南下广州，成立中国国民党临时中央执行委员会。1924年1月，国民党一大召开，决定在北京、上海、汉口等地建立中央派出机构执行部，2月下旬，上海执行部召开第一次执行委员会议，毛泽东、罗章龙、王荷波等中国共产党中央局成员参加执行部工作，邓中夏、恽代英、沈泽民、向警予等共产党人也参加执行部工作。3月1日，上海执行部在环龙路44号(今南昌路180号)开始办公。

1924年10月，冯玉祥发动北京政变，电邀孙中山北上共商国是，实现国家和平统一。

1912年孙中山与家人在上海合影

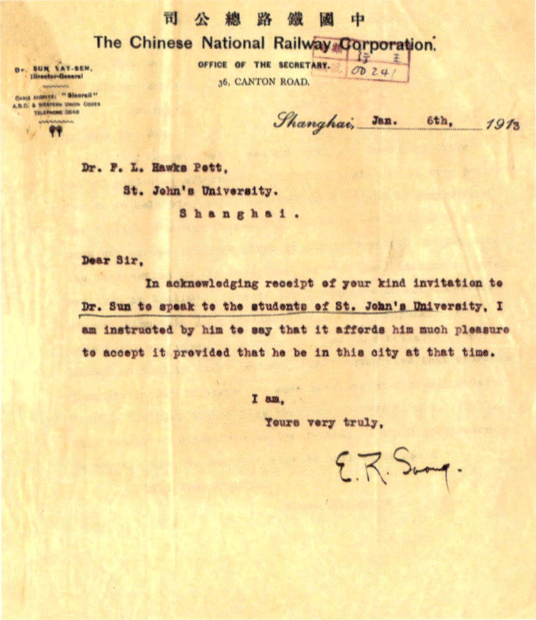
中國鐵路總公司
The Chinese National Railway Corporation.

Dr. SUN YAT-SEN,
Director-General

Cable Address: "Sinorail"
A.B.C. & Western Union Codes
Telephone 3640

OFFICE OF THE SECRETARY.
36, CANTON ROAD.

Shanghai, Jan. 6th, 1913

Dr. F. L. Hawks Pott,
St. John's University.
Shanghai.

Dear Sir,

In acknowledging receipt of your kind invitation to Dr. Sun to speak to the students of St. John's University, I am instructed by him to say that it affords him much pleasure to accept it provided that he be in this city at that time.

I am,
Yours very truly,

E. R. Song.

中国铁路总公司关于孙中山去圣约翰大学演讲的函件

11月17 日，孙中山一行由广州抵达上海。两天后，他在莫利爱路寓所召开记者会，进一步阐明他北上谋求和平统一的主张。22日，孙中山偕宋庆龄等离沪继续北上。这一去,他再也没能回到莫利爱路寓所。1925年3月12日，孙中山因积劳成疾在北京逝世。临终前，“尽瘁国事，不治家产”的他留下了《家事遗嘱》，将所遗书籍、衣物、住宅等留给爱妻宋庆龄，以为纪念。

除了行馆和故居，上海还有许多地方留有孙中山的印记，首当其冲的就要算中山路了。1927年末，成立不久的上海市政府就谋划修建连接龙华和闸北的道路，以绕开横亘其间的公共租界和法租界。1928年，经市政府第五十八次市政会议核准，“中山路工程及估价数目当经市长决定，中山路宽度定为二十四公尺，用三合土基煤屑路，由军工铺筑，并以三月十二日总理逝世三周纪念日为开工之期，以志思慕……”1930年，道路筑成。上海现在的中山西路、中山北路就是在其基础上不断拓宽而成。

1916年8月孙中山在上海与部分国会议员合影(孙中山故居纪念馆提供)

上海中山故居(陈刚毅摄)

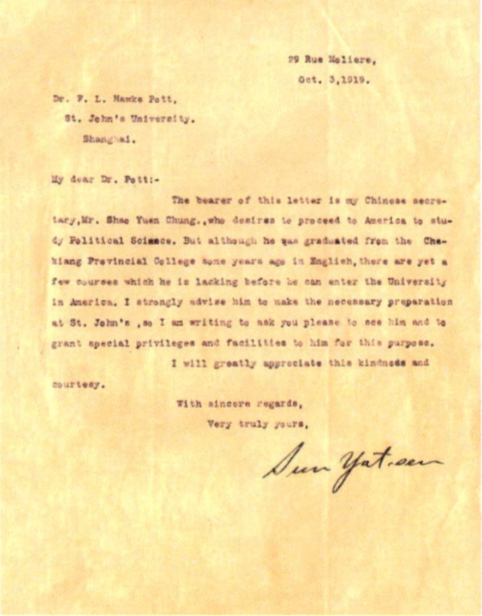

29 Rue Moliere,
Oct. 3,1919.

Dr. F. L. Hawks Pott,
St. John's University.
Shanghai.

My dear Dr. Pott:-

The bearer of this letter is my Chinese secretary, Mr. Shao Yuen Chung., who desires to proceed to America to study Political Science. But although he was graduated from the Chekiang Provincial College some years ago in English, there are yet a few courses which he is lacking before he can enter the University in America. I strongly advise him to make the necessary preparation at St. John's , so I am writing to ask you please to see him and to grant special privileges and facilities to him for this purpose.

I will greatly appreciate this kindness and courtesy.

With sincere regards,
Very truly yours,
Sun Yat-sen

孙中山为邵元冲到圣约翰旁听给卜舫济的签名信

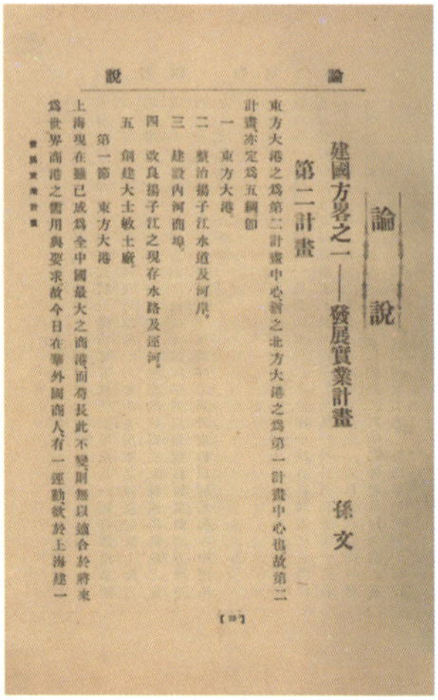

論說

論說

建國方略之一——發展實業計畫　孫文

第二計畫

東方大港之爲第二計畫中心猶之北方大港之爲第一計畫中心也故第二計畫亦定爲五綱如

一　東方大港。
二　整治揚子江水道及河岸。
三　建設內河商埠。
四　改良揚子江之現存水路及運河。
五　創建大士敏土廠。

第一節　東方大港

上海現在雖已成爲全中國最大之商港而苟長此不變則無以適合於將來爲世界商港之需用與要求故今日在華外國商人有一運動欲於上海建一

1919年9月上海国民党机关刊物《建设》刊登孙中山所著《建国方略》

建國方略

孫文著

上海商务印书馆出版的万有文库版《建国方略》封面

1924年，国民党上海执行部成员在莫利哀路孙中山居所合影(《民间影像》提供)

上世纪60年代南昌路国民党上海执行部

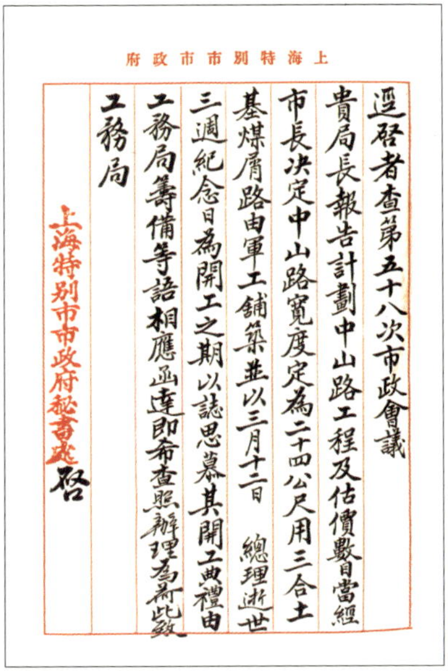

上海特別市市政府

逕啓者查第五十八次市政會議
貴局長報告計劃中山路工程及估價數目當經
市長決定中山路寬度定為二十四公尺用三合土
基煤屑路由軍工鋪築並以三月十二日　總理逝世
三週紀念日為開工之期以誌思慕其開工典禮由
工務局籌備等語相應函達即希查照辦理為荷此致
工務局
上海特別市市政府秘書處啓

1928年3月，上海特别市政府秘书处就中山路工程事致函市工务局

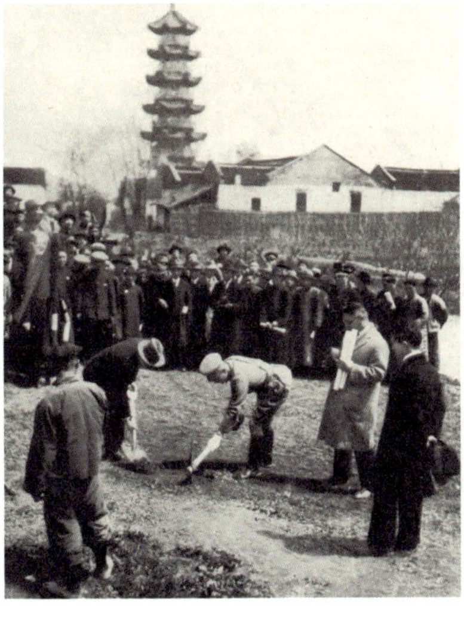

中山路开工典礼

中山路修筑工地

建成后的中山路

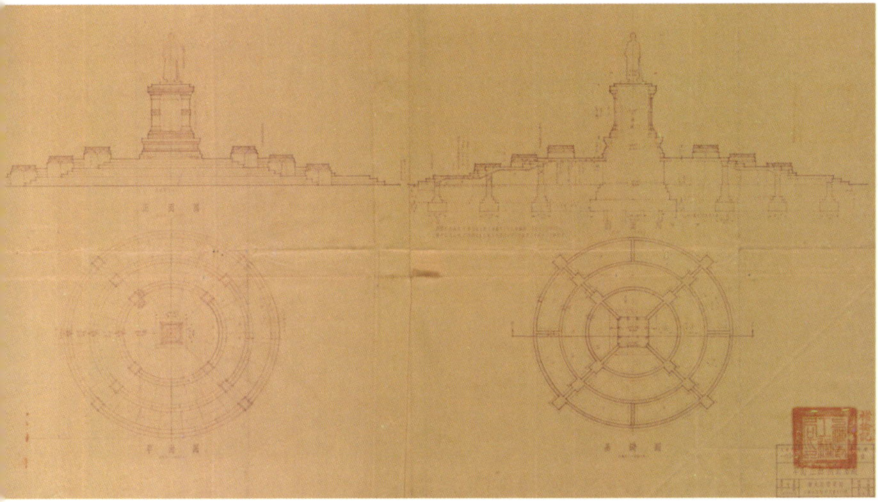

孙中山雕像示意图

孙中山铜像

1930年前后，上海各界有“为孙中山先生建造铜像，以资纪念”的倡议。受1932年一•二八淞沪抗战影响，这一计划没有实现。1933年，竖立铜像事宜又提上议事日程，位置定在国民政府“大上海计划”重要标志性建筑上海特别市政府大厦北侧。为了表达对中山先生的敬意，铜像底盘设计师董大酉减半收取设计费用，另一半捐给铜像工程。铜像由著名雕塑家江小鹣设计，他雕塑的另一尊孙中山像至今仍竖立在武汉首义广场。上海的这座孙中山铜像，是根据1924年孙中山去世前夕在天津的留影而来，一代伟人手执礼帽，目光凝重，立于三层九级圆形基座之上，仿佛在追忆其艰难坎坷的一生。新厦和铜像落成之际，上海市政府还举行了隆重的揭幕仪式。1937年八一三淞沪抗战期间，铜像被侵华日军所毁。

1936年12月，上海枫林桥畔，以孙中山名字命名的中山医院落成启用。1931年6月，著名医学家、教育家颜福庆邀集各界知名人士设立“中山医院筹备会”。1936年底，医院和国立上海医学院新校舍落成，其中中山医院建筑设备等耗资100余万元，大部分都是社会各界热心人士捐赠。医院揭幕当天，颜福庆还特意换上了以孙中山亲自设计而命名的中山装，以表达对这位时代伟人的纪念。1937年2月，中山医院开始收治病人，4月1日正

建成不久的中山医院(复旦大学附属中山医院提供)

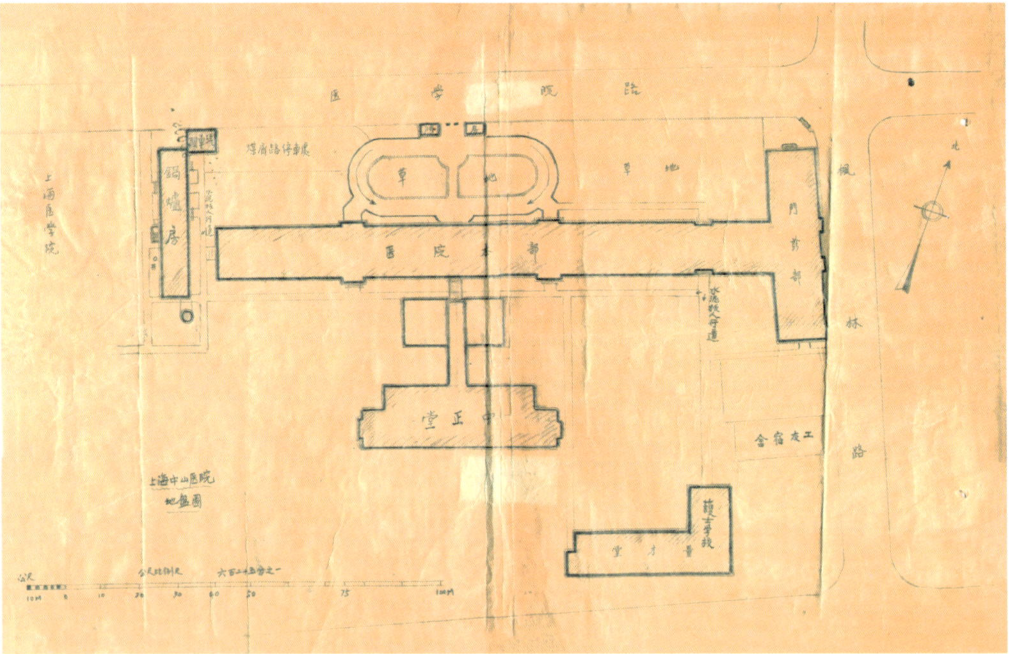

中山医院平面图

中山医院开业当天

式开业。新建的医院计划病床450张，实际开放300张。开业不久，八一三淞沪抗战爆发，中山医院在3个月战事期间收治伤兵2万余人，并组织了医疗队赴无锡、南京，后又辗转内地，为抗日战争做出了贡献。

孙中山去世后，宋庆龄仍居住在莫利哀路寓所中，作为中山先生的忠实追随者，她继承先生遗志，继续为实现中山先生遗愿不懈奋斗。1932年一•二八淞沪抗战期间，宋庆龄会同何香凝、杨杏佛、史量才等沪上知名人士在交通大学开设国民伤兵医院，救治抗日受伤士兵。同年12月29日，中国民权保障同盟成立，宋庆龄担任总会会长。同盟成立当天，宋庆龄等在华安大厦(今金门饭店)召开记者会，宣示同盟反对国民党独裁统治，援救一切爱国的革命的政治犯，争取人民的出版、言论、集会和结社自由的宗旨。

1936年“西安事变”前夕，宋庆龄安排中共地下党员刘鼎与张学良在上海见面。她还

體職員攝影
民國二十二年

宋庆龄等人在国民伤兵医院前合影

1932年2月12日，宋庆龄赴吴淞前线慰问十九路军将士时，与翁照垣旅长等官兵合影(宋庆龄陵园管理处提供)

1932年12月，宋庆龄发起组织中国民权保障同盟。图为宋庆龄与中国民权保障同盟部分成员合影。右起：黎沛华、史沫特莱、宋庆龄、鲁迅、林语堂*

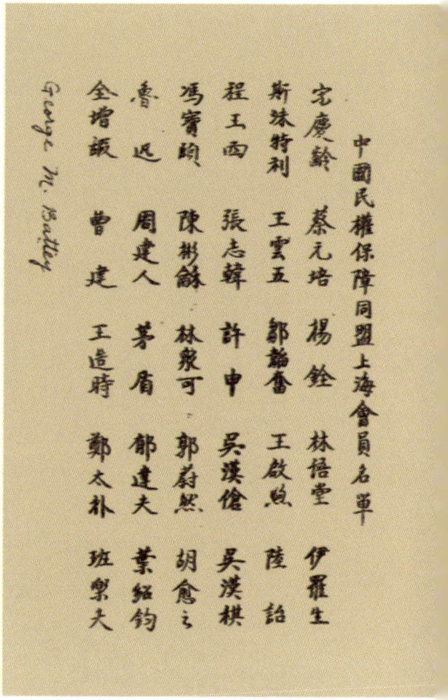

中國民權保障同盟上海會員名單

宋慶齡　蔡元培　楊銓　林語堂　伊羅生
斯沫特利　王雲五　鄒韜奮　王啟煦　陸詒
程王西　張志韓　許申　吳漢傖　吳漢祺
馮賓頤　陳彬龢　林衆可　郭蔚然　胡愈之
魯迅　周建人　茅盾　郁達夫　葉紹鈞
全增嘏　曾建　王造時　鄭太朴　班樂夫

民权保障同盟会员名单

安排美国记者埃德加•斯诺从上海出发到西安，再转到陕北苏区采访。斯诺有关工农红军的报道在上海《密勒氏评论报》首发，引起轰动。1937年12月23日，宋庆龄在新西兰朋友路易•艾黎掩护下，离沪赴港。1938年6月，由她担任中央委员会主席的保卫中国同盟成立，宋庆龄在香港、重庆等地继续为抗战而奔走。

抗战期间，莫利爱路29号处于无人管理状态，各种物件散失严重。抗战胜利后，国民党借接收之名大搞“五子登科”，有人竟觊觎中山故居，还有不明番号部队想把此处当作营房。睹物思人，宋庆龄不愿居住在管理混乱的中山故居，国民政府另外拨了靖江路(今桃江路)45号一处房屋供宋庆龄使用。但该处房屋狭小，生活不便。直到1949年上海解放前夕，宋庆龄才搬入今淮海中路1843号一幢假三层花园洋房。虽然不再居住于故居，但宋庆龄仍牵挂着它的一草一木。1948年，当她得知看管故居的工友生活困难时，特地致函市长吴国桢要求照顾。

桃江路45号旧影*

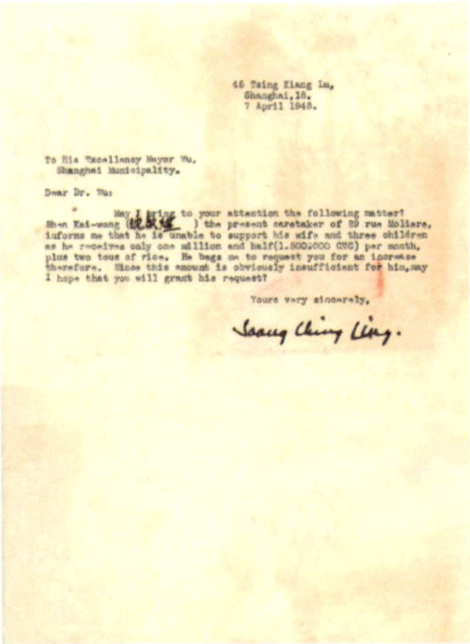

45 Tsing Kiang Lu,
Shanghai,18.
7 April 1948.

To His Excellency Mayor Wu,
Shanghai Municipality.

Dear Dr. Wu:

May I bring to your attention the following matter? Shen Kai-wang ([illegible]) the present caretaker of 29 rue Moliere, informs me that he is unable to support his wife and three children as he receives only one million and half(1.500,000 CNC) per month, plus two tous of rice. He begs me to request you for an increase therefore. Since this amount is obviously insufficient for him,may I hope that you will grant his request?

Yours very sincerely,

Soong Ching Ling.

宋庆龄要求照顾孙故居工友的签名函

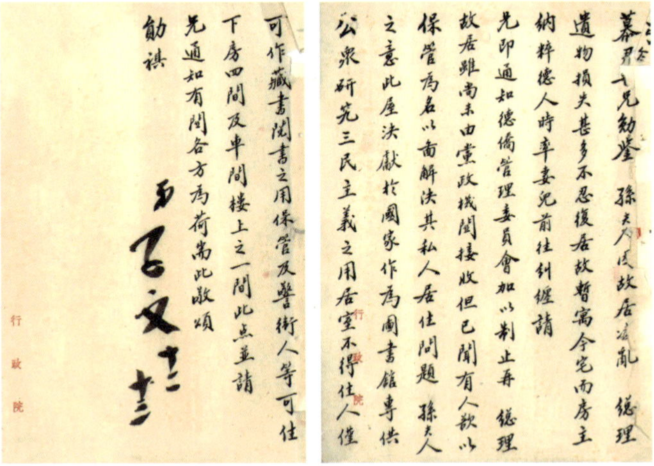

慕尹吾兄勳鑒 孫夫人以故居淪亂 總理
遺物損失甚多不忍復居故暫寓令宅而房主
納粹德人時率妻兒前往糾纏請
兄即通知德僑管理委員會加以制止再 總理
故居雖尚未由黨政機關接收但已聞有人欲以
保管為名以圖解決其私人居住問題 孫夫人
之意此屋決獻於國家作為圖書館專供
公眾研究三民主義之用居室不得任人佳
可作藏書閱書之用保管及警衛人等可住
下房四間及半間樓上之一間此點並請
兄通知有關各方為荷尚此敬頌
勛祺
弟子文 十一 十三

行政院

宋子文保护孙故居信

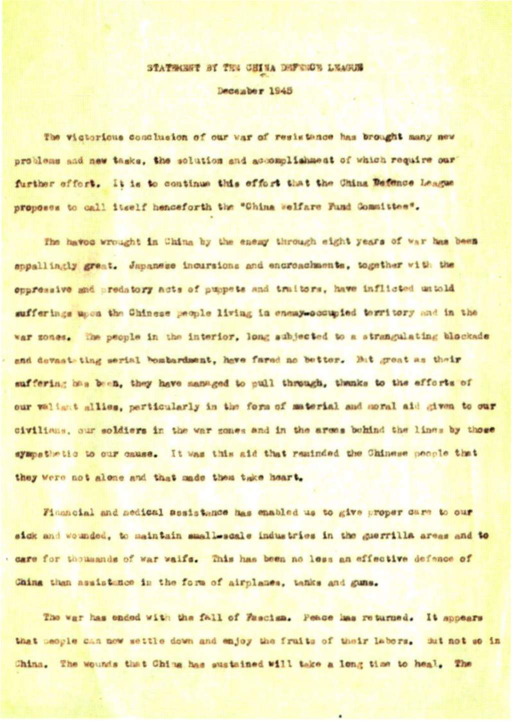

STATEMENT BY THE CHINA DEFENCE LEAGUE

December 1945

The victorious conclusion of our war of resistance has brought many new problems and new tasks, the solution and accomplishment of which require our further effort. It is to continue this effort that the China Defence League proposes to call itself henceforth the "China Welfare Fund Committee".

The havoc wrought in China by the enemy through eight years of war has been appallingly great. Japanese incursions and encroachments, together with the oppressive and predatory acts of puppets and traitors, have inflicted untold sufferings upon the Chinese people living in enemy-occupied territory and in the war zones. The people in the interior, long subjected to a strangulating blockade and devastating aerial bombardment, have fared no better. But great as their suffering has been, they have managed to pull through, thanks to the efforts of our valiant allies, particularly in the form of material and moral aid given to our civilians, our soldiers in the war zones and in the areas behind the lines by those sympathetic to our cause. It was this aid that reminded the Chinese people that they were not alone and that made them take heart.

Financial and medical assistance has enabled us to give proper care to our sick and wounded, to maintain small-scale industries in the guerrilla areas and to care for thousands of war waifs. This has been no less an effective defence of China than assistance in the form of airplanes, tanks and guns.

The war has ended with the fall of Fascism. Peace has returned. It appears that people can now settle down and enjoy the fruits of their labors. But not so in China. The wounds that China has sustained will take a long time to heal. The

保卫中国同盟更名为中国福利基金会的声明

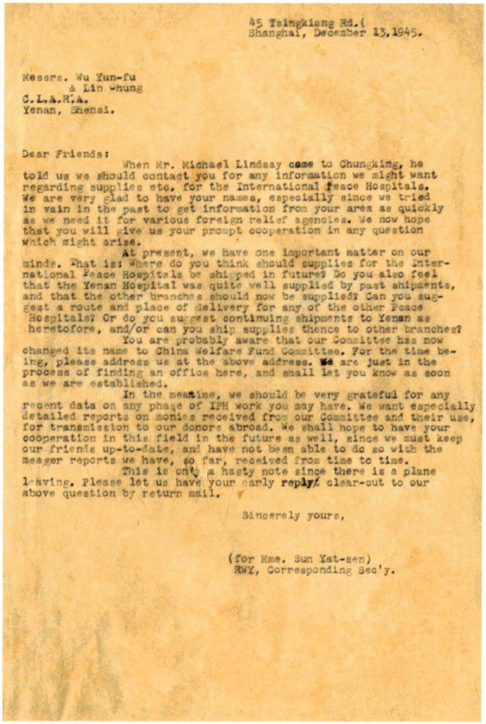

45 Tsingkiang Rd.(
Shanghai, December 13,1945.

Messrs. Wu Yun-fu
& Lin Chung
C.L.A.R.A.
Yenan, Shensi.

Dear Friends:

When Mr. Michael Lindsay came to Chungking, he told us we should contact you for any information we might want regarding supplies etc. for the International Peace Hospitals. We are very glad to have your names, especially since we tried in vain in the past to get information from your area as quickly as we need it for various foreign relief agencies. We now hope that you will give us your prompt cooperation in any question which might arise.

At present, we have one important matter on our minds. That is: Where do you think should supplies for the International Peace Hospitals be shipped in future? Do you also feel that the Yenan Hospital was quite well supplied by past shipments, and that the other branches should now be supplied? Can you suggest a route and place of delivery for any of the other Peace Hospitals? Or do you suggest continuing shipments to Yenan as heretofore, and/or can you ship supplies thence to other branches?

You are probably aware that our Committee has now changed its name to China Welfare Fund Committee. For the time being, please address us at the above address. We are just in the process of finding an office here, and shall let you know as soon as we are established.

In the meantime, we should be very grateful for any recent data on any phase of IPH work you may have. We want especially detailed reports on monies received from our Committee and their use, for transmission to our donors abroad. We shall hope to have your cooperation in this field in the future as well, since we must keep our friends up-to-date, and have not been able to do so with the meager reports we have, so far, received from time to time.

This is only a hasty note since there is a plane leaving. Please let us have your early reply, clear-cut to our above question by return mail.

Sincerely yours,

(for Mme. Sun Yat-sen)
RWY, Corresponding Sec'y.

宋庆龄资助解放区和平医院的函件

抗战胜利后，保卫中国同盟总会从重庆迁到上海。1945年12月，保卫中国同盟改组为中国福利基金委员会，宋庆龄担任执行委员会主席。1946年6月，中国福利基金委员会改名中国福利基金会，宋庆龄继续担任主席。据抗战胜利后担任解放区救济总会驻联合国善后救济总署代表一职的伍云甫回忆，中国福利基金会对解放区的医院、药厂、农场及儿童事业等都给予了积极援助，各项捐款达22亿法币。

解放后，宋庆龄先后担任中央人民政府副主席、全国人大常委会副委员长、国家副主席等领导职务，上海是她从事国务活动的重要地点，她多次视察上海的工厂农村，在住所会见外宾，向外国朋友介绍新中国、新上海的发展变化。

在繁忙的国事活动之余，宋庆龄继续关注新中国妇女儿童事业。1950年8月，中国福

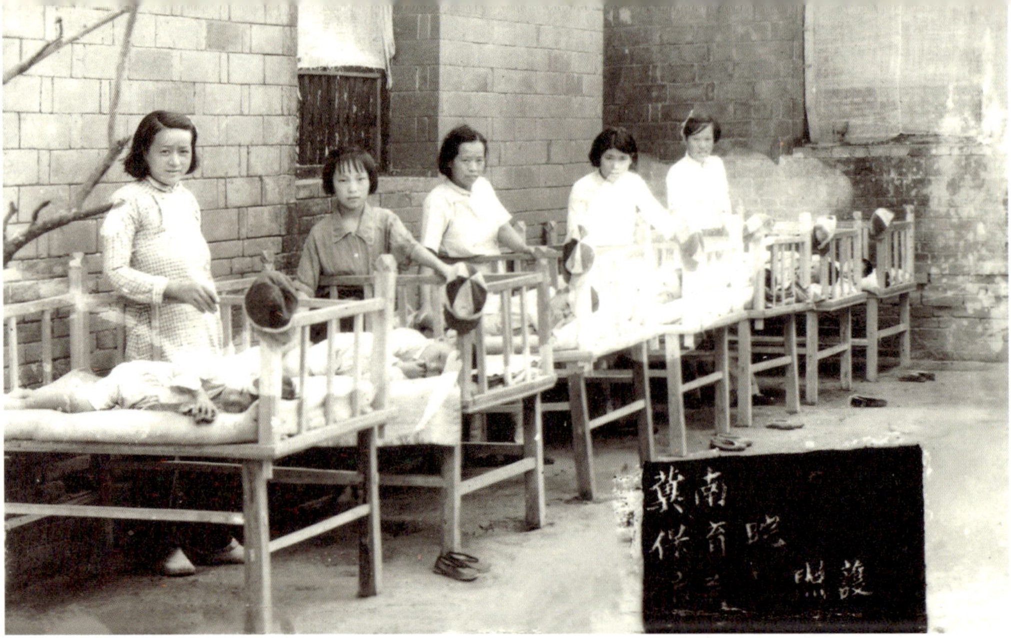

受中国福利基金会帮助的解放区冀南保育院

宋庆龄(左三)、吴国桢(左四)等迎接外宾

宋庆龄参加上海市妇幼委员会成立大会

1958年，宋庆龄、陈毅宴请金日成

宋庆龄视察张庙一条街

利基金会改名中国福利会，宋庆龄担任执行委员会主席，在她关心下，中福会在妇幼保健卫生、儿童文化教育福利方面进行了众多实验性、示范性的工作，并形成了妇幼保健医院、少年宫、幼儿园、儿童剧院、少儿杂志等事业群体，为上海乃至全国的妇女儿童和社会福利事业做出了巨大贡献。

早在1947年4月1日，在宋庆龄直接关心下，中国福利基金会儿童剧团就在上海成立，这是中国第一家专业儿童艺术团团体。成立当天，剧团在兰心剧院上演了鲁迅翻译的苏联儿童剧《表》。1949年后，儿童剧团得到发展。1952年，宋庆龄率剧团赴北京演出，毛泽东、周恩来、朱德等中央领导观看了演出。1957年建团10周年之际，儿童剧团改名中国福利会儿童艺术剧院，创排了《小足球队》《马兰花》《童心》等经典剧目，影响遍及国内及海外。

1950年5月1日，中国福利会《儿童时代》杂志社成立，当月20日创刊。宋庆龄在发刊词中写道："儿童时代的刊行便是在给儿童指示正确的道路，启发他们的思想，使他们走向光明灿烂的境地。"她对这本全国第一份少儿综合性期刊十分关注，先后4次为杂志题词并撰写数

宋庆龄在寓所会见巴基斯坦客人

十篇文章。《儿童时代》的出版受到少年儿童热烈欢迎，订数大大超过预期，还远销香港、澳门地区和海外。巴金、冰心、老舍、陈伯吹、任溶溶、高士其等都为其撰稿，程十发、韩美林、黄永玉等画家为其画过封面。《儿童时代》还培养出秦文君、陈丹燕等知名作家。数十年来，它犹如撒播幸福的种子，滋润了几代人成长，成为全国著名的优质文化品牌。

1951年，宋庆龄将其获得斯大林国际和平奖的10万卢布奖金捐献给妇女儿童事业，用于筹建一所妇幼保健院。妇幼保健院以“国际和平”冠名，以纪念宋庆龄领导的保卫中国同盟、中国福利基金会在革命战争年代援建解放区国际和平医院的崇高精神。1952年9月18日，中福会国际和平妇幼保健院在普陀区长寿路170号正式成立，1956年10月，保健院迁至徐家汇衡山路910号。

1953年6月1日，中福会少年宫在延安西路64号正式成立，这是中国第一家综合性、群众性的少年儿童校外教育机构。少年宫原为英籍犹太人嘉道理私邸，因其内墙、外墙、楼梯、地坪和大厅均以名贵大理石镶嵌而得名“大理石大厦”。70年来，中福会少年宫坚持“实验性、示范性，加强科学研究和对外交往与合作”的方针，在青少年思想道德教育、综合素质提升、科学素养培育方面发挥了积极作用，成为几代少年儿童幸福成长、全面发

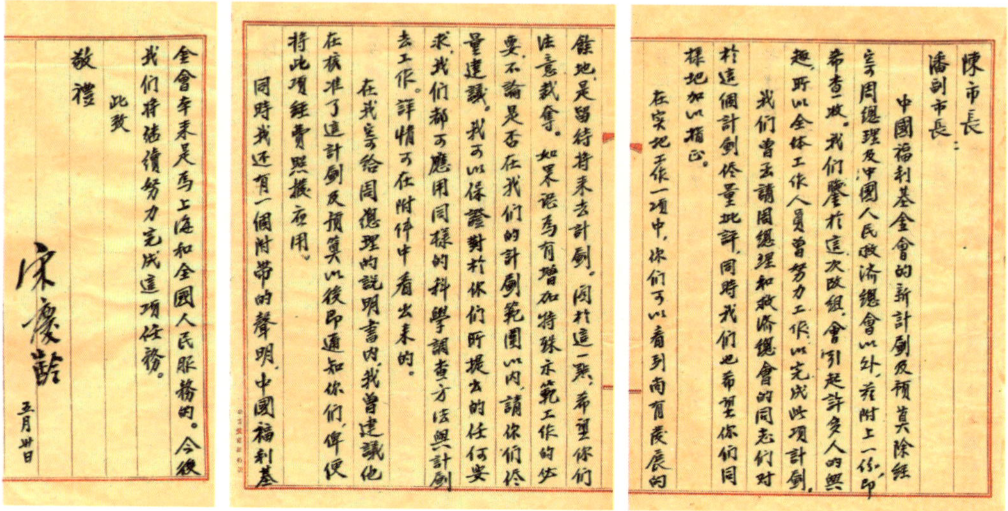
陳市長
潘副市長：
中國福利基金會的新計劃及預算除經
呈周總理及中國人民救濟總會以外，並附上一份，即
希查收。我們鑒於這次改組，會引起許多人的興
趣，所以全體工作人員曾努力工作，以完成此項計劃。
我們曾去請周總理和救濟總會的同志們對
於這個計劃儘量批評，同時我們也希望你們同
樣地加以指正。
在實地工作一項中，你們可以看到南市有農展的
餘地，是留待將來去計劃。關於這一點，希望你們
注意裁奪。如果認為有增加特殊示範工作的必
要，不論是否在我們的計劃範圍以內，請你們儘
量建議。我們可以保證對於你們所提出的任何要
求，我們都可應用同樣的科學調查方法與計劃
去工作。詳情可在附件中看出來的。
在我呈給周總理的說明書內，我曾建議他
在核准了這計劃及預算以後即通知你們，俾便
將此項經費照撥應用。
同時我還有一個附帶的聲明，中國福利基
金會本來是為上海和全國人民服務的。今後
我們將繼續努力完成這項任務。
此致
敬禮
宋慶齡
五月廿日

宋庆龄为中国福利基金会计划事给陈毅潘汉年信

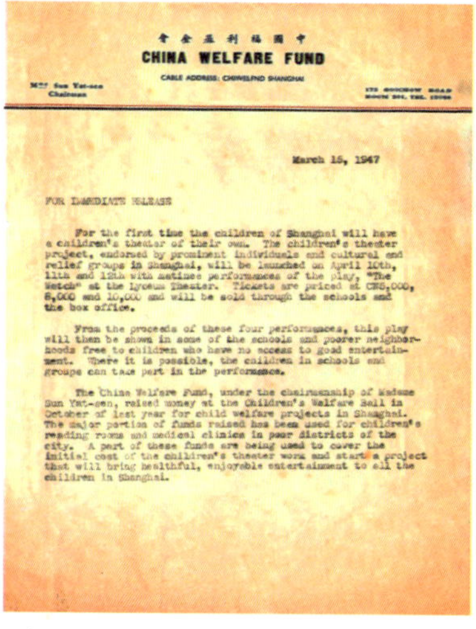
中國福利基金會
CHINA WELFARE FUND
CABLE ADDRESS: CHIWELFUND SHANGHAI

March 15, 1947

FOR IMMEDIATE RELEASE

For the first time the children of Shanghai will have a children's theater of their own. The children's theater project, endorsed by prominent individuals and cultural and relief groups in Shanghai, will be launched on April 10th, 11th and 12th with matinee performances of the play, "The Watch" at the Lyceum Theater. Tickets are priced at CN$5,000, 8,000 and 10,000 and will be sold through the schools and the box office.

From the proceeds of these four performances, this play will then be shown in some of the schools and poorer neighborhoods free to children who have no access to good entertainment. Where it is possible, the children in schools and groups can take part in the performance.

The China Welfare Fund, under the chairmanship of Madame Sun Yat-sen, raised money at the Children's Welfare Ball in October of last year for child welfare projects in Shanghai. The major portion of funds raised has been used for children's reading rooms and medical clinics in poor districts of the city. A part of these funds are being used to cover the initial cost of the children's theater work and start a project that will bring healthful, enjoyable entertainment to all the children in Shanghai.

中国福利基金会成立儿童剧团新闻稿

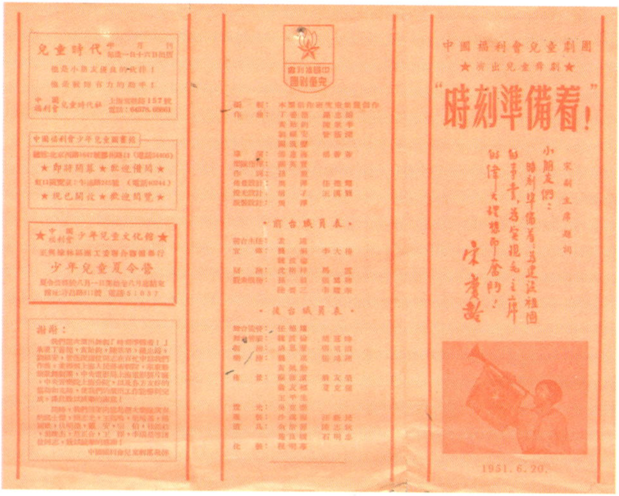

《时刻准备着》说明书

展的“金色摇篮”。

解放后，人民政府对孙中山故居的保护高度关注。1949年上海解放后不久就对孙中山

宋庆龄观看《小足球队》后与演职人员在一起

宋庆龄与中福会儿童艺术剧院小演员在一起

《儿童时代》

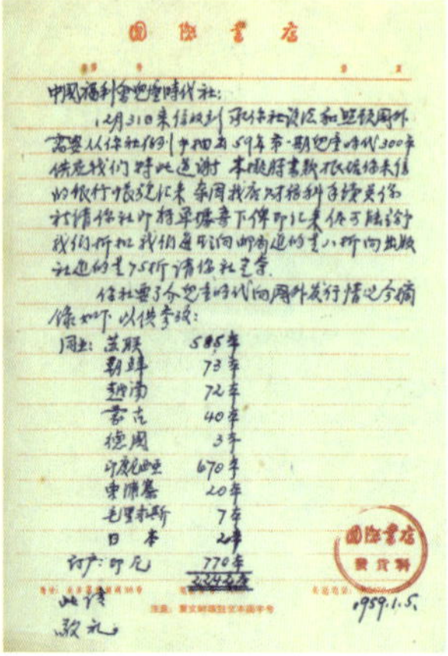

国际书店

中国福利会儿童时代社：

……

国外：	苏联	585本
	朝鲜	73本
	越南	72本
	蒙古	40本
	德国	3本
	印度尼西亚	670本
	柬埔寨	20本
	毛里求斯	7本
	日本	2本
订户：	印尼	770本
		2242本

此致
敬礼

国际书店 发货科

1959.1.5.

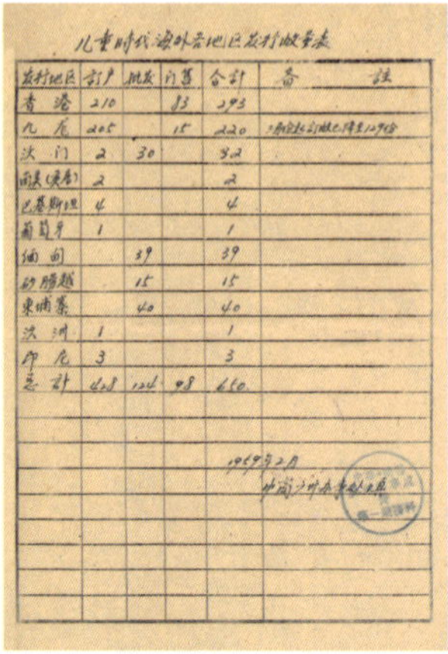

儿童时代海外各地区发行数量表

发行地区	订户	批发	门市	合计	备注
香港	210		83	293	
九龙	205		15	220	[illegible]
澳门	2	30		32	
[illegible]	2			2	
巴基斯坦	4			4	
葡萄牙	1			1	
缅甸		39		39	
砂朥越		15		15	
柬埔寨		40		40	
澳洲	1			1	
印尼	3			3	
总计	428	124	98	650	

1959年2月

《儿童时代》海外发行文件

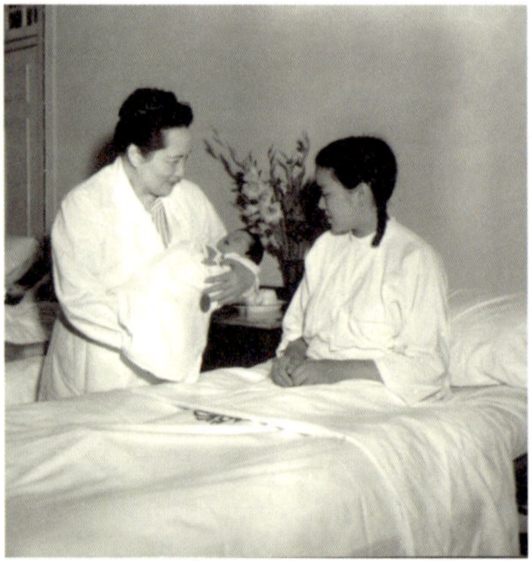

宋庆龄看望产妇

宋庆龄与中福会儿童福利站小朋友

故居进行修缮。1956年孙中山诞辰90周年之际，在宋庆龄亲自指导下，故居陈设重新作了布置，使客厅、餐厅、办公室、卧室保持原来的风格和形态。每年11月12日孙中山诞辰纪念日和3月12日逝世纪念日，上海各界人士都去该处致敬，以表达对这位伟大革命先驱的敬意和怀念。

1981年，宋庆龄在北京去世。根据她的遗言，其骨灰安葬在上海万国公墓内她父母墓

1958年宋庆龄在上海居所留影

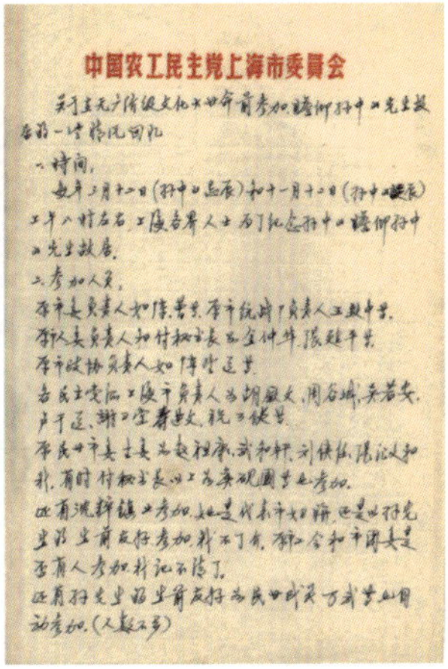

中国农工民主党上海市委员会

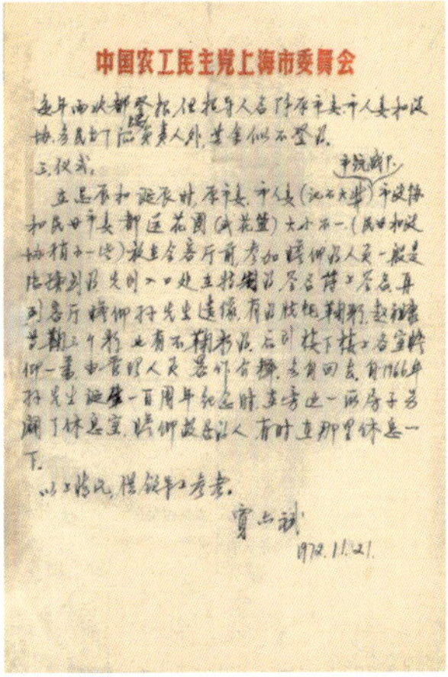

中国农工民主党上海市委员会

贾亦斌

1972.11.21.

贾亦斌回忆瞻仰孙中山故居的情况

外宾参观孙中山故居

宋庆龄故居

孙中山雕像前的外国参观者

洋山港今昔

旁。当年6月4日上午，宋庆龄葬礼在上海万国公墓隆重举行。7月1日，宋庆龄墓地对外开放，短短两个多月前往瞻仰的人民群众和国内外知名人士就达7万余人。为更好地保护孙中山、宋庆龄在上海的故居等纪念设施，同年10月，上海市人民政府同意成立孙中山、宋庆龄故居管理办公室，“负责对孙中山故居、宋庆龄故居以及协同市民政局对宋庆龄墓地一切设施的管理、保护和接待参观等有关工作”。1982年，市政府又对宋庆龄墓地进行了改建，墓前建设了2880平方米的纪念广场，并安放了宋庆龄汉白玉雕像。1985年，上海市孙

中山西路中山南路交叉口

中山宋庆龄文物管理委员会成立，以更好地保护、研究、利用孙中山宋庆龄文物，研究、宣传、弘扬孙中山宋庆龄伟人思想和精神，努力打造具有中国特色、上海特点、孙宋特征的文化文博品牌。

时光飞逝，岁月如梭。如今的上海已大大改变了旧日模样。当年上海为纪念中山先生而建造的中山路依然是大都市重要的交通动脉。中山医院如今已成为全国知名三级甲等医院，以严谨的医疗作风、精湛的医疗技艺和严格的科学管理，为国内外病人提供更多更好医疗服务。由宋庆龄一手开创的中国福利会妇女儿童事业，也得到了长足发展。中山先生念兹在兹的全国铁路网和“东方大港”，也已由美好的愿景化为现实，如今的上海洋山港已跃升为全球最大集装箱港口，也是全球智能化程度最高的港口之一。革命先驱为中华大地设想的宏图伟业在中国共产党人接续奋斗、不断努力下一步步实现，并赋予新的时代内涵。

（徐 珂）

---

* 宋庆龄故居纪念馆提供

江南造船厂

——中国造船第一厂

2022年6月17日，位于长兴岛的江南造船厂洋溢着庄严而又喜悦的气氛。船坞中，我国第三艘航空母舰福建舰，正静候下水首秀。据报道：11时，随着五星红旗冉冉升起，掷瓶礼上撞击舰艏的香槟酒瓶应声碎裂，母舰两舷喷射出绚丽彩带。汽笛轰鸣中，船坞门打开，在人们注视下，航空母舰缓缓驶出船坞。福建舰是我国完全自主设计建造的首艘弹射型航空母舰，标志着我国船舶制造水平达到了新高度，而孕育这艘“国之重器”的江南造船厂，也成为世界上屈指可数、可以制造航母的“顶级”船厂。其一个半世纪历程，既见证了中国民族工业的发展，也折射了近现代中国的国运沉浮。

江南造船厂前身江南机器制造总局成立于1865年。当时，经历两次鸦片战争和太平天国运动的清王朝摇摇欲坠。为挽大厦于既倾，清政府发起洋务运动，兴办了一批近代军事工业。1865年，洋务重臣李鸿章命丁日昌主持购买美国人在上海虹口开设的旗记铁厂，并将原有两洋炮局并入，组成新厂，定名为“江南机器制造总局”，制造船炮军火和各种

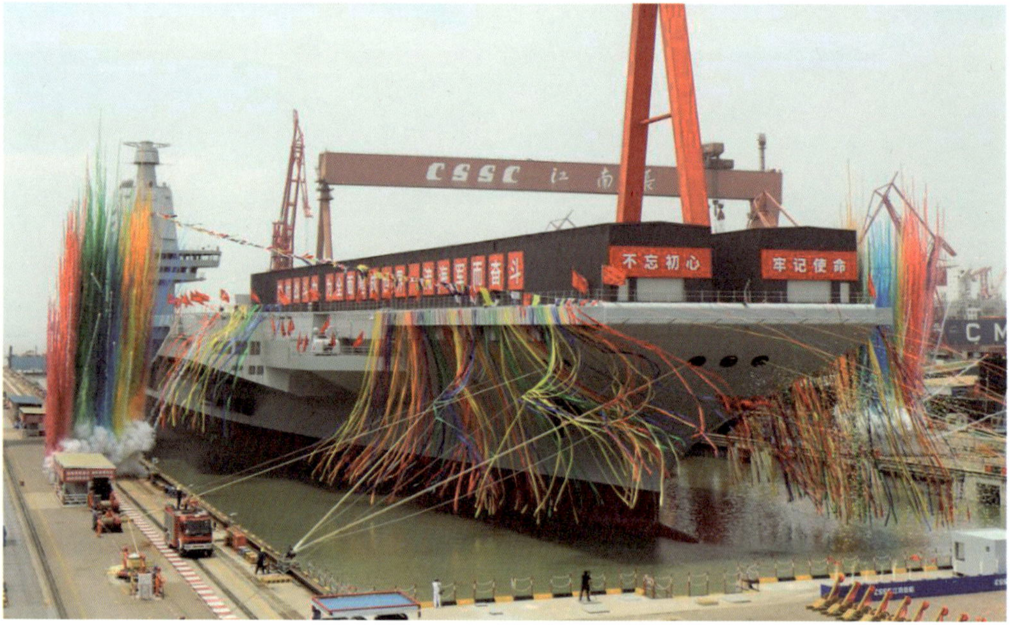

下水前的航空母舰福建舰(江南造船集团提供)

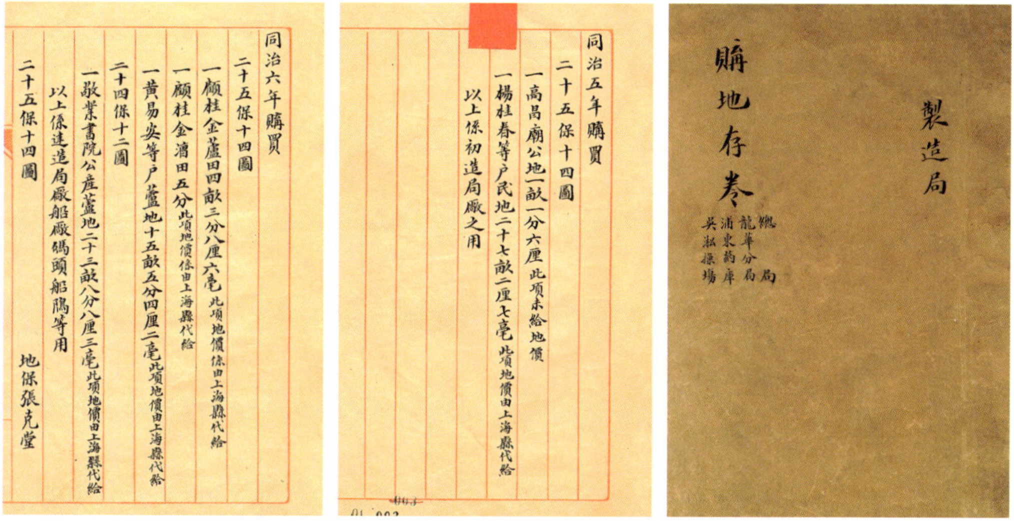
同治六年購買
二十五保十四圖
一顧桂金蘆田四畝三分八厘六毫 此項地價係由上海縣代給
一顧桂金漕田五分 此項地價係由上海縣代給
一黄易安等户蘆地十五畝五分四厘二毫 此項地價由上海縣代給
二十四保十二圖
一敬業書院公産蘆地二十三畝八分八厘三毫 此項地價由上海縣代給
以上係建造局廠船廠碼頭船塢等用
二十五保十四圖
地保張克堂

同治五年購買
二十五保十四圖
一高昌廟公地一畝一分六厘 此項未給地價
一楊桂春等户民地二十七畝二厘七毫 此項地價由上海縣代給
以上係初造局廠之用

製造局
購地存卷
龍華分局
浦東藥庫
吳淞操場

江南制造局购地档案

机器。因工厂地处虹口租界内，洋人对其极为抵触，矛盾不时爆发，加之闹市发展空间有限，李鸿章等人便“择地移局”，将局址迁移到濒临黄浦江的上海城南高昌庙。

1867年，江南机器制造总局迁至城南高昌庙后，在曾国藩推动下建立了轮船厂，开辟了第一号泥船坞，次年便建成第一艘机器轮船“惠吉”号，曾国藩在南京登船试航，很有信心地展望：“将来渐推渐精，即二十余丈之大舰……或亦可苦思而得之。”迁址后的江南机器制造总局迎来了一个兴旺繁荣期：诞生了中国第一台车床，研制出中国第一支步枪、第一门钢炮、第一磅无烟火药，炼出了中国第一炉钢……到1890年代，江南机器制造总局已发展为中国乃至东亚技术最先进、设备最齐全的机器工厂。其间，江南制造总局共造军舰8艘，最大的海安、驭远两舰，长300尺，宽42尺，马力1800匹，受重2800吨。可惜清末国力衰微，这批舰船在之后历次海战中无一善终。

自1885年始，江南机器制造总局停止了造船，专造枪炮弹药。1905年，在颇有远见的两江总督周馥主持下，江南机器制造总局正式施行局、坞分家。江南船坞专营造船，“仿照商坞办法，扫除官场旧习”，采取商务化经营，生产业务才重新有了起色。仅1905～

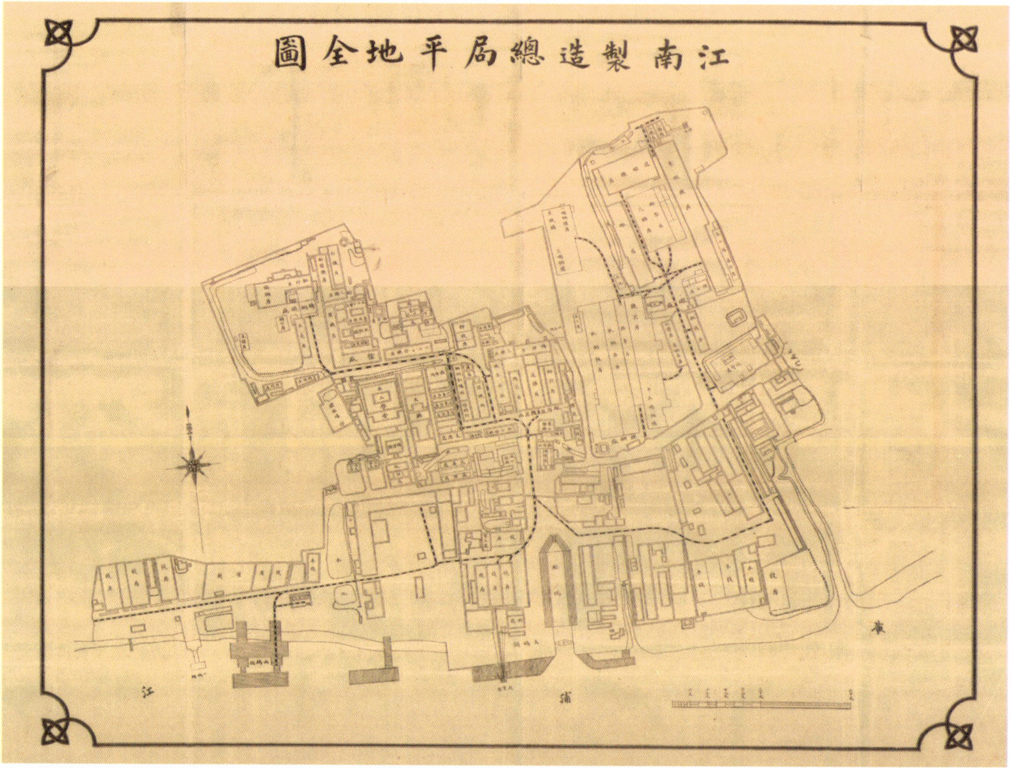

江南机器制造总局平地全图

1911年，江南船坞就造船136艘，总排水量达21000吨，而且所造舰船“船式美观，工程坚实”。1911年建造的“江华”号长江客货轮，船长330英尺，宽47英尺，吃水7.5英尺，排水量4130吨，被当时航运界评为“中国所造的最大和最好的一艘轮船”。

辛亥革命后，北洋政府将江南船坞划归海军部直接管辖，改称江南造船所。第一次世界大战期间，江南造船所抓住机遇，从欧美各国获得订货合同，造船业务逐渐赶上和超过当时在上海处于垄断地位的英商耶松船厂。1918年，江南造船所造船总吨位增至60373吨，大大超过耶松船厂，居上海造船工业首位。1920～1921年间，为美国建造的4艘万吨级运输舰，更是当时中国造船业前所未有之大工程，被誉为“向之需求于人者，今能供人

江南机器制造总局大门

江南制造总局炮厂炮房

江南机器制造总局翻译馆

1918年江南造船所为美国建造了14750吨运输舰4艘，为当时远东建造的最大吨位舰船，图为其中的“官府”号

民国时期江南造船所

民国初年的江南造船所

江南造船所新船下水

永绩号舰员在操炮

之需，中国工业史，乃开一新纪元”。

而从1905年开始与造船所分设的枪炮部分，在辛亥革命后成为上海兵工厂，继续独立经营。1924年，江浙战争波及上海，兵工厂成为南北军阀必争之地。战后，经多方协商，兵工厂由上海总商会接收管理。1927年南京国民政府建立后，兵工厂先后归军事委员会和军政部管辖。

1927年后，国民政府海军部管理江南造船所，将海军轮电工作所和福州马尾船政局的制造飞机处并入江南造船所。这一时期担任所长的马德骥，毕业于美国麻省理工学院。他上任后引进西方管理方法，将行政和技术管理大权集中到中国技术人员手里，改变了过去英人毛根独揽大权的局面。1931年，江南造船所建成排水量1650吨的“逸仙”号轻巡洋舰，成为当时我

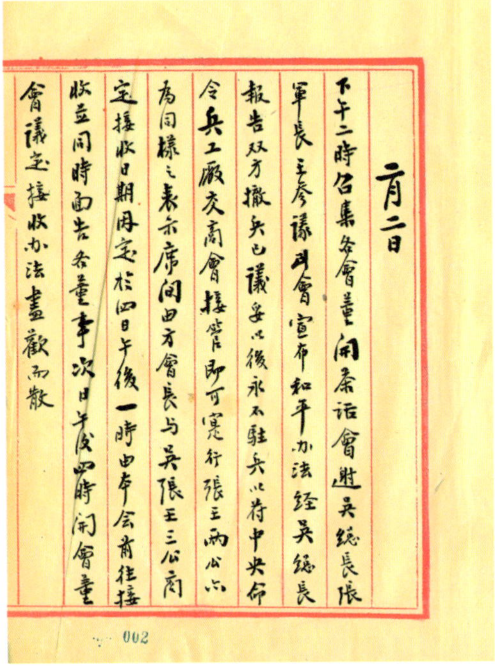

廿二日
下午二時召集各會董開茶話會邀吴總長張
軍長王參謀到會宣布和平办法經吴總長
報告双方撤兵已議妥以後永不駐兵以符中央命
令兵工廠交商會接管即可实行張王兩公亦
爲同樣之表示席间由方會長与吴張王三公商
定接收日期再定於四日午後一時由本会前往接
收並同時函告各董事次日午後四時開會董
會議定接收办法盡歡而散

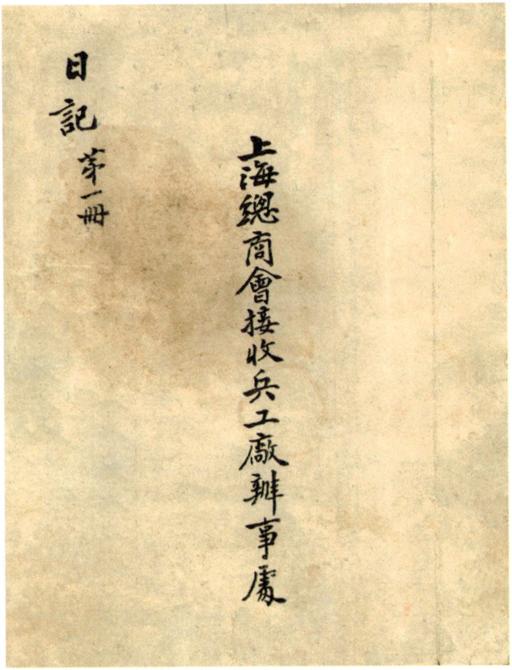

日記 第一冊

上海總商會接收兵工廠辦事處

上海总商会接收上海兵工厂办事处日记

国建造的最大吨位军舰。1935年，该所又建成排水量2383吨的轻巡洋舰“平海”号，刷新了中国自造舰船的吨位纪录。此外，江南造船所还为民生实业公司建造了“民本”号等多艘轮船。

1937年，全面抗战爆发，江南造船所为中国海军建造的各色军舰积极投身对日作战，“逸仙”号、“永绩”号等被日军炸沉，“平海”号奋战搁浅，谱写了中国海军英勇悲壮的抗战篇章。11月，上海华界沦陷，江南造船所被日军侵占，日军把上海兵工厂场地划入江南造船所，并强行圈占附近民地，使全所面积增至34.3万平方米，还把南京3家民营小船厂的机器设备全部拆下并入所内，使江南造船所的场地和设备都有较大扩展。1938年1月，江南造船所移交日本海军管理，改名“朝日工作部江南工场”。同年3月，由日本海军委托日商三菱重工业株式会社接办，改名“三菱重工株式会社江南造船所”。1941年太平洋战争爆发后，日军又将新侵占的英联船厂所属和丰船厂与瑞镕船厂划归江南造船所。日军占领时期，江南造船

逸仙号军舰

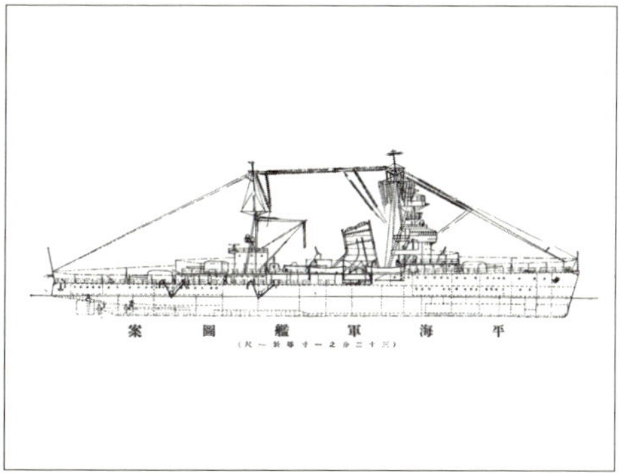

平海舰图案

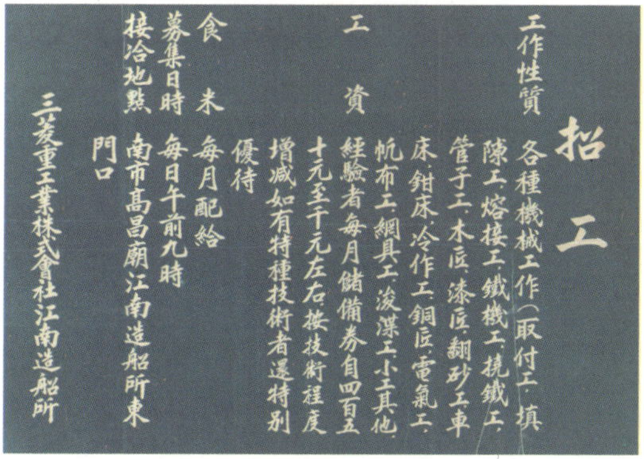

招工

工作性質 各種機械工作（取付工、填隙工、熔接工、鐵機工、挽鐵工、管子工、木匠、漆匠、翻砂工、車床、鉗床、冷作工、銅匠、電氣工、帆布工、網具工、浚渫工、小工其他

工資 經驗者每月儲備券自四百五十元至千元左右，按技術程度增減，如有特種技術者還特別優待

食米 每月配給

募集日時 每日午前九時

接洽地點 南市高昌廟江南造船所東門口

三菱重工業株式會社江南造船所

日本大使馆关于三菱江南造船所招工文件

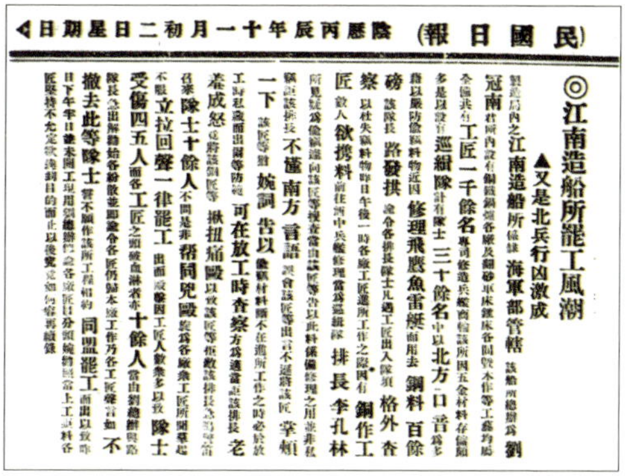

民國日報 陰曆丙辰年十一月初二日星期日

◎江南造船所罷工風潮

▲又是北兵行凶激成

《民国日报》刊登的江南造船所罢工消息

所共建造各类船舶100多艘，还造了300多艘攻击型“自杀艇”，并修理了大量日军船艇。

抗战胜利后，江南造船所由国民政府海军司令部接管。1946年至1949年5月间，该所共建造各种船舶34艘，总排水量9557吨。其间，电焊技术开始推广，1946年，又成功建成中国第一艘全电焊结构排水量634吨的长江上游客轮“民铎”号，推动了由铆钉造船向焊接造船的历史性转变。

江南造船所工人有着光荣革命斗争传统。北洋政府时期，该所就有进步工人积极参加罢工等活动。五卅运动前后，中国共产党在上海兵工厂建立秘密支部开展革命斗争。日军占领期间，中共党组织领导工人“磨洋工”、要求发配给米、跑警报等。1939年9月21日，日军修理的

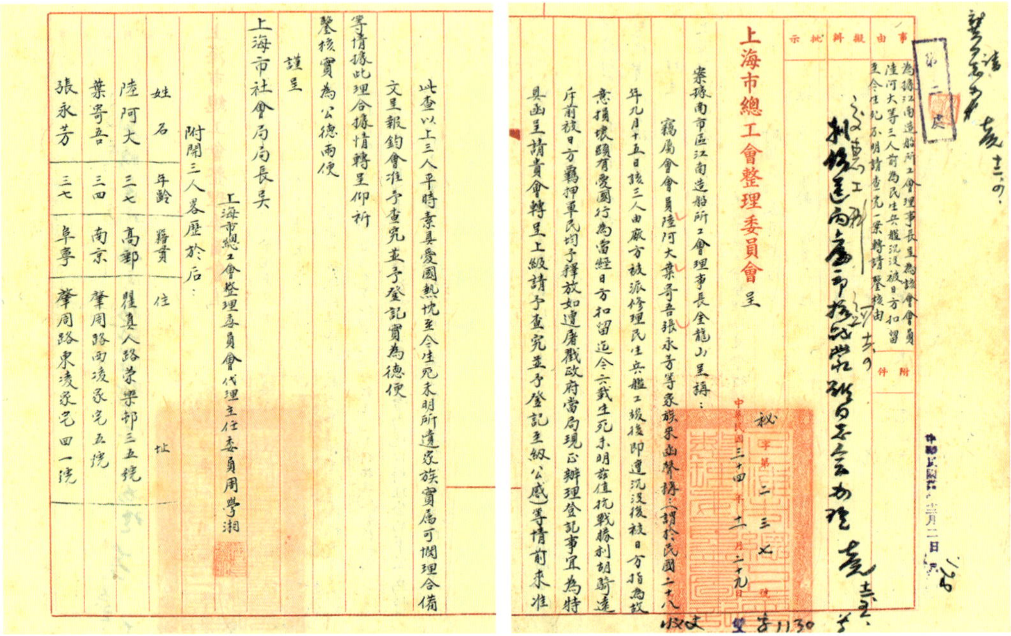

上海市總工會整理委員會 呈

事由：為據江南造船所工會理事長呈為該會會員陸河大等三人前為民生兵艦沉沒被日方扣留至今生死不明請查究一案轉請鑒核由

案據南市區江南造船所工會理事長全龍山呈稱：竊屬會會員陸河大、葉寄吾、張永芳等家族來函聲稱：（謂於民國二十八年九月十五日該三人由廠方被派修理民生兵艦工竣後即遭沉沒後被日方指為故意損壞顯有愛國行為當經日方扣留迄今六載生死未明茲值抗戰勝利胡騎遠斥前被日方羈押軍民均予釋放如遭屠戮政府當局現正辦理登記事宜為特具函呈請貴會轉呈上級請予查究並予登記至級公感）等情前來准

中華民國三十四年十一月二十九日

此查以上三人平時素具愛國熱忱至今生死未明所遺家族實屬可憫理合備文呈報鈞會准予查究並予登記實為德便等情據此理合據情轉呈仰祈鑒核實為公德兩便

謹呈

上海市社會局局長吳

上海市總工會整理委員會代理主任委員周學湘

附開三人畧歷於后：

姓名	年齡	籍貫	住址
陸阿大	三七	高郵	狸真人路榮樂邨三五號
葉寄吾	三四	南京	肇周路西淩家宅五號
張永芳	三七	阜寧	肇周路東淩家宅四一號

陆阿大档案

“民生”号突然沉没。9月25日《申报》载：“二十一日夜，江南造船厂突发凿沉轮船奇案，日方极为重视，大批工人曾被拘询。缘日方在某处捞起巨轮一艘，拖进江南厂修理，为时四月，已完全完工，二十一日停泊江心，正待开火，船底突几处冒水，无法堵塞，船身旋即下沉。”此事在上海口口相传，震动一时，打击了侵略

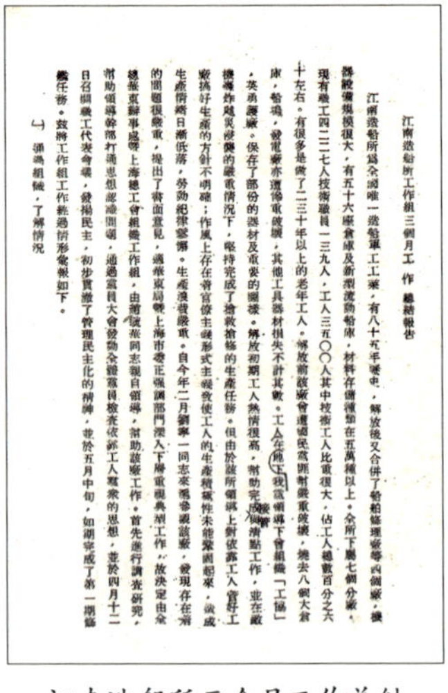

江南造船所三个月工作总结

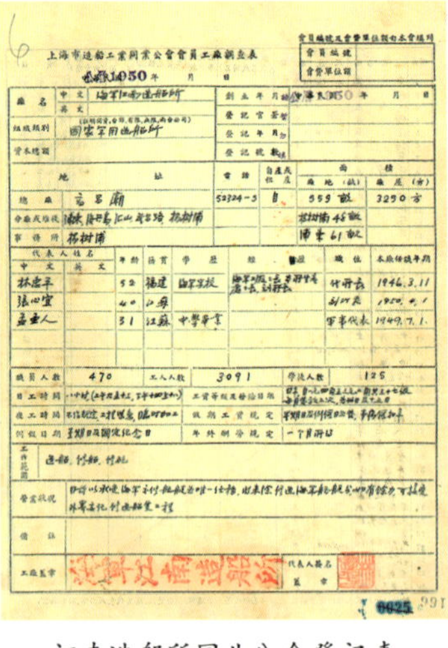

江南造船所同业公会登记表

二六轰炸后江南厂工人救火

者气焰，振奋了沦陷区人心。据抗战胜利后的档案记载，江南厂工人陆阿大、叶寄吾、张永芳在民生舰沉没后被日方以故意损坏罪名扣留，生死不明。日本投降后，江南厂党组织又领导工人成立纠察队，与妄图破坏盗卖物资材料的日本侵略者斗争，胜利完成护厂任务。

上海解放前夕，国民党当局对江南造船所大肆破坏，所内3座船坞闸门上半部及抽水间、内燃机厂、第二发电厂等被炸毁；1～8号仓库全部焚毁；机器厂、外钳厂、车床厂、电气厂等大部分被破坏。在共产党领导下，全所职工开展护厂斗争，“反搬运、反破坏、反疏散”，数百名工友一起守护工厂，减轻了损失。

1949年5月27日，上海解放。次日，中国人民解放军上海市军事管制委员会发布命令，

1956年,江南造船厂采用苏联提供的技术，建造了中国第一艘潜艇03型潜艇

江南造船厂女电焊工

建造中的5000吨海轮

人人重视质量

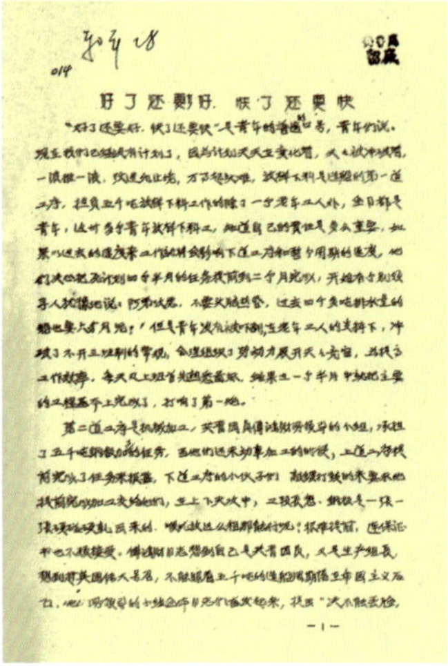

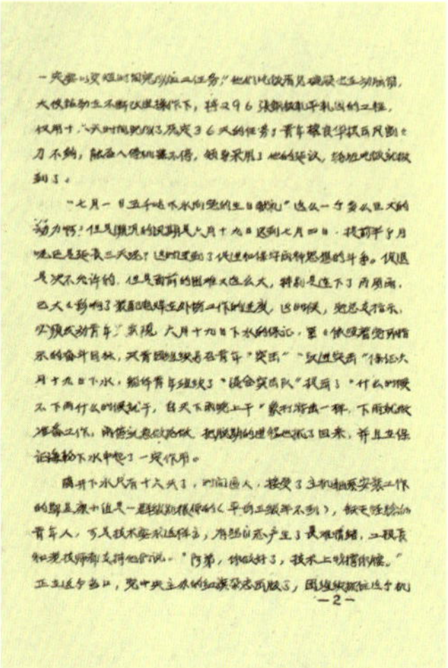

和平28号轮青年突击队事迹

江南造船厂建造的和平58号轮

接管江南造船所。为使这家当时“全国唯一造船军工工业”尽快恢复生产，经验丰富的工人和技术人员互相支持配合，群策群力，土法上马，仅用一个半月就修复了最大的三号船坞。

1953年，江南造船所易名江南造船厂，进入生产建设迅速发展新时期。1956年，江南造船厂建成中国第一艘潜艇。其后，又建成多种型号水上、水下军舰。到1960年代中期，江南造船厂又建造了和平28号、58号、72号和建设号4艘5000吨级海轮，支援农业生产的400吨渔轮，支援运输业的金陵号火车轮渡等民用船舶，为国民经济发展和国防现代化作出了卓越贡献，也在新中国造船史上写下浓墨重彩的上海篇章。

1959年1月，中国第一艘自行设计制造，材料和设备绝大部分立足国内的万吨级远洋货船“东风”号开始在江南造船厂建造。1960年4月，仅用一年多时间，船长161.4米，型宽20.2米，可载货10132吨，满载排水量16975吨的“东风号”万吨轮就建成下水。

1961年，在一无资料，二无设备，三无经验的条件下，江南造船厂成功制造了中国第一台万吨水压机。焊接工程师唐应斌表示：“(万吨水压机)机身有六七层楼那么高，一个半篮球场那么大，一只螺丝帽就有五六吨重……制造这台水压机的焊缝，平均厚度有四吋[1]，长度有六华里[2]。这样厚的钢板，我们不仅没有焊过，连看也没有看到过。”当时我国没有

江南造船厂自制的机器设备

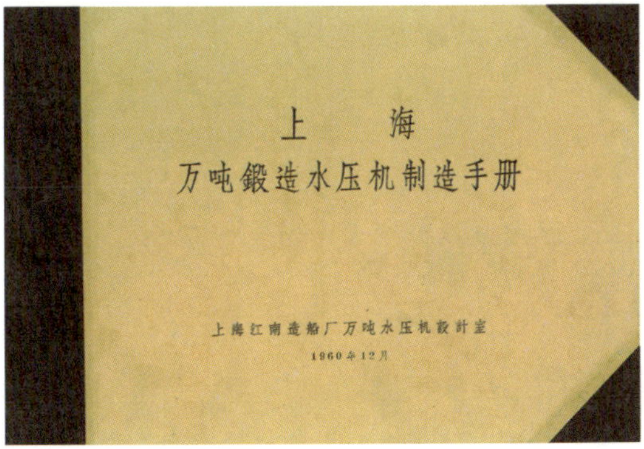

上 海
万吨鍛造水压机制造手册

上海江南造船厂万吨水压机設計室
1960年12月

万吨水压机制造手册封面

万吨水压机工艺手册

---

① “吋”现作“英寸”。
② 六华里等于三千米。

江南造船厂制造的万吨水压机

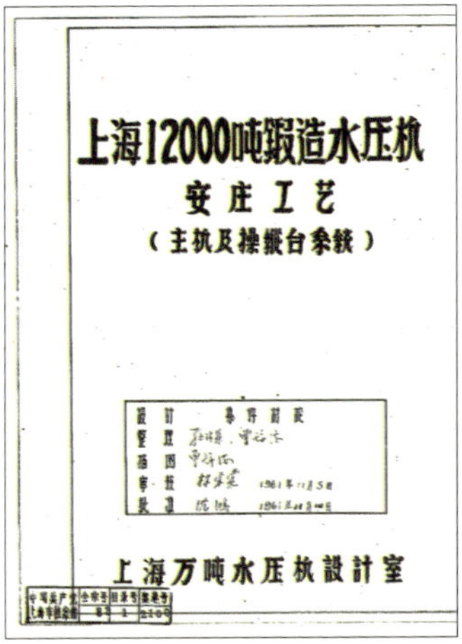

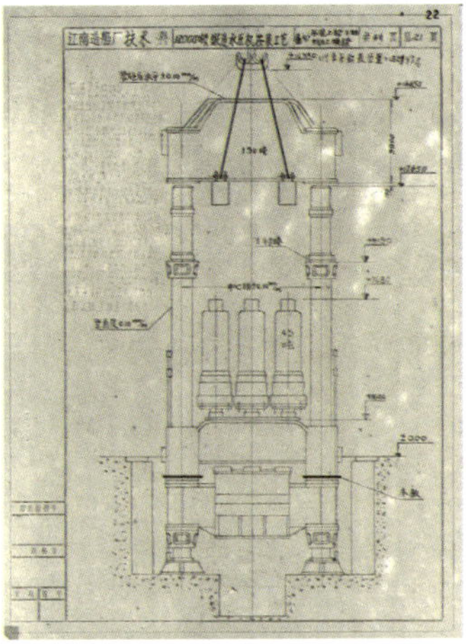

万吨水压机安装工艺

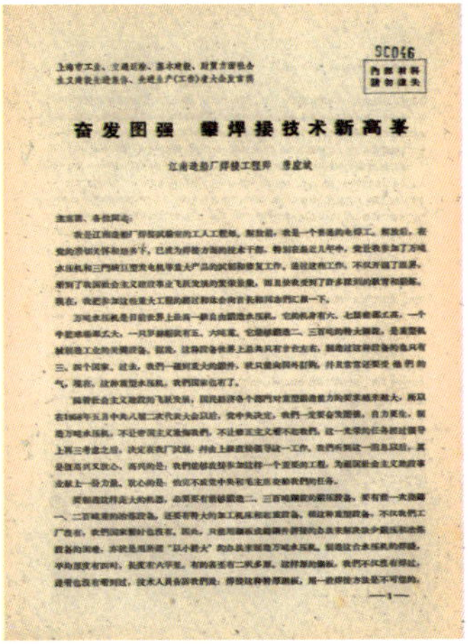
9C046

奋发图强 攀焊接技术新高峯

焊接工程师唐应斌发言稿

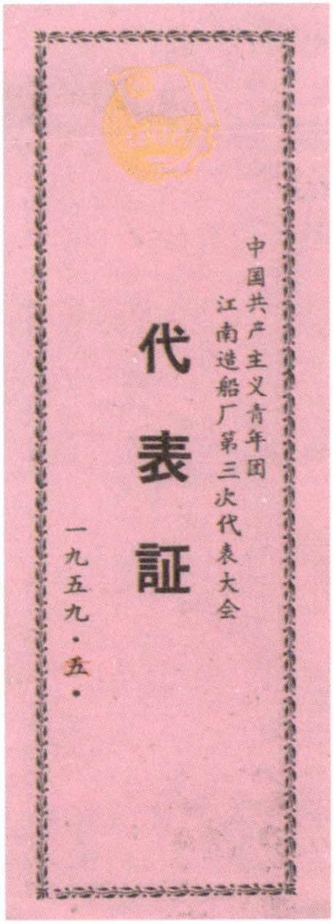

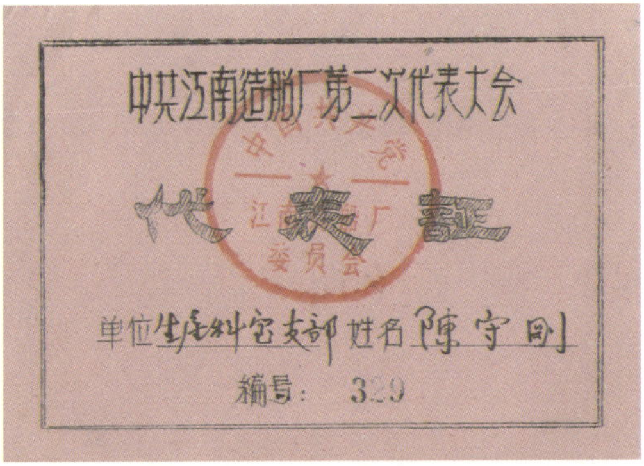

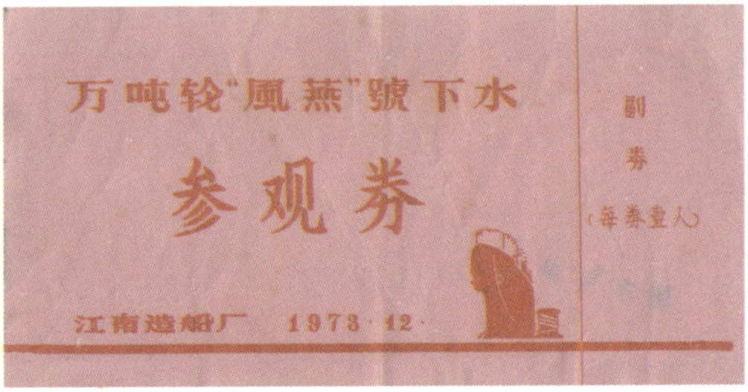

江南造船厂的部分票证(陈伟藏,《民间影像》提供)

共青团江南造船厂轮机总支超龄离团合影(1965.10, 仲红书藏,《民间影像》提供)

制造万吨水压机的重型设备,因此只能"以小拼大",这就需要采用最新电渣焊技术。唐应斌等工程技术人员从零开始,根据图书杂志上的资料,前后经几十次试验,终于初步掌握了这项先进焊接技术。在实际建造过程中,唐应斌曾一口气坚持20小时左右,焊好一根十米多长的焊缝,"大大超过外国文献上有过的记录"。

1970年代,江南造船厂又成功建造了以"远望"号为主的航天综合测量船、海洋调查船、远洋打捞救生船等三种型号共5艘特种工程船,并成功配合执行通信卫星、远程导弹发射试验和南极考察等任务。

改革开放后,江南造船厂进入快速发展阶段,成功进入国际市场,并以优良的建造质量和船舶性能,受到国际航运界和造船界好评,批量建造的6.5万吨散装货船,以"中国江南型"成为中国唯一列入伦敦租船市场标价系列的国际船型。1994年交付使用的"远望

波兰外宾参观江南造船厂

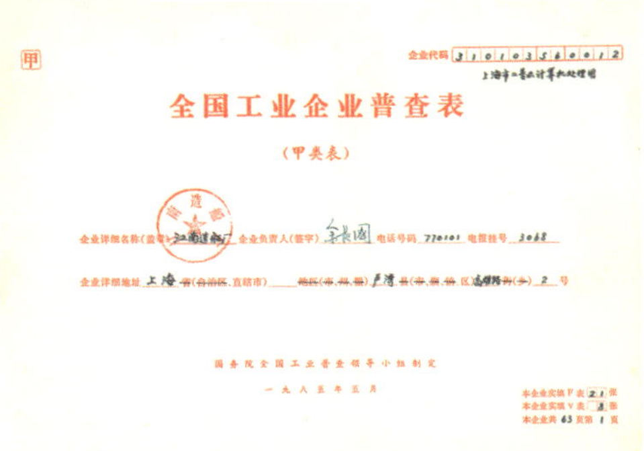

甲

企业代码 310103560012

全国工业企业普查表

（甲类表）

企业详细名称（盖章）江南造船厂 企业负责人（签字）金长国 电话号码 770101 电报挂号 3068

企业详细地址 上海 省（自治区、直辖市） 地区（市、州、盟）卢湾 县（市、旗、协、区） 路（乡） 2 号

国务院全国工业普查领导小组制定

一九八五年五月

本企业实填 F 表 21 张

本企业实填 V 表 3 张

本企业共 63 页第 1 页

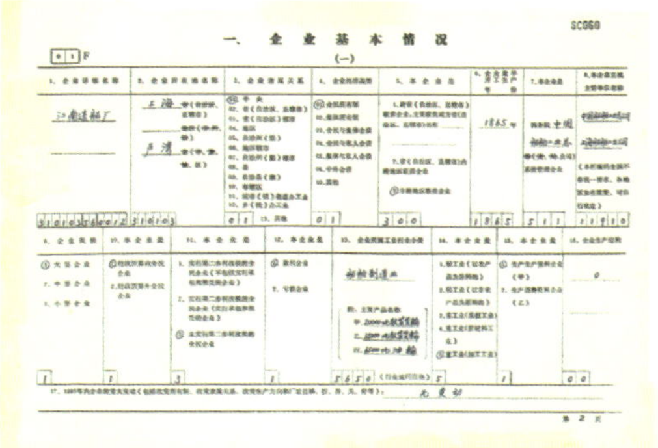

一、企业基本情况

（一）

江南造船厂全国企业普查表

本世纪初的江南造船厂(袁拿恩摄)

江南造船厂，背景中卢浦大桥正在建造中(2002，袁拿恩摄)

世博动迁前的江南造船厂大门

3”号，是集中国造船工业和电子工业最高水平于一身的远洋航天测量船，标志着中国在这一领域进入了世界先进行列。其后江南造船厂又相继成功建造了大型先进水面舰船、集装箱船、LPG液化石油气船、三用工作船、豪华型游艇、多用途船等多类船舶。

2008年，因2010年世界博览会需要，江南造船厂整体搬迁长兴岛，原址成为2010年上海世博会浦西园区企业馆所在地。原东区焊装车间改建成中国船舶馆，外观增添了弧线构架，形似船的龙骨，又似龙的脊梁，暗喻中国民族工业的坚强精神。原址上留存的江南机器制造总局翻译馆旧址、飞机库等老建筑，得到精心修缮，可供大众了解江南造船厂不同历史时期的变迁。1970年代从这里走向大洋的远望1号，也回到了其诞生地2号船坞，以挺拔之姿迎接八方来客。2013年，江南机器制造总局入选首批中国工业遗产保护名录。2014年，江南制造总局旧址被上海市人民政府核定为上海市文物保护单位。如今，以江南造船厂原址为中心的黄浦滨江，已是上海市民经常光顾的公共文化空间。

中国船舶馆

迁址后的百年江南造船厂，不仅完成了从黄浦江畔到长兴岛地理位置上的跨越，更实现了造船技术质的飞跃。如今的江南造船基地，包括4座大坞、17座舾装码头，是目前国内规模最大、设施最先进、生产品种最广泛的现代化造船基地。“中国江南”型液化气船系列已成为江南造船享誉国际的拳头产品。与此同时，江南造船还保持着集装箱船建造的世界纪录。“远望7”号航天远洋测量船、“东方红3”号深远海综合调查实习船、新一代极地科考破冰船“雪龙2”号等一批高水平公务用船，也彰显了江南制造的水平。

滔滔黄浦江水，见证了江南造船厂，也见证了中国造船工业从无到有，从小到大，由大到强的成长历程。今天，站在新时代的起点上，百年“江南”厂、中国造船业一定会拥有更加辉煌的明天。

（秘 薇）

百年变迁徐家汇

徐家汇，曾经偏于上海西南一隅的一小块地方，历经百年沧桑，已是熙熙攘攘、人流如织的繁华商业中心。在物质层面的繁荣之外，徐家汇还有着丰富的历史遗存，徜徉其间，能了解海派文化发生、发展的历史脉络与风采。

提起徐家汇，就必须说到明代著名政治家、科学家徐光启。徐光启生于上海老城厢，明万历三十五年(1607)，在京为官的徐光启回到上海为父亲徐思诚守孝。其间，徐光启在法华泾南面、肇嘉浜西侧，即今徐家汇的虹桥路、恭城路、宜山北路一带建了一所农庄别业，在这里，徐光启从事农业实验，撰写了大量农学著作，还融汇中西学术，撰成《测量异同》《勾股义》等算学著作，在徐家汇开启了“西学东渐”的进程。

徐光启去世后，灵柩被运回上海，安葬在土山湾北。徐光启后代长期居于此地，繁衍生息，形成徐氏家族的聚居群落。这片土地初名“徐家库”，后渐成集镇。因地当肇嘉浜和李枞泾两水汇合处，故称“徐家汇”。

1852年的徐家汇

徐光启墓道

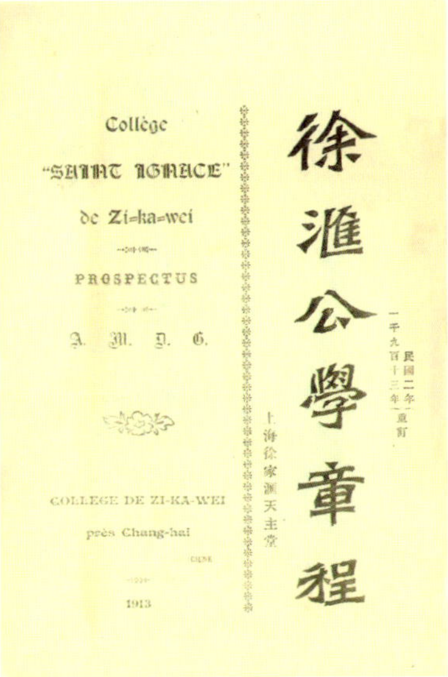

徐汇公学章程

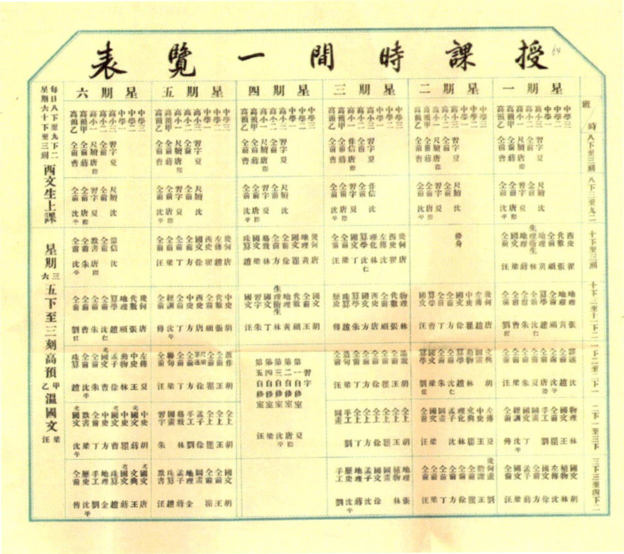

徐汇公学课程表

藏书楼内景

1842年，清王朝在第一次鸦片战争中战败，孱弱的中国门户洞开。1844年，中法《黄埔条约》签订，法国取得了保教权，天主教耶稣会借机重返上海。1847年，天主教江南教区选择徐家汇这个水陆交通便捷的地方建造耶稣会会院。一批具有西方学术背景的耶稣会会士相继来到这里，在传教同时，也将西方文化知识带到了上海，徐家汇成了西方文化输入的窗口，近代中外文化交流的枢纽。

1847年，上海天主教耶稣会会长南格禄在徐家汇天主堂设立了储藏图书和档案的“修士室”，即蜚声中外的今徐家汇藏书楼前身。天主教会十分重视资料积

徐家汇藏书楼、徐汇中学(赵天佐摄，1987.9)

徐汇中学
徐家汇藏书楼

徐汇中学1937年毕业生合影

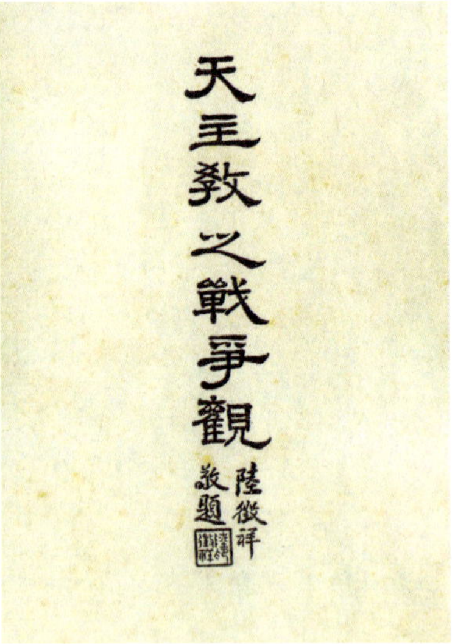

天主教之戰爭觀

陸徵祥敬題

天主教战争观封面

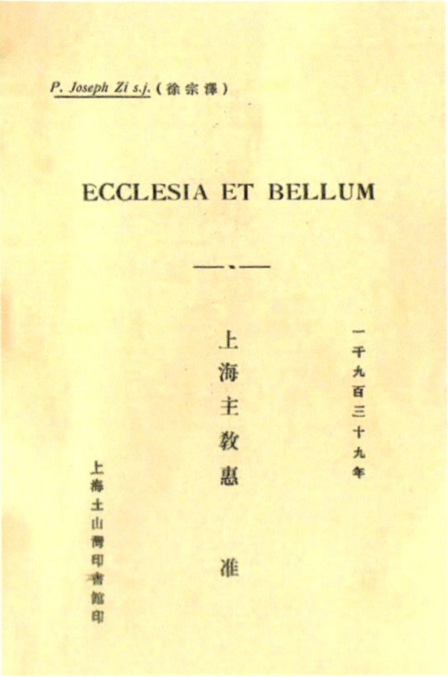

P. Joseph Zi s.j.(徐宗澤)

ECCLESIA ET BELLUM

上海主教惠准

一千九百三十九年

上海土山灣印書館印

天主教战争观版权页

寄往土山湾印书馆的信函

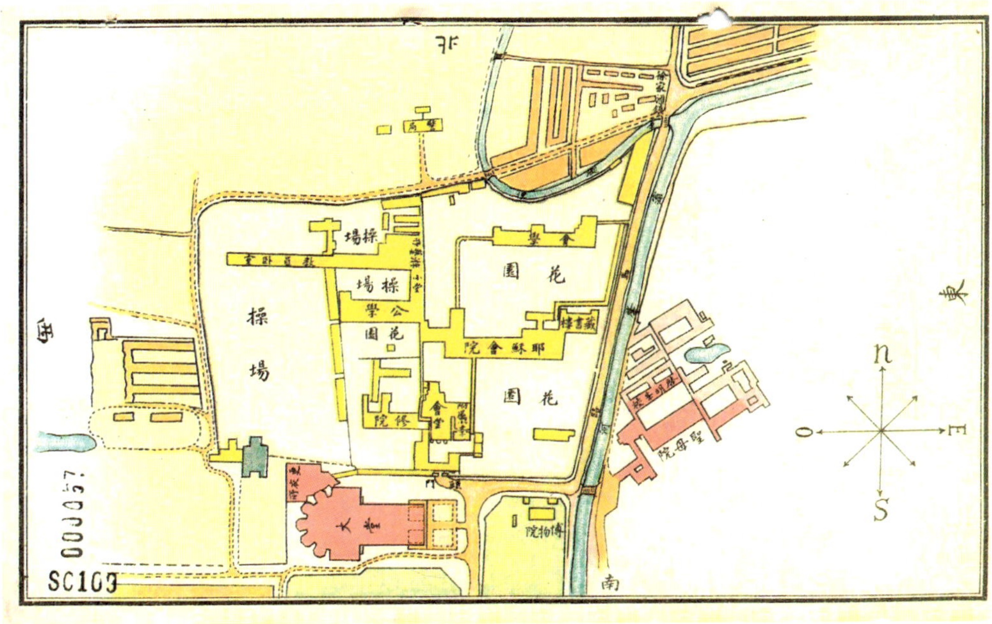

徐家汇天主教机构分布图

累，早在利玛窦来华时就开始收集各种书籍。近代天主教重返中国后，资料收集规模不断扩大，到上世纪30年代，藏书楼已有中文书籍12万册，外文书籍8万册。藏书楼上下两层，底楼专藏中文书籍，外文书籍藏于二楼。

1849年，徐汇公学设立，它是法国天主教在中国创办最早的教会学校。其学生不仅来自天主教上海各堂口，还包括崇明、海门、南桥、常熟等周边地区，甚至安徽、广东、湖南等处也有学生前来。学校生源以教徒信众子弟为主，也不排斥其他学生。课程中既有天主教教义，也有西方的几何代数等课程，还有左传等国学经典。在学费收取上，信众子弟自然优惠，能学习一门外语的学生也能减免部分，愿意学习拉丁文的减免更多。

徐汇公学以南，有一片土地因疏浚河道，堆积淤泥形成高地，即土山湾。1864年，天主教耶稣会在土山湾创设孤儿院，先后收养近万名孤儿和贫困幼童。土山湾孤儿院设有工艺院，生产各种宗教用品和餐具，闻名国内外，除满足国内和上海宗教需要和供给外侨享

上世纪30年代张襄和拜访马相伯后在土山湾留影(张致元提供)

1930年代徐家汇地区航拍

土山湾孤儿院的孤儿们(李圣恺藏,《民间影像》提供)

徐家汇天主堂大弥撒(《民间影像》提供)

徐家汇天文台

用外，一部分产品还远销南洋一带。工艺院的印刷工场，即著名的土山湾印书馆，1874年引进石印技术，次年又引进珂罗版印刷技术，1900年又率先引进照相铜锌版印刷技术，印制数量可观的宗教书刊、经本、图像、年历、教科书以及中、英、法、拉丁文书籍，在中西文化交流史上起着重要作用。

1872年2月，法国天主教耶稣会又在徐家汇正式建立天文台，地址在徐光启墓附近，徐家汇肇嘉浜西岸。1873年7月，天文台建成，成为中国近代出现的第一个气象观测和预报机构。1901年，教会在徐家汇天文台原址西侧百米处另建新台。新大楼为3层，中央有砖木结构的塔，顶高40米，装有风向风速仪，东侧是子午仪室，院内有各种气象仪器，并增添了地温和井温测量。

除天主教文化机构外，1896年，清末重臣、实业家盛宣怀以“求实学、务实业”为宗

交通大学奖状

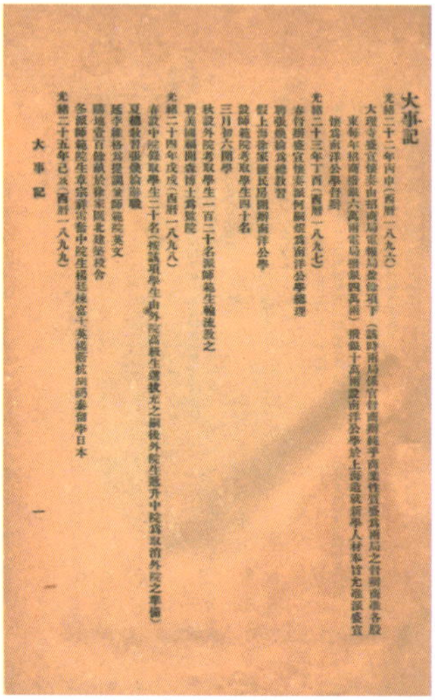

大事記

光緒二十二年丙申（西曆一八九六）

大理寺少卿盛宣懷奏由招商局電報局捐款項下（該時兩局係官督商辦純乎商業性質盛為兩局之督辦商董各股東每年捐助招商局六萬兩電局四萬兩）撥款十萬兩設南洋公學於上海造就新學人材奉旨允准派盛宣懷為南洋公學督辦

光緒二十三年丁酉（西曆一八九七）

春督辦盛宣懷委派何嗣焜為南洋公學總理

聘張煥綸為總教習

假上海徐家匯民房開辦南洋公學

設師範院考取學生四十名

三月初六開學

秋設外院考取學生一百二十名派師範生輪流教之

聘美國福開森博士為監院

光緒二十四年戊戌（西曆一八九八）

春設中院錄取學生二十名（按該項學生由外院高級生選拔充之嗣後外院生遞升中院為取消外院之準備）

夏總教習張煥綸辭職

延李維格為提調兼師範院英文

購地壹百餘畝於徐家匯北建築校舍

冬派師範院生章宗祥雷奮中院生楊廷棟富士英楊蔭杭胡礽泰留學日本

光緒二十五年己亥（西曆一八九九）

大事記 一

南洋公学大事记

交通大学校门

“无线电之父”马可尼(前排中右)在交通大学参加马可尼纪念柱竖立仪式(1933)

旨，以培养“第一等人才”为目标，在徐家汇创办南洋公学。公学历经清代商部上海高等实业学堂、邮传部上海高等实业学堂、南洋大学堂、交通部上海工业专门学校、交通部南洋大学、交通部第一交通大学等发展阶段，1928年正式定名为国立交通大学，其血脉一直延续到今天的上海交通大学和西安交通大学，成为海内外知名学府。

徐家汇地区另一所知名学府则是具有强烈日本官方色彩的东亚同文书院。1900年5月设立于南京，其间校址多次变更，1917年落户徐家汇虹桥路徐汇公学西侧。1921年，日本政府发布敕令，将书院列为外务省直接管辖的专门学校。同年，书院正式招收中国籍学生。1937年淞沪抗战爆发，同文书院校址毁于战火，书院租用交通大学校址上课，1939年升格为大学。抗战胜利后，书院结束办学。

上海开埠后，徐家汇地区一直属于中国政府管辖。自1900年起，法租界公董局开始在此越界筑路。1914年，法国以禁止反对袁世凯的国民党人士在上海法租界活动为交换条

东亚同文书院大门

东亚同文书院校园一角

件，与袁世凯政府就法租界第三次扩张达成一致。今肇嘉浜路以北，华山路以东的徐家汇地区纳入法租界管辖范围。其后，法租界后公董局在徐家汇地区实施填浜、筑路、铺设下水道等市政工程，部分路段还铺设了自来水和煤气管道等公用设施。随着基础设施逐步完善，徐家汇地区也逐步从市郊乡村向城市区域中心演变，新式住宅、商业店铺不断出现，区域面貌改变很大。

徐家汇在中国近代工业化历程中也占有重要地位。1926年，旅日侨商余芝卿和薛福基、吴哲生等一起筹设大中华橡胶厂，1928年10月，位于徐家汇肇嘉浜北岸的厂房建成投产，日产套鞋近1000双，建厂一年就盈利20万元。其后，工厂多次增资改制，至全面抗战爆发前，资本增至300万元，企业从初创期的80多人增至近3000人，资本占全国同行业1/4，产值占1/3，“双钱”商标驰名海内外。1934年10月，企业研制出我国第一条汽车轮胎，成为中国轮胎工业发展史上的里程碑。

在大中华橡胶厂对面，肇嘉浜南岸，坐落着另一家知名民族企业——五洲固本皂药厂。其前身是1908年德商所建企业，1921年为知名爱国商人项松茂所办五洲大药房收购，改称五洲固本皂药厂，继续生产固本肥皂并行销全国。

在大中华橡胶厂旁边，还有著名的百代唱片公司。它同样建于1908年，初为法商经营，1932年，原经营者将企业连同雄鸡牌商标转让给英国电气音乐实业有限公司。为保持

东亚同文书院学生上课

1920年代虹桥路

华山路法租界竖立界碑

营业的连续性，公司仍保持百代名号，经设备更新和工艺改革，成为当时中国和东南亚地区设备新、产量高、影响大的一家唱片公司，见证了早期中国唱片业发展的每一道印记。百代唱片初期以灌录中国戏剧唱片著称，余叔岩等众多京剧名家都灌录过百代名号的唱片。随着有声电影兴起，公司逐渐改变经营策略，改请电影明星等灌录流行歌曲，周旋、白光、王人美、黎明晖等众多明星都在此留下了属于那个年代的“时代之声”。

临水而兴的工业使得徐家汇地区人口日渐稠密，也带来日益严重的环境问题。上世纪30年代初，法租界当局和上海地方政府曾就共同出资整治流经徐家汇的肇嘉浜达成一致意见。但上海地方政权因财政拮据无力出资，法租界当局更无意自行整治。1936年，知名

毕卡第公寓(仲红书藏,《民间影像》提供)

防疫专家伍连德亲自踏勘了肇嘉浜沿线，但见枫林桥一带的肇嘉浜“两面均为污塞”，五洲药房制造厂“厚腻污沫大量流出，其状况寔深恶劣”。而法租界下水道污水向肇嘉浜直排，也大大加剧了环境污染。

1937年八一三淞沪抗战爆发，法租界在地处租界和华界交界处的徐家汇设置了多个难民营，安置了近万名因战争失去家园的上海及周边地区难民。然而，更多难民得不到救助，他们摇着小船逃到肇嘉浜避难，小船船底烂了，就打木桩将船支架在岸坡，后来木桩也烂了，又弃船上岸。久而久之，肇嘉浜两岸各种“水上居”“滚地龙”“旱船”纷纷出现，成了上海闻名的水畔棚户区，居住环境恶劣，各种疾病流行。每当盛夏酷暑，肇嘉浜边一天可收尸10多具，最多一天竟达40多具。

徐家汇地区也承载着上海的红色记忆。1922年，中共中央局书记陈独秀到交通大学演讲，宣传马克思主义。同年5月4日，上海学生在交通大学集会，中共党员沈雁冰(茅盾)

抗战胜利后的衡山路

到会，勉励青年发扬五四传统，走社会主义道路。1923年党的“三大”后，恽代英、侯少裘、贺昌等中共党员先后到徐家汇，在青年学生和群众中传播马克思主义，培养吸收中共党员和青年团员。1924年5月，中国社会主义青年团徐家汇支部成立，翌年春中共徐家汇支部创建，直属中共上海地方委员会领导。徐家汇地区早期党团员有梅电龙(梅龚彬)、高尔松、王文彬等人，多为东亚同文书院和交通大学的青年学生。1926年春，徐家汇地区的交通大学、同文书院、光华大学和复旦大学附中均成立了党的支部，百代唱片厂和五洲固本肥皂厂也成立了工人联合支部。

1927年大革命失败后，徐家汇地区党组织受到破坏，基层支部和党员数量逐渐减少，但保留下来的共产党员仍坚持斗争。1930年代中期，左翼电影运动兴起，1934年，共产党员田汉、夏衍编剧的电影《风云儿女》开拍，当时在百代唱片公司工作的共产党员聂耳为影片谱写了《义勇军进行曲》《铁蹄下的歌女》等插曲。次年5月9日，由田汉作词，聂耳

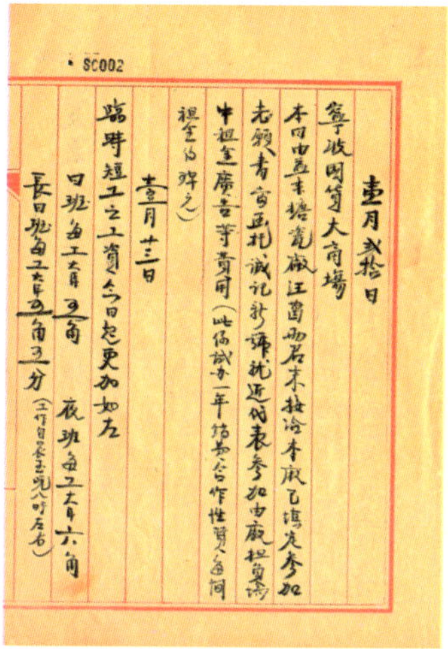

SC002

大中华橡胶厂厂务记录

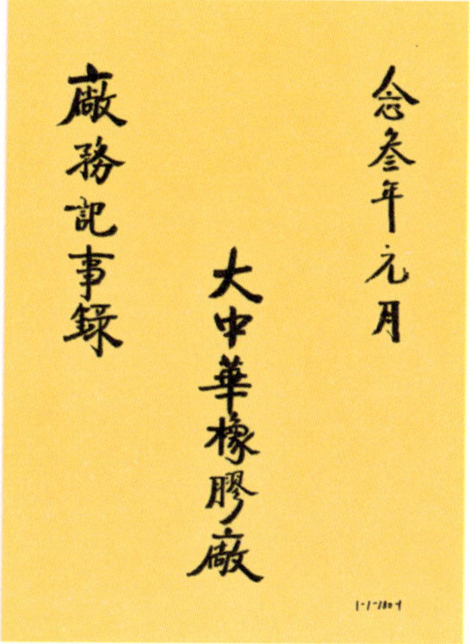

念叁年元月

大中華橡膠廠

廠務記事錄

大中华橡胶厂厂务记事录

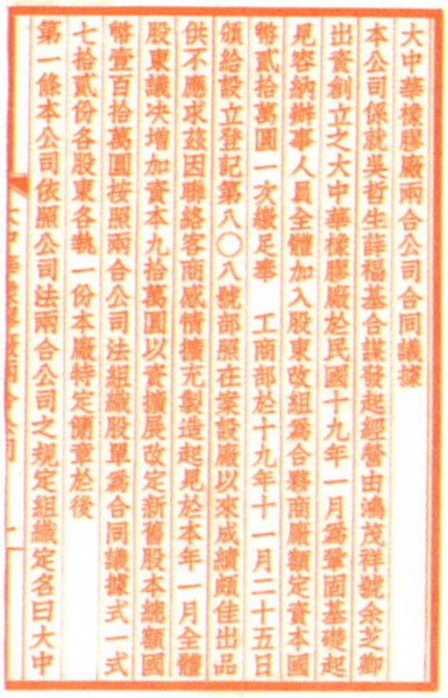

大中華橡膠廠兩合公司合同議據

本公司係就吳哲生薛福基合謀發起經營由鴻茂祥號余芝卿出資創立之大中華橡膠廠於民國十九年一月爲鞏固基礎起見容納辦事人員全體加入股東改組爲合夥商廠額定資本國幣貳拾萬圓一次繳足奉 工商部於十九年十一月二十五日領給設立登記第八〇八號部照在案設廠以來成績頗佳出品供不應求茲因聯絡客商感情擴充製造起見於本年一月全體股東議決增加資本九拾萬圓以資擴展改定新舊股本總額國幣壹百拾萬圓按照兩合公司法組織股單爲合同議據式一式七拾貳份各股東各執一份本廠特定簡章於後

第一條本公司依照公司法兩合公司之規定組織定名曰大中

大中华橡胶厂两合公司合同议据

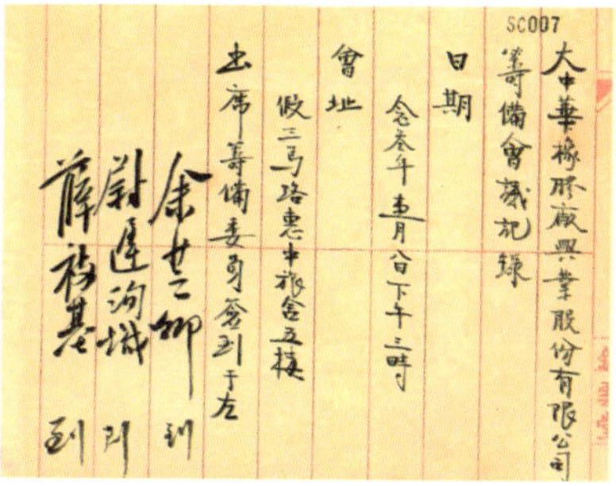

SC007

大中华橡胶厂股份有限公司筹备会议记录

五洲固本肥皂厂

作曲的《义勇军进行曲》在百代唱片公司录制完成。随着电影在全国热映，《义勇军进行曲》被广泛传唱，激励着不愿做奴隶的中国人民“万众一心，冒着敌人的炮火前进”。

全面抗战爆发后，徐家汇地区共产党组织得到恢复并不断壮大，大中华橡胶厂、百代唱片公司、交通大学等处党组织先后恢复。解放战争时期，在党领导下，徐家汇地区“反饥饿、反内战、反迫害”、反美扶日等运动风起云涌，交通大学被誉为“民主堡垒”，成为上海学生运动重要基地。

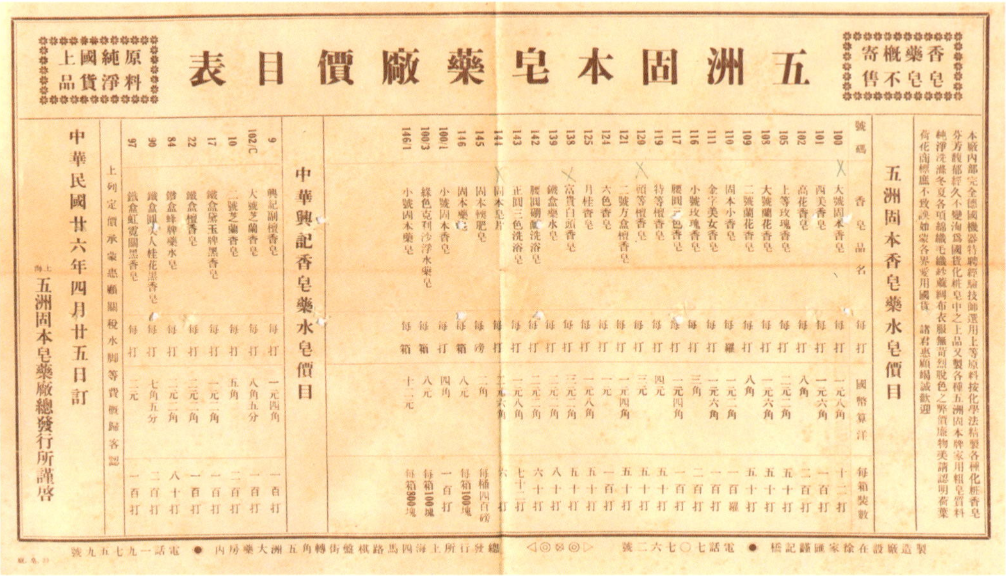

五洲固本皂藥廠價目表

香皂藥皂 概不寄售

原料純淨 國貨上品

五洲固本香皂藥水皂價目

本廠內部完全德國機器特聘經驗技師選用上等原料按化學法精製各種化粧香皂芬芳馥郁經久不變洵為國貨化粧皂中之上品又製各種五洲固本牌家用粗皂質料純淨洗滌冬夏各項絲織毛織紗麻綢布衣服無苛烈脫色之弊價廉物美請認明荷葉荷花商標庶不致誤如蒙各界愛用國貨　諸君惠顧竭誠歡迎

號碼	香皂品名	每打	國幣算洋	每箱裝數
100	大號固本香皂	每打	一元八角	十二打
101	西美香皂	每打	一元六角	一百打
102	高花香皂	每打	八角	二百打
105	上等玫瑰香皂	每打	二元二角	五十打
108	大號蘭花香皂	每打	一元六角	五十打
109	二號蘭花香皂	每打	八角	五十打
110	固本小香皂	每羅	一元二角	一百羅
111	金字美女香皂	每打	一元六角	一百打
116	小號玫瑰香皂	每打	三角	二百打
117	腰圓三色香皂	每打	一元四角	一百打
119	特等檀香皂	每打	四元	五十打
120	頭等檀香皂	每打	三元	五十打
121	二號方盒檀香皂	每打	一元四角	五十打
124	六色香皂	每打	一元	一百打
125	月桂香皂	每打	一元八角	五十打
138	富貴白頭香皂	每打	三元二角	五十打
139	鐵盒藥水皂	每打	二元二角	八十打
142	腰圓硼酸洗浴皂	每打	二元二角	六十打
143	正圓三色洗浴皂	每打	一元八角	七十二打
144	固本皂片	每打	二元六角	六打
145	固本楝肥皂	每磅	二角	每桶四百磅
116	固本藥皂	每箱	八元	每箱100塊
100/1	小號固本香皂	每打	四角	一百打
100/3	綠色克利沙浮水藥皂	每箱	八元	每箱100塊
146/1	小號固本藥皂	每箱	十二元	每箱800塊

中華興記香皂藥水皂價目

號碼	香皂品名	每打	國幣算洋	每箱裝數
9	興記副檀香皂	每打	一元四角	一百打
102/C	大號芝蘭香皂	每打	八角五分	一百打
10	二號芝蘭香皂	每打	五角	二百打
17	鐵盒紫玉牌黑香皂	每打	一元二角	一百打
22	鐵盒檀香皂	每打	二元二角	一百打
84	鐵盒蜂牌藥水皂	每打	二元二角	八十打
90	鐵盒頭大人桂花黑香皂	每打	七角五分	二百打
97	鐵盒虹霓關黑香皂	每打	二元	一百打

上列定價承蒙惠顧關稅水脚等費概歸客認

中華民國廿六年四月廿五日訂

上海 五洲固本皂藥廠總發行所謹啓

製造廠設在徐家匯謹記橋 ● 電話七〇七六二號 ◁◎⊗◎▷ 總發行所上海四馬路棋盤街轉角五洲大藥房內 ● 電話一九一七五九號

五洲固本肥皂厂价目表

解放后，徐家汇迎来了新生。1954年，政府拨款开始治理肇嘉浜。作为第一个五年计划期间上海的重点建设之一，肇嘉浜整治的主要措施是埋设下水道，填没臭水浜，修筑宽阔的肇嘉浜路。1956年12月，全长3000米，宽60米的肇嘉浜路筑成，并与漕溪北路、华山路、衡山路等相连接，路旁绿树成荫，郁郁葱葱，成为上海西南地区一条重要交通干道，也成为展示新上海形象的窗口。

徐家汇的工厂也进入新的发展阶段。1954年，大中华橡胶厂公私合营，套鞋、人力车胎、汽车轮胎等依然是其主打产品。为图发展，1958年，大中华橡胶厂曾与对门的五洲固本肥皂厂谋求合并，做大做强。后虽因国家对上海工业总体布局的考虑未获成功，但大中华橡胶厂依然取得长足发展。上世纪60年代初，五洲固本肥皂厂原址转给国家急需的仪表行业使用，新建工厂就是曾赫赫有名的上海无线电四厂。百代唱片公司也转为国有，几经变化，成为中国唱片上海公司，继续领跑国内唱片行业。

至于徐家汇众多与天主教会有关的事业，也有了新的使命。徐家汇天文台被政府接

百代公司

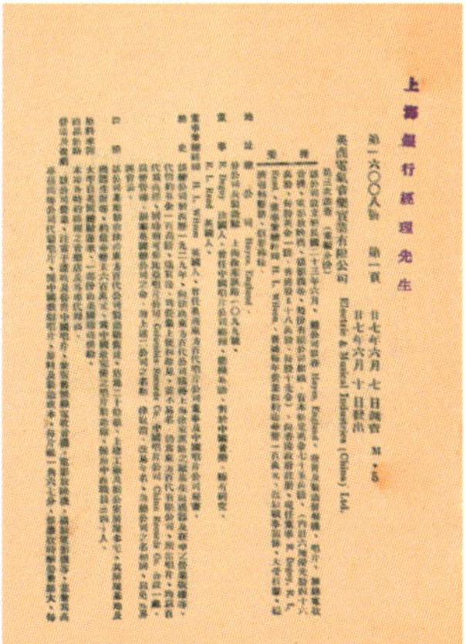

英商电气音乐公司调查书

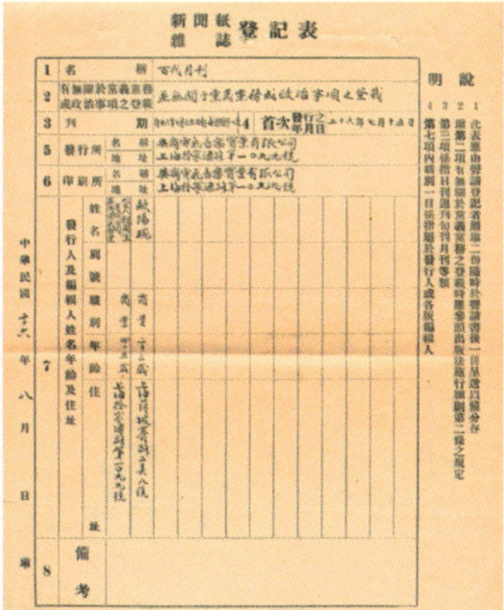

百代月刊登记表

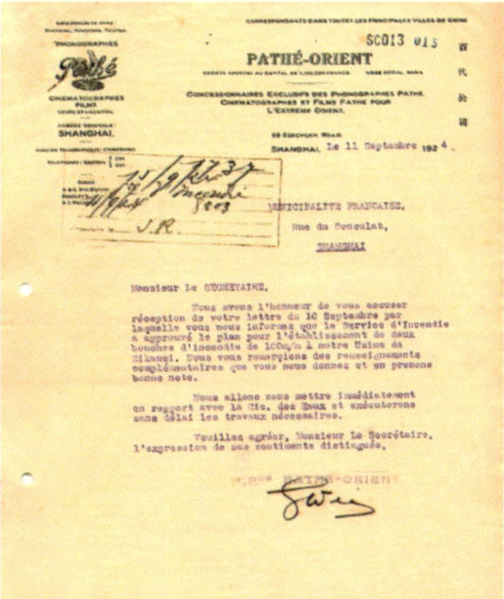

百代唱片公司有关消防设备给公董局的档案

肇嘉浜两岸的棚户区

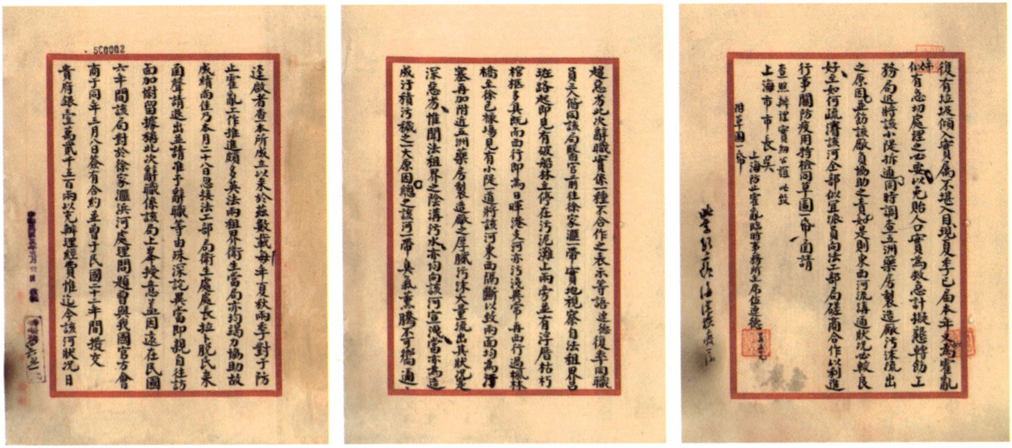

5C0002

逕啟者查本所成立以來於茲數載每年夏秋兩季對于防止霍亂工作推進頗多英法兩租界衛生當局亦均竭力協助故成績尚佳乃本月二十八日忽接法工部局衛生處處長拉卜脫氏來函聲請退出並請准予辭職等由殊深詫異當即親自往訪面加慰留據稱此次辭職係該局上峯授意並因遠在民國六年間該局對於徐家滙浜河底理問題曾與我國官方會商于同年三月八日簽有合約並曾于民國二十二年間撥交貴府銀壹萬貳千五百兩以充辦理經費惟迄今該河狀況日趨惡劣此次辭職實係一種不合作之表示等語連德復率同職員六人偕同該局醫官前往徐家滙一帶實地視察自法租界呂班路起即見有破船林立停在污泥灘上兩旁並有浮厝枯朽棺柩多具既而西行即為日暉港支河亦污濁異常再西行過楓林橋並徐家棧場見有小浜一道將該河東西隔斷以致兩面均為淤塞再加附近五洲藥房製造廠之厚膩污沫大量流出其狀況更深惡劣、惟聞法租界之陰溝污水亦均向該河宣洩、當亦為造成淤積污穢之一大原因。總之該河一帶臭氣熏騰不可嚮邇、復有垃圾傾入實屬不堪入目現夏季已屆本年又為霍亂似有急切處理之必要以免貽人口實為救急計擬懇轉飭工務局迅將該小浜拆通同時調查五洲藥房製造廠污沫流出之原因並飭該廠負協助之責如是則東西河流漸通狀況必較良好至如何疏濬該河全部似宜派員向法工部局磋商合作以利進行事關防疫用特檢同草圖一紙函請

查照辦理實紉公誼 此致

上海市市長吳

上海防止霍亂臨時事務所主席伍連德

附草圖一紙

伍连德信

仅能通行小船的肇嘉浜

上海英日帝國主義者屠殺同胞之經過

梅電龍編述

目次

(一)引言
(二)慘劇發生之遠因
(三)慘劇發生之近因
(四)五卅南京路慘殺紀實
(五)慘劇之擴大不斷發生
(六)佔據學校與搜會拘人
(七)慘劇之餘波
(八)結論

上海工商學聯合會委員會印行

梅电龙著《上海英日帝国主义者屠杀同胞之经过》

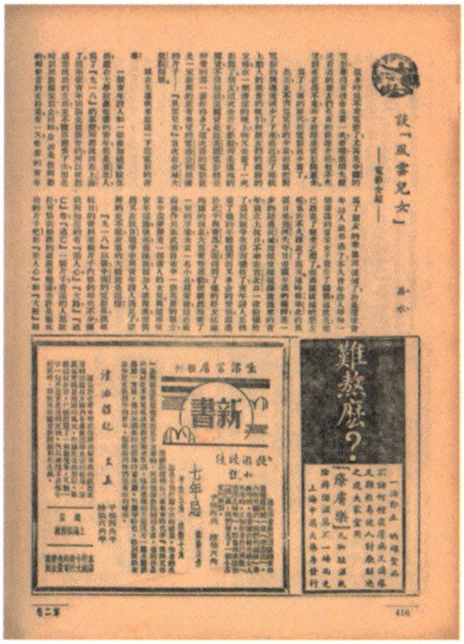

談「風雲兒女」

新書

難熬麼?

《风云儿女》评论文章

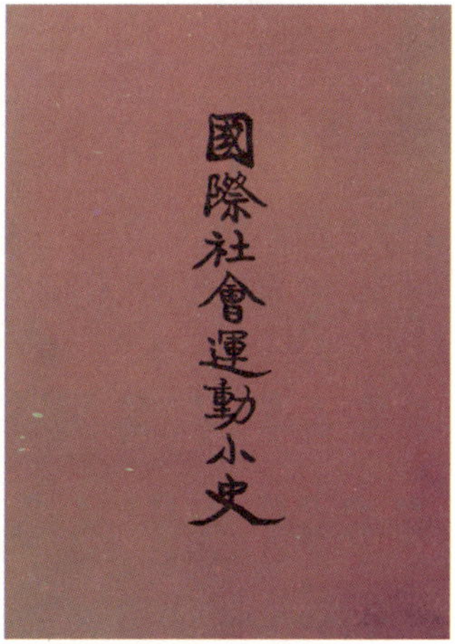

國際社會運動小史

高尔松《国际社会运动小史》

交大学生在北站集合请愿护校

交大反美扶日运动

《激怒的铁流》

解放初期的肇嘉浜

整治肇嘉浜

肇嘉浜填平后成为宽阔的马路

肯尼亚妇女代表团参观大中华橡胶厂

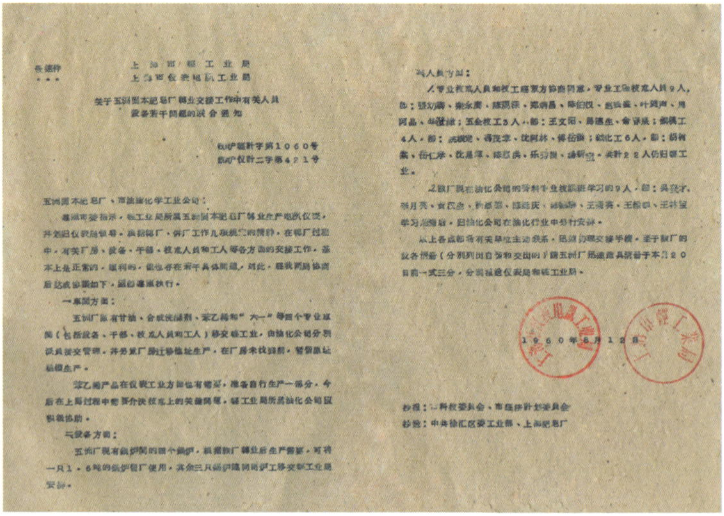

上海市轻工业局
上海市仪表电讯工业局

关于五洲固本肥皂厂转业交接工作中有关人员设备若干问题的联合通知

(60)沪轻计字第1060号
(60)沪仪计二字第421号

五洲固本肥皂厂、市油脂化学工业公司：

遵照市委指示，轻工业局所属五洲固本肥皂厂转业生产电讯仪表，并划归仪表局领导。根据[illegible]工作几项规定的精神，在转厂过程中，有关厂房、设备、干部、技术人员和工人等各方面的交接工作，基本上是正常的、顺利的，但也存在若干具体问题，对此，经我两局协商后达成协议如下，望即遵照执行。

一、车间方面：

五洲厂原有甘油、合成洗涤剂、苯乙烯和"六一"等四个专业车间（包括设备、干部、技术人员和工人）移交轻工业，由油化公司分别[illegible]接交管理，并另觅厂房迁移他处生产，在厂房未找到前，暂留原址继续生产。

苯乙烯产品在仪表工业方面也有需要，准备自行生产一部分，今后在上马过程中需要解决技术上的关键问题，轻工业局所属油化公司应积极协助。

二、设备方面：

五洲厂现有锅炉间的四个锅炉，根据该厂转业后生产需要，可将一只1.6吨的锅炉留厂使用，其余三只锅炉随同司炉工移交轻工业局安排。

三、人员方面：

1.专业技术人员和技工经双方协商同意，专业工程技术人员9人，即：[illegible]；五金技工3人，即：[illegible]；[illegible]工4人，即：[illegible]；油化工6人，即：[illegible]。共计22人仍归轻工业。

2.该厂现在油化公司的[illegible]学习的9人，即：[illegible]学习期满后，由油化公司在油化行业中分配安排。

以上各点即希有关单位主动联系，迅速办理交接手续，[illegible]的设备清单（分别列出自留和交出的）请五洲厂迅速具报于本月20日前一式三分，分别报送仪表局和轻工业局。

1960年8月12日

抄报：[illegible]科技委员会、市经济计划委员会
抄送：中共徐汇区委工业部、上海肥皂厂

五洲肥皂厂转营仪表业档案

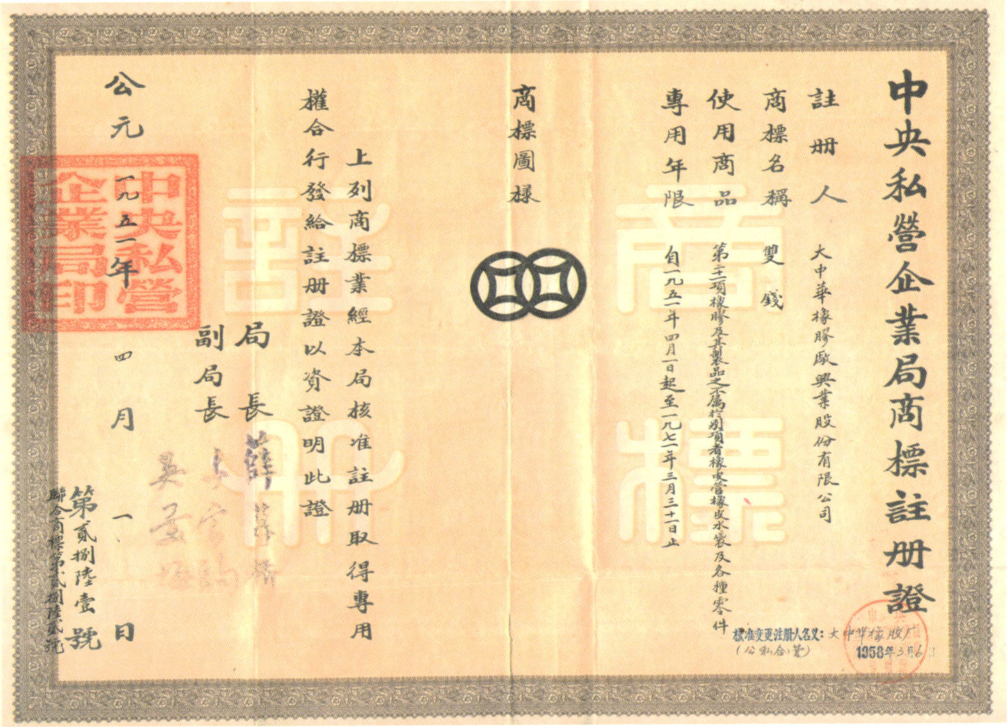

中央私營企業局商標註册證

註册人　大中華橡膠廠興業股份有限公司

商標名稱　雙錢

使用商品　第十三項橡膠及其製品之不屬於別項者橡皮管橡皮水袋及各種零件

專用年限　自一九五二年四月一日起至一九七二年三月三十一日止

商標圖様

上列商標業經本局核准註册取得專用權合行發給註册證以資證明此證

局長

副局長

公元一九五二年四月一日

第貳捌陸壹號

聯合商標第貳捌陸貳號

核准变更注册人名义：大中华橡胶厂（公私合营）　1958年3月6日

大中华橡胶厂双钱商标

管，徐汇中学实行彻底的教育和宗教分离政策，1953年6月改为市立，并开始招收女生。1956年，徐家汇藏书楼成为上海图书馆的一部分，随后亚洲文会图书馆、海光图书馆、原上海租界工部局图书馆等处藏书也相继移入徐家汇藏书楼。1958年，土山湾印书馆公私合营，并入上海中华印刷厂。1962年，徐家汇观象台与佘山观象台合并，组建上海天文台。

1949年后，新生的徐家汇充满新气象。1951年，由新上海首任市长陈毅亲笔批建题名的衡山电影院建成。衡山电影院总投资30万元，人民政府投资2/3，另外1/3则由周边银行、工厂和众多市民共同集资参股，开国内影院建设时代之风。1952年，上海市第六百货商店落成。1959年国庆节，徐汇剧场建成开放，曹荻秋副市长前来剪彩祝贺。到上世纪60年代，徐家汇地区有15路、26路、42路、43路、44路、50路、56路、92路以及徐闵线等

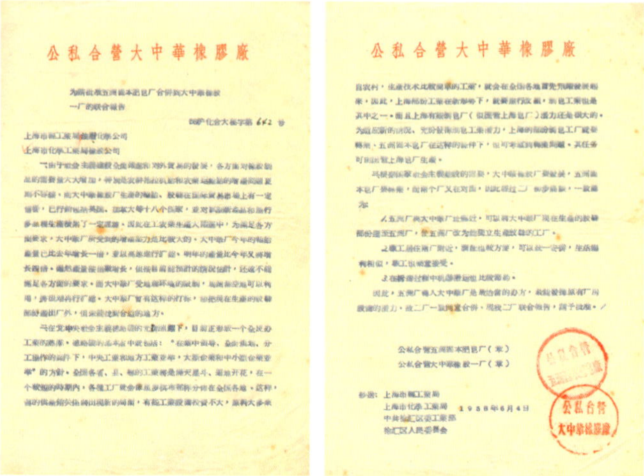

公私合營大中華橡膠廠

公私合營大中華橡膠廠

大中华橡胶厂与五洲肥皂厂合营报告

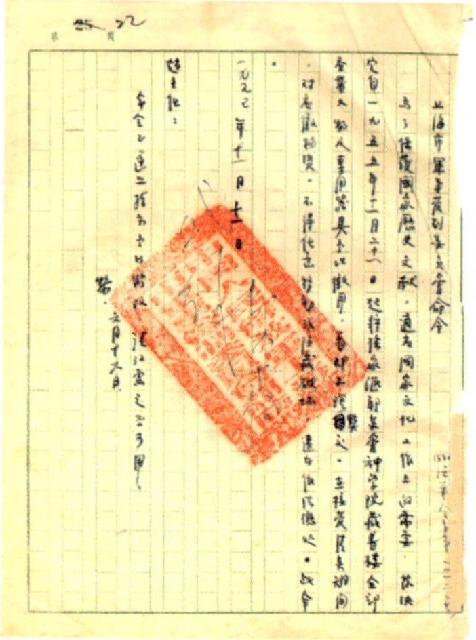

市军管会接收徐家汇藏书楼布告底稿

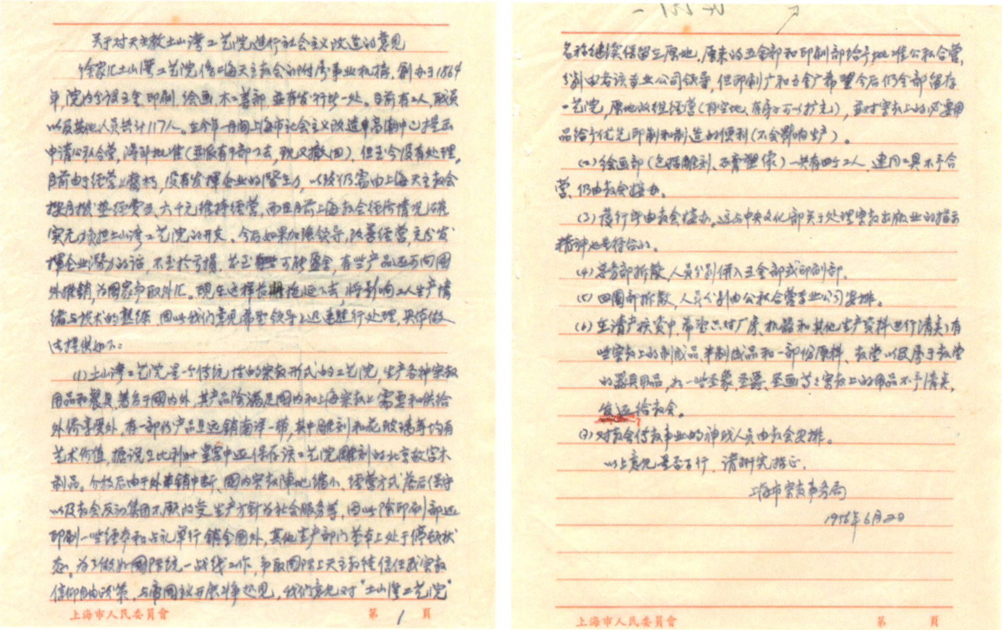

关于对天主教土山湾工艺院进行社会主义改造的意见

徐家汇土山湾工艺院系上海天主教会的附属事业机构，创办于1864年，院内分设五金、印刷、绘画、木工等部，并开有门市部一处。目前有工人、职员以及其他人员共计117人。在今年一月间上海市社会主义改造高潮中已提出申请公私合营，除印刷部（五金部有一部分工人去，现又撤回），但至今没有处理，目前由于经营上困难，没有发挥企业的潜力，以致仍需由上海天主教会按月贴补经费五、六千元维持经营，而且目前上海教会经济情况也难实无力负担土山湾工艺院的开支。今后如果加强领导，改善经营，充分发挥企业潜力的话，不会长亏损，并且还可能盈余，有些产品还可向国外推销，为国家争取外汇。现在这样长期拖延下去，将影响工人生产情绪与技术的提高，因此我们意见希望领导上迅速进行处理，兹将做法提供如下：

(1) 土山湾工艺院是一个传统性的宗教形式的工艺院，生产各种宗教用品和家具，著名于国内外，其产品除满足国内和上海宗教上需要和供给外侨享受外，有一部分产品且远销南洋一带，其中雕刻和花玻璃等均有艺术价值，据说在比利时皇宫中还保存该工艺院雕刻的北京故宫木刻品。解放后由于外来销路中断，国内宗教市场缩小，经营方式落后保守以及教会反动集团不顾内变生产方针为社会服务等，因此除印刷部还印刷一些经本和占礼单行销全国外，其他生产部门基本上处于停顿状态。为了做好国际统一战线工作，争取国际上天主教徒信任我宗教信仰自由政策，与帝国主义开展斗争起见，我们意见对“土山湾工艺院”

上海市人民委員會 第 1 頁

名称继续保留在原地，原来的五金部和印刷部给予批准公私合营，分别由各该专业公司领导，但印刷厂和五金厂希望今后仍全部留在工艺院原地继续经营（有空地，前身可以扩充），并对宗教上的必需用品给予优先印刷和制造的便利（不会影响生产）。

(二) 绘画部（包括雕刻、石膏塑像）一共有四个工人，连同工具不予合营，仍由教会接办。

(三) 发行所由教会接办，这与中央文化部关于处理宗教出版业的指示精神也是符合的。

(四) 木工部拆散，人员分别併入五金部或印刷部。

(五) 四图部拆散，人员分别由公私合营专业公司安排。

(六) 在清产核资中，希望在对厂房、机器和其他生产资料进行清点时有些宗教上的制成品、半制成品和一部份原料、教堂以及属于教堂的器具用品，如一些圣象、圣器、圣画等等宗教上的用品不予清点，发还给教会。

(七) 对教会传教事业的神职人员由教会安排。

以上意见是否可行，请研究指示。

上海市宗教事务局

1956年6月20日

土山湾社会主义改造

上世纪50年代衡山路

“黄金”公交线路，每天乘客达18万人次，成为闵行、吴泾、漕河泾、长桥等地以及松江、金山、奉贤等郊县居民“到上海去”的第一站。区域内商业、邮电、卫生和文化设施相对齐全，俨然成为上海西南地区最重要的综合性节点地区。

改革开放后，徐家汇迎来新的发展机遇。大中华橡胶厂生意依然红火，但属于重污染的橡胶行业已与徐家汇新的发展定位不相符合。上无四厂和中国唱片厂生产的“凯歌牌”电视机、流行音乐卡带一度供不应求，但在汹涌澎湃、快速迭代的市场经济大潮下逐渐褪去“光环”。作为上海西南地区门户枢纽，徐家汇的道路交通设施也难以适应城市发展要求。特别是地处徐家汇西南的漕河泾经济技术开发区设立后，引入了一大批外资高科

中国唱片厂生产的唱机

上无四厂生产的黑白电视机

大中华橡胶厂生产的钢丝轮胎

苏联电影代表团在衡山电影院与观众见面

上世纪80年代徐家汇肇嘉浜路衡山路口旧房拆除情形

技企业，这些企业的高管和技术人员非常需要有个邻近的休闲购物去处。但当时徐家汇的商业文娱设施还是以中小型商业和传统影剧院为主，连普通市民的需求都难以满足，这种情况急需改变。于是，上世纪80年代末、90年代初，徐家汇开始了大规模改造。

经过改造，徐家汇整体环境、商业业态和交通状况得到改善。1993年1月，以“国内的名、特、优中高档商品及环球百货、餐饮、娱乐场所、商品展示会”为经营特色的东方商厦开门迎客，这也是上海首家中外合资大型零售旗舰店。此外，太平洋百货、大千美食林、建国宾馆等新型商业体在徐家汇拔地而起，第六百货改造后全新亮相，衡山路下立交通车……徐家汇的综合功能得到全面提升，成为上海的核心商圈之一。

此后，徐家汇地区港汇恒隆广场、汇金广场、上海实业大厦、建汇大厦、汇银广场、嘉汇广场等大型商场和写字楼相继建成，城市商业副中心定位和功能得到确立，区域环境

今东方商厦地块

徐家汇核心区(赵天佐 摄,1987.9)

百代小红楼

建国宾馆

上世纪90年代中期的徐家汇

建设中的徐家汇绿地

发生了极大变化。进入新世纪，徐家汇又迎来新一轮升级改造。大中华橡胶厂整体搬迁，厂区成为徐家汇绿地一部分，原厂区高大的烟囱作为工业遗存得以保留。2002年，中国唱片公司动迁，原址变身徐家汇绿地二期，原作为录音棚的“小红楼”几经变迁，成为展示《义勇军进行曲》诞生和唱片业发展的公共空间。

2012年，东至宛平路，南临蒲汇塘路，西至文定路，北达广元西路的徐家汇源被评为国家4A级旅游景区，徐家汇天主堂、天文台、藏书楼、徐光启纪念馆、徐光启墓、土山湾博物馆以及徐家汇绿地和众多大型商业综合体都被囊括其中。2023年1月1日，全新打造的徐家汇书院又正式开门迎客，成为众多市民争相“打卡”的网红景点。漫步其中，历史景观风貌、时尚活力购物和绿色休闲娱乐相互交融，既可领略眺徐家汇商圈的繁华热闹，也可饱赏绿茵、湖泊与洋房构成的美丽画面，成为上海市民触摸现代都市节拍，追寻城市历

上世纪90年代改建中的徐家汇，东方商厦拔地而起

上世纪90年代中期从东方商厦一侧看徐家汇

肇嘉浜路绿地

徐家汇教堂广场俯瞰(《民间影像》提供)

今日徐家汇天主堂广场(CGEMA影像提供)

徐家汇书院(张新摄)

史记忆的好去处。

在上海2040城市总体规划中，徐家汇将成为上海国际化大都市的中央活动区，从商业副中心到中央活动区，意味着徐家汇地区在城市功能上将再上一个等级。随着徐家汇中央活动区的建设发展，文化、商务、商业、生活、生态彼此交融、相辅相成，有着悠久历史的徐家汇以其丰富多元、宜居宜游的特质，将成为世界都市再开发的典范和城市空间样本。\

(徐 珂)

『白相』城隍庙

——『魔都』上海的另一种样貌

上海，作为一座近代崛起的大都市，“国际化”“现代化”一直是她的标签。但在开埠前的悠长岁月中，江南文化塑造了她最初的城市品格，至今仍滋润着这块土地。位于上海市中心的黄浦区，在高楼大厦掩映下，有一片古色古香的建筑群，这就是著名的上海城隍庙。一句“白相”城隍庙，便勾起无数上海人的美好回忆。这里的城隍庙其实是包括城隍庙、豫园、豫园商城等在内的整片区域，其范围北至福佑路，南至方浜中路，东至安仁街，西至旧校场路。漫步其中，我们可以看到“魔都”上海的另一种样子。

1292年(至元二十九年)，上海从松江府华亭县析出，单独设县。这个新设立的县土地肥沃、交通便捷，又有鱼盐之利，时人誉为“东南壮县”。元末明初，上海人秦裕伯曾出仕为官，甚有政绩。1373年病逝后，朱元璋封其为上海县城隍。明永乐年间，上海知县张

豫园湖心亭

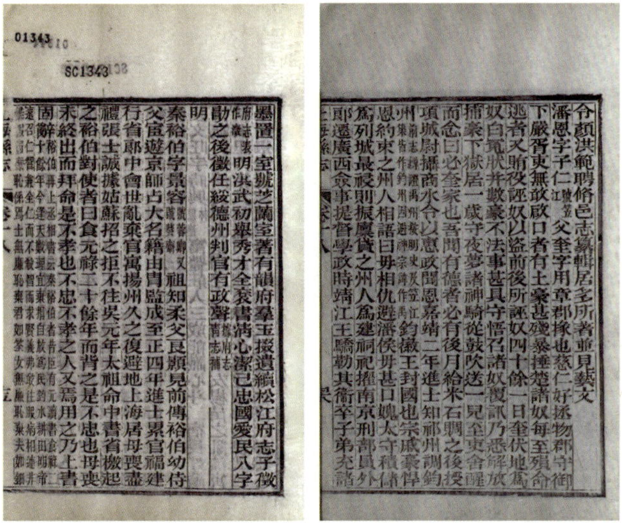

同治上海县志有关秦裕伯(左)和潘恩(右)的记载

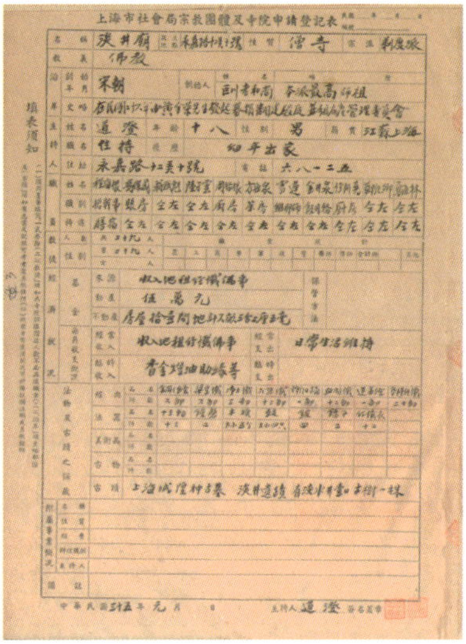

淡井庙登记表

守约以祭祀城隍的淡井庙(故址在今永嘉路12弄内)位置偏僻、祭祀不便为由，将城隍庙迁到供奉汉代大将军霍光的行祠，两人一同祭祀，即今城隍庙所在。抗战时期，原本纪念第一次鸦片战争时保卫上海壮烈殉国的江南提督陈化成而建的陈公祠被日军毁坏，上海人民将流落街头的陈化成塑像抬入城隍庙中供奉。这就是上海“一城三城隍”的由来。

城隍庙建立一百多年后，在她旁边出现了一座精美的江南园林——豫园。明中叶，随着社会经济不断发展，上海迎来了一段繁荣时期。一些名门望族积累了大量财富，纷纷不惜重金构筑园林宅第，一时蔚然成风，其中潘氏豫园最为出名。这座园林由潘允端所建，其父潘恩是少数几位《明史》上有传的上海人。潘恩为官清廉刚正，曾因弹劾贪虐的藩王声名大著。其四个儿子都入仕为官，其中两人与潘恩一样是进士出身，潘氏家族因此被誉为“同怀兄弟四轩冕，一家父子三进士”，门庭之显赫在上海可谓一时无两。

1559年，潘恩次子潘允端参加科考名落孙山失意而归，便在自家住宅西面菜畦上“稍稍聚石凿池，构亭艺竹”，准备修建园林自娱。但三年后，他便高中进士，开始了宦海生涯，建园之事便搁置下来。直到1577年，潘允端辞官回乡，才重新开始园林修建。他请来

清末上海城隍庙(《民间影像》提供)

著名园艺家张南阳为其设计营造，终于在1590年，建成一座规模宏伟、景色迷人的江南园林。由于潘允端本想以此园作为其父亲养老燕居之地，便命名园子为“豫园”，意为“愉悦老亲”。明代著名书法家王稚登所写隶书“豫园”匾额，至今犹存。

豫园位于城隍庙西北，其所在范围包括今湖心亭、九曲桥及其以南以西一片土地。据潘允端的《豫园记》所载，园内有玉华、乐寿、会景、容与诸堂，颐晚、徵阳、醉月诸楼，涵碧、玉茵诸阁，挹秀、留影、凫佚诸亭，其他还有鱼乐轩、留春寓等景胜。园中亭台楼阁、池石花木，都布置得错落有致，其景色之盛，被当时人们公认为“东南名园冠”“奇秀甲于东南”。

潘氏家族在潘允端之后逐渐式微，豫园也落入外姓之手。在经历了明清鼎革的剧烈社会动荡后，园林化为一片荒芜，除部分残存外，大多荒废。1709年，上海邑人集资在城隍庙东侧购进一小块土地，修建园林，作为城隍庙灵苑，定名为东园，又称内园。1760年，

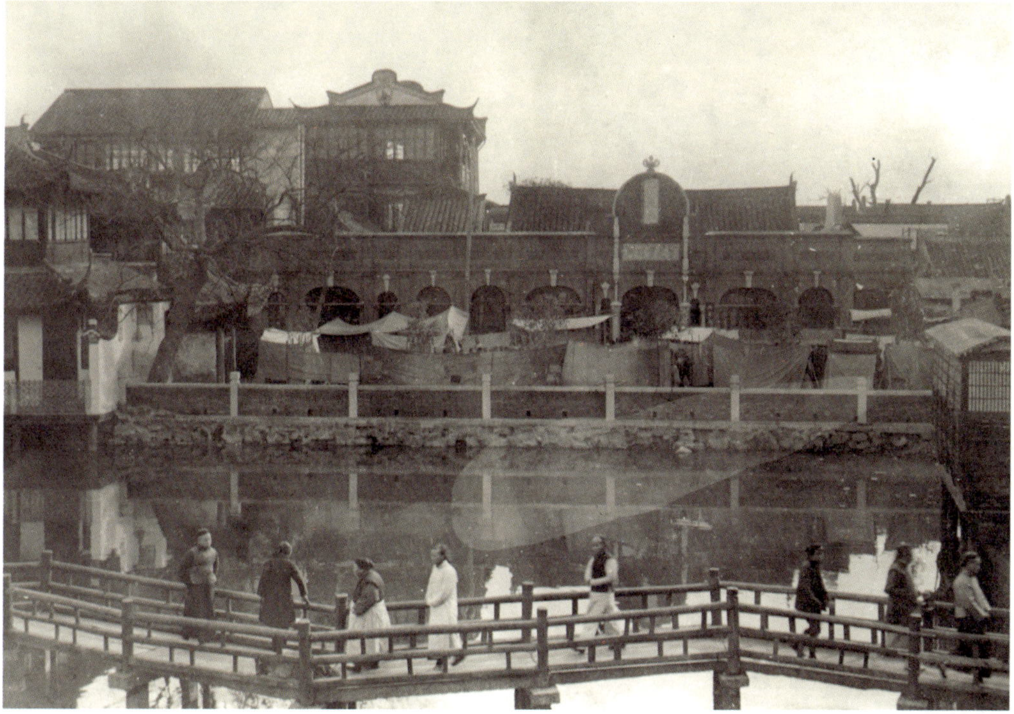

清末城隍庙九曲桥

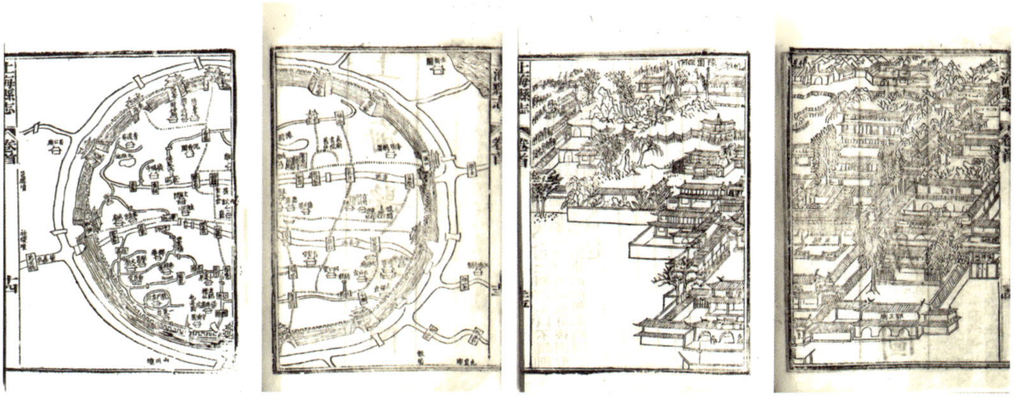

上海县志里的上海城墙图(左)和城隍庙图(右)

ghai City. No 75

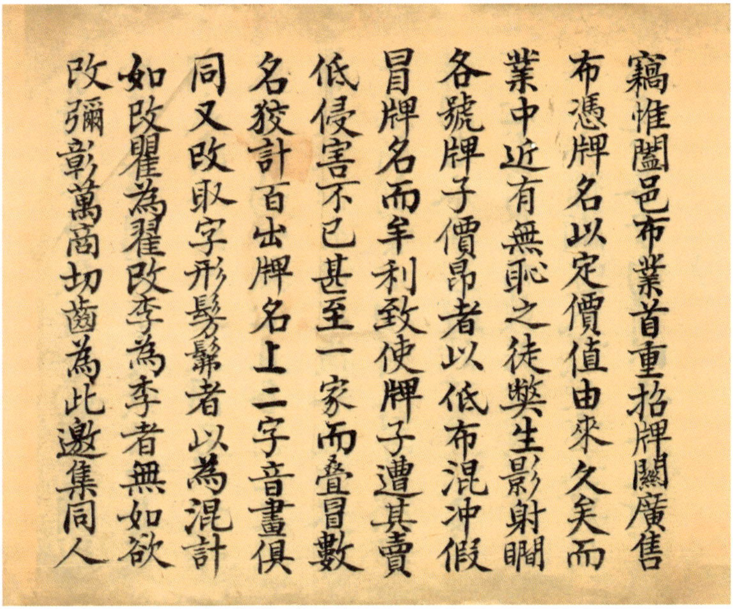

竊惟闔邑布業首重招牌闔廣售
布憑牌名以定價值由來久矣而
業中近有無恥之徒弊生影射朦
各號牌子價昂者以低布混冲假
冒牌名而牟利致使牌子遭其賣
低侵害不已甚至一家而疊冒數
名狡計百出牌名上二字音畫俱
同又改取字形髣髴者以為混計
如改瞿為翟改李為李者無如欲
改彌彰萬商切齒為此邀集同人

布业公所同业牌号簿

上海士绅富商集资买下了豫园土地，开始着手重建园林。由于是众人集资，不可能归一人所有，便决定将其捐给旁边的城隍庙。于是，豫园就成为上海城隍庙的庙园，又因其在城隍庙和东园西侧，便改称为西园，而上海人又习惯将东西二园合称为豫园。

豫园重修，上海的同业组织“公所”发挥了巨大作用。早在康熙年间，上海的布庄同业就在豫园旧址上修建了得月楼、绮藻堂，用于议事祀神。1776年，上海钱业同仁组织钱业总公所也在内园(即东园)设立，凡业内公共事项均于此公议。豫园重修时，同业公所出资“所费累巨万”。1784年豫园基本竣工后，又有多家公所相继入驻，豫园成为旧上海商业同业组织集聚之地。重建后

清末湖心亭

沪南钱业联谊会豫园聚餐合影(1949.2)

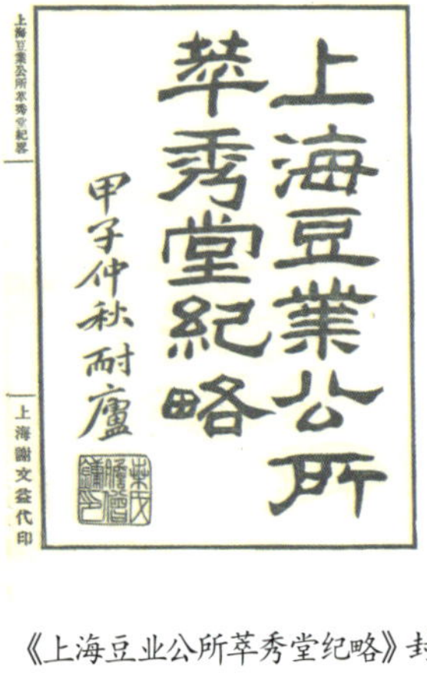

《上海豆业公所萃秀堂纪略》封面

的豫园虽然也有增添的景物，但基本是在明代潘氏豫园原址上重建，布局依旧。在乐寿堂原址上修建的三穗堂是园林的中心建筑。玉玲珑等旧园遗物，以及湖心亭、荷花池、九曲桥、玉华堂等原有景物依然如旧。这座江南名园终于恢复了昔日风采，其性质则由私家园林变成具有公园性质的寺庙园林。

1842年，英军侵占上海县城。侵略者在豫园驻扎五日，这座江南名园“园亭风光如洗，泉石无色”。1853年，小刀会起义爆发，起义军曾在豫园点春堂设立北城指挥部。清军夺回上海后，在城内大肆烧杀抢掠，豫园许多建筑付之一炬。

1937年南市难民救济人员在豫园大假山前留影

环龙桥边的棺椁

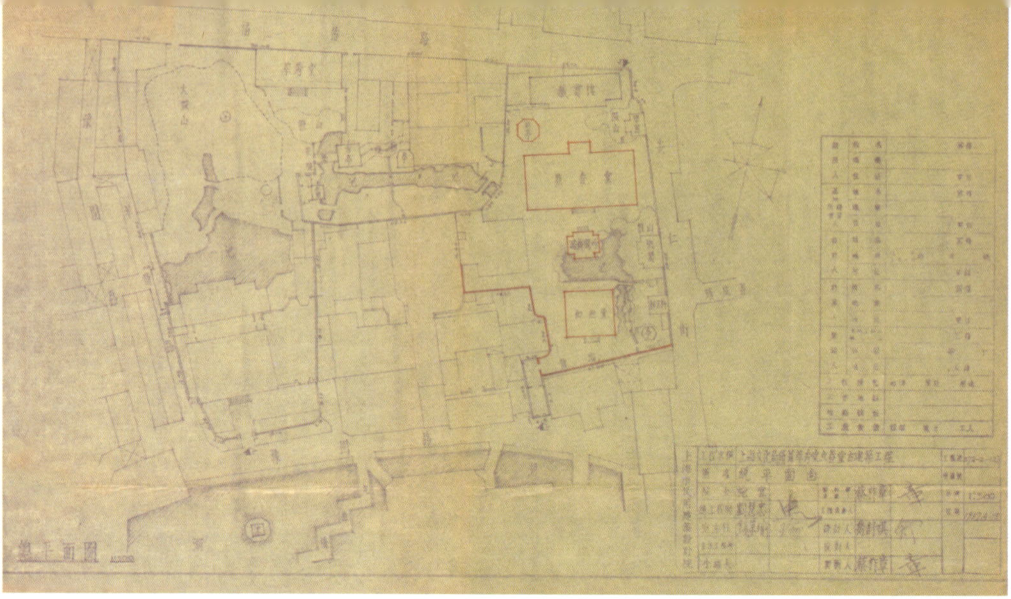

1957年豫园总平面图

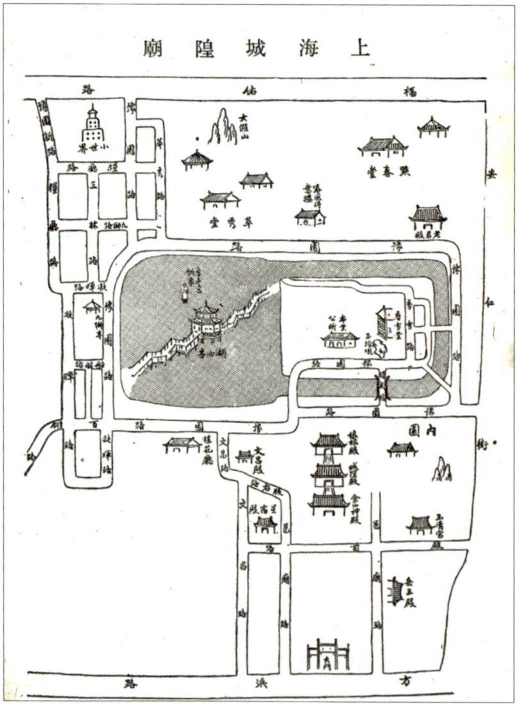

城隍庙平面图

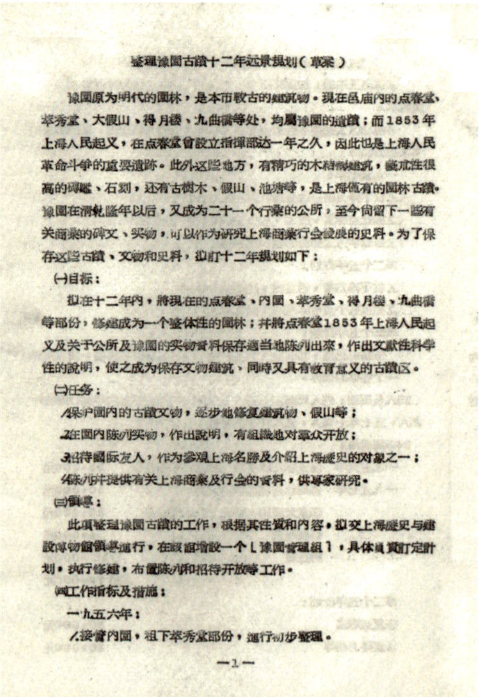

整理豫園古蹟十二年远景規划（草案）

豫園原为明代的園林，是本市較古的建筑物。現在邑庙內的点春堂、萃秀堂、大假山、得月樓、九曲橋等处，均属豫園的遺蹟；而1853年上海人民起义，在点春堂曾設立指揮部达一年之久，因此也是上海人民革命斗爭的重要遺跡。此外这些地方，有精巧的木結構建筑，藝术性很高的磚雕、石刻，还有古樹木、假山、池塘等，是上海僅有的園林古蹟。豫園在清乾隆年以后，又成为二十一个行業的公所，至今尚留下一些有关商業的碑文、实物，可以作为研究上海商業行会發展的史料。为了保存这些古蹟、文物和史料，拟訂十二年規划如下：

(一)目标：

拟在十二年內，將現在的点春堂、內園、萃秀堂、得月樓、九曲橋等部份，修建成为一个整体性的園林；并將点春堂1853年上海人民起义及关于公所及豫園的实物資料保存適当地陈列出來，作出文獻性科学性的說明，使之成为保存文物建筑、同時又具有教育意义的古蹟区。

(二)任务：

1.保护園內的古蹟文物，逐步地修復建筑物、假山等；

2.在園內陈列实物，作出說明，有組織地对羣众开放；

3.招待國际友人，作为參观上海名勝及介紹上海歷史的对象之一；

4.陈列并提供有关上海商業及行会的資料，供專家研究。

(三)領導：

此項整理豫園古蹟的工作，根据其性質和內容，拟交上海歷史与建設博物館領導進行，在該館增設一个「豫園管理組」，具体負責訂定計划，执行修建，布置陈列和招待开放等工作。

(四)工作指标及措施：

一九五六年：

1.接管內園，租下萃秀堂部份，進行初步整理。

—1—

整理豫园古迹十二年远景规划

豫园图(郭俊伦绘)

1860年，太平军进军上海，清政府请求外国势力到上海驻防，英法军队进驻豫园，豫园景物再次遭到大规模破坏。战争结束后，豫园又进行了修缮，这一次豫园内的同业组织又发挥了重要作用。比如布业公所在湖心亭修建中就出力甚多。修缮后的豫园依然是同业会馆聚集之处，据1875年统计，豫园内共有21家公所。重修后的豫园渐渐恢复了些许生气。特别是镶嵌于豫园和今豫园商城间的荷花池及池上九曲桥和湖心亭是城隍庙一大标志性景观，成为邑庙商人和市民聚集的重要场所。

然而，由公所负责豫园日常管理势必蚕食和瓜分园林。有的公所在园林里设置学校，有的则将原有景物改为房屋出租。逐渐，这座著名园林失去了原来面目。据档案记载，1930年上海市政府曾有意将萃秀堂、点春堂和内园开辟为公园，但调查结果："内园今为本市南北各钱庄老公所，约占地二亩余，终常局闭，不任人游览。""点春堂为本市糖业保管，约三亩余地。上年因兴办糖业小学，曾经修理……故尚甚整洁。""萃秀堂范围较大，为本市豆米业执管。其前部则为豆米业小学，后部为园，假山占大部分。一切房屋已多年未修理，甚破旧……假山上杂草丛生，垃圾亦无人扫除。"最终，改建公园计划不了了之。

工人在刨方砖*

工人在雕刻*

工人在装石笋*

1950年代的玉玲珑*

上世纪50年代的湖心亭*

抗战中，豫园和城隍庙一度为难民收容场所，后又遭日军破坏，这座江南名园再度蒙尘，面目全非。

清末以来，城隍庙地区形成了庙、园、市三位一体格局。“市”即庙市。本来城隍庙一直存在着节会性质的庙市，后随市场繁荣和豫园样貌变迁，庙市成为固定市场，“商贾

*系《民间影像》提供

尼泊尔外宾在豫园大假山合影

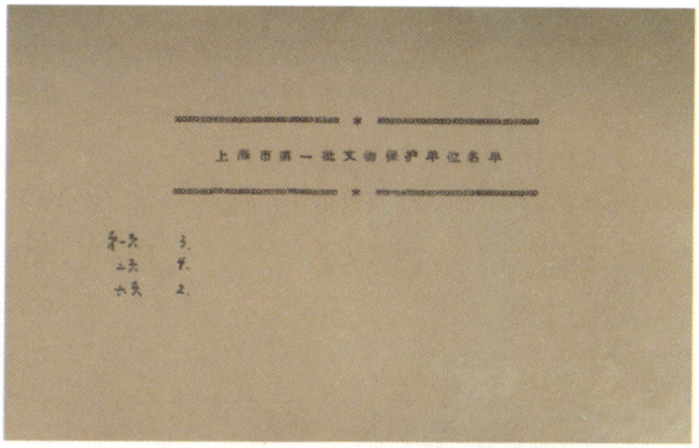

上海市第一批文物保护单位名单

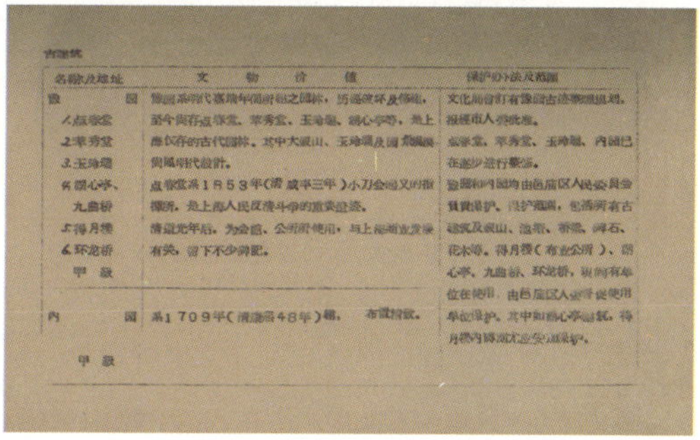

古建筑

名称及地址	文物价值	保护办法及范围
豫园 1.点春堂 2.萃秀堂 3.玉玲珑 4.湖心亭、九曲桥 5.得月楼 6.环龙桥 甲级	豫园系明代嘉靖年间所建之园林，历遭破坏及修建，至今尚存点春堂、萃秀堂、玉玲珑、湖心亭等，为上海仅存的古代园林。其中大假山、玉玲珑及园[illegible]仍属明代设计。 点春堂系1853年（清咸丰三年）小刀会起义的指挥所，是上海人民反清斗争的重要遗迹。 清道光年后，为会馆、公所所使用，与上海商业发展有关，留下不少碑记。	文化局曾订有豫园古迹整理规划，报经市人委批准。 点春堂、萃秀堂、玉玲珑、内园已在逐步进行整修。 豫园和内园均由邑庙区人民委员会负责保护。保护范围，包括所有古建筑及假山、池沼、亭阁、碑石、花木等。得月楼（布业公所）、湖心亭、九曲桥、环龙桥，现尚有单位在使用，由邑庙区人委督促使用单位保护，其中如湖心亭[illegible]，得月楼内碑刻尤应妥加保护。
内园 甲级	系1709年（清康熙48年）建，布置精致。	

1959年，豫园部分古建筑和内园被列入上海市第一批文物保护单位

沿荒废园径开店设铺，形成商业街坊十余条，设肆鬻物者百余家”。民国时期，城隍庙的庙市已成为大规模的联合商场，所有街道两边密布各式商铺和摊贩，出售香烛元宝、生活用品、衣物饰品、书画玩具、花草鱼虫，还有听书、看西洋镜、斗蟋蟀等娱乐活动，各类小吃摊不下一百家，五光十色，无所不有，令人目不暇接，可以说是当时上海颇具特色的购物休闲中心。庙、园、寺“三合一”的城隍庙地区“不仅为沪市居民假日游览休憩之所，即外侨抵沪，亦必到此观览”。“白相城隍庙”也成了上海人的一句俗语。抗战胜利战后，豫园“逐渐复兴，但断墙残壁等迹象仍属不少。而桥梁、道路、河水、路灯数年来未经整理，加以摊贩凌乱，乞丐成群，垃圾遍地，车辆自由通行，实为市容之殆”，各处景观多满目疮痍、颓败不堪，这颗江南园林明珠黯然失色，不复原有面貌。

1949年，上海解放，豫园回到了人民手中。1954年12月，市文化局向市人民政府建议

城隍庙小商品商铺生产煤球炉(1958)

抢修点春堂，市政府随即批准。之后，园内同业公会(即原同业公所)、学校、商店、居民等被陆续迁出。1956年，人民政府又拨专款上百万元，开始对豫园进行全面修复。经过五年精心施工，修复和重建了被毁坏的三穗堂、玉华堂、会景楼、九狮轩等古建筑和假山，疏浚了淤塞池塘，栽植了大量绿化，并把西园和东园(内园)连接起来，使其融为一体，豫园终于恢复了园林样貌。同时，市文化局还制定了豫园等古迹的12年远景规划。1959年，鉴于豫园的独特地位，它被列入上海市首批文物保护单位，后又成为全国重点文物保护单位。1961年9月15日，整修后的豫园正式对外开放。

除园林外，政府对庙市也进行整顿，改变了原先鱼龙混杂局面，并成立了老城隍庙市

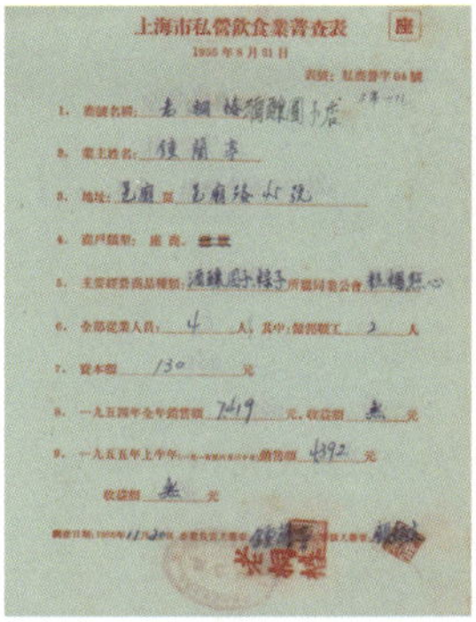
上海市私營飲食業普查表

老同椿普查表

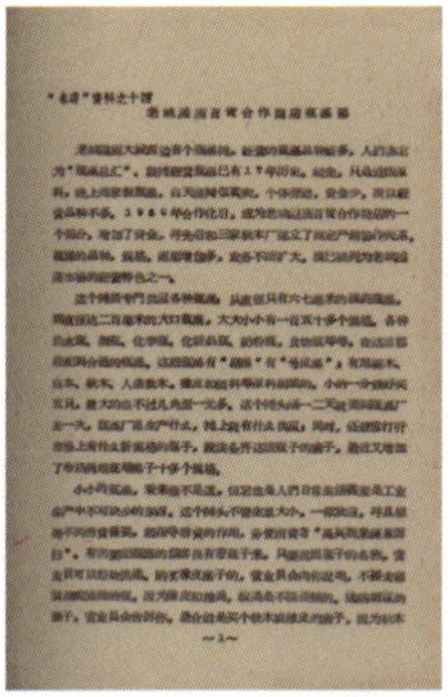

老城隍庙合作商店介绍

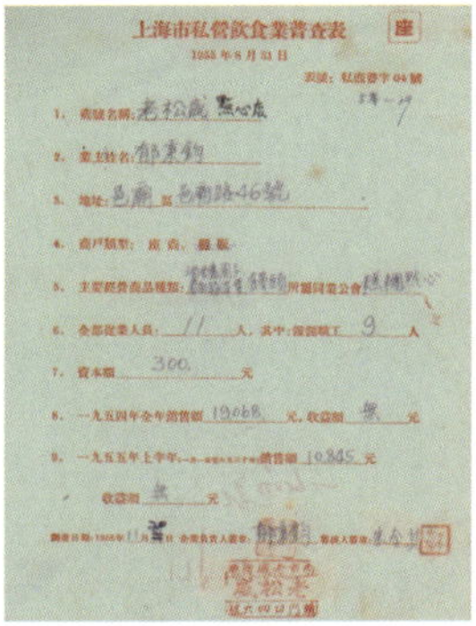
上海市私營飲食業普查表

老松盛普查表

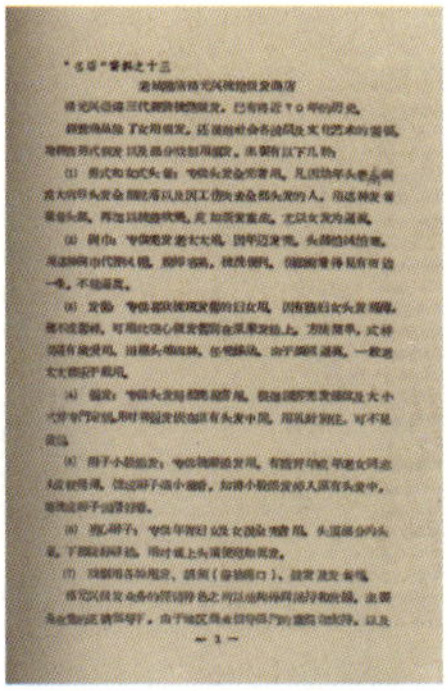

诸元兴梳篦假发商店介绍

整修后的豫园

豫园商场小吃街

外国游客湖心亭品茗

外宾被小商品所吸引

豫园商城地块改建模型

豫园商城俯瞰

场(抗战期间，在“孤岛”内设立了新城隍庙，这里就被称为老城隍庙)。1956年，市场开展社会主义改造，设立小商品批发部，专门从事小商品采购与批发业务。当时统计，商场内共有63个行业，还出现了一批名、特、优店铺，满足了广大群众日常需要。小笼包、酒酿圆子、宁波汤团等小吃琳琅满目，风味独特的五香豆和药食同源的梨膏糖更是广受市民游客欢迎。

1986年，市政府又投资600余万元，在园林专家陈从周教授主持下，分三期开展豫园整修工程。第一、二期工程主要是整修豫园东部景区，1987年竣工。第三期工程是修复始建于19世纪末，1974年移建内园的古戏台。1988年，该工程竣工，完美再现了精美藻饰和雕梁画栋，被誉为“江南第一古戏台”。整修后的豫园典雅精巧，布局合理，植物配置得

城隍庙老庙黄金

今日豫园商城的“老字号”上海梨膏糖商店(张新摄)

当，胜似当年。长期封存在文物库房内的元代铁狮子也被置于园内，与著名的大假山和江南三大名石之一的“玉玲珑”相得益彰，各显风采。中外游客游览这座“海上名园”，无不沉醉于那一处处散发着江南园林特有气韵的亭台楼阁、山水花木。1995年，曾一度停止宗教活动的城隍庙也在整修一新后恢复宗教活动，成为上海重要道观之一。

改革开放后，老城隍庙商业进入发展快车道。1987年12月，豫园商场股份有限公司正式成立，成为上海商业第一股，实现了上海商业股份制零的突破。次年，豫园商场在上交所挂牌上市，成为“老八股”中的一个。此时的城隍庙，每天接纳中外游客10万人次，节假日可达20万人次，同时也存在交通不畅、商住交错、环境混杂、建筑陈旧、设施不足等问题。城隍庙地区急需再一次“脱胎换骨”。

1991年3月，豫园商城改扩建被市政府列为市重点工程。1993年初进入大规模建设，

市民在城隍庙观看文艺表演(2010)

1994年9月28日竣工开业。7幢飞檐翘角、黛瓦朱栏的仿古商业楼宇古朴典雅，其中的天裕楼堪称上海仿古建筑之最，楼上凝晖阁高6层近30米，八角凌空，巍峨挺拔，气势不凡。在豫园老路建成的小商品一条街，集中了王大隆刀剪、丽云阁笺扇镜架、万里手杖、上海筷子等20余家经营小商品的百年老店和名特商店，深受中外游客喜爱。改扩建后的豫园商城与豫园和城隍庙浑然一体，构成一幅当代“清明上河图”，成为沪上独特的风景线。1995年4月在“90年代上海十大新景观”评选活动中，豫园商城荣列金榜，成为上海三年大变样的缩影之一。

豫园还是上海举办各类文化活动的重要场所。1979年，历史悠久的豫园灯会重新举办，从1995年开始，每年元宵前后，都会举办“豫园新春元宵灯会”，“管弦如沸，火树银花，异常璀璨”的胜景得以再现。2011年，豫园灯会被列入第三批国家级非物质文化遗产

今日豫园商城一角(张新摄)

名录。每年灯会都以当年生肖为主题，运用各种灯光科技，营造美轮美奂的绚丽景观。每至元宵佳节，街上游人如织；九曲桥上欢歌笑语，所有人都陶醉在这梦幻夜色中。

城隍庙为保佑这座城市而诞生，见证了东南壮县繁华，历经百年风云洗礼，在人民手中获得新生，在新时代迎来全新发展，一路走来，温润雅致的江南文化和多元创新海派文化在此完美融合。与上海一样，这里也从未停止前进步伐。2017年，豫园商城正式启动新一轮改造升级，计划提升“豫园旧里”、重塑“豫园漫步”、打造“空中豫园”三大主题场景，呈现经典时尚城市文化名片。城隍庙的明天会越来越精彩，越来越好白相!

(陆闻天)

南京东路

——中华第一商业街

南京东路位于上海市黄浦区，东起外滩中山东一路，西至西藏中路，总长1599米，有“中华第一商业街”之誉，是上海最知名的马路。大凡提及上海，人们首先就会想到这条繁华的商业街。

1843年上海开埠后，外国人陆续来到东方这片陌生的土地。1850年，外侨在今南京东路、河南中路一带占地开辟花园，设立“抛球场”，次年便筑起一条由外滩通往花园的小道“花园弄”(Garden Lane)或称“派克弄”(Park Lane)，这就是南京东路的开端。1854年，这条小道延伸至今浙江中路处，1862年又延伸至今西藏中路。随着道路延伸，花园弄也不断拓宽，成为英租界的“大马路”。1864年，管理租界的工部局规范界内路名，将东西向道路以中国城市命名，南北向道路以中国省份命名，于是，这条东西向“大马路”便有了南京路的名称。1945年抗战胜利后，上海市政当局重新规划上海的路名，南京路及与其相连的静安寺路分别被命名为南京东路和南京西路并一直延续至今。

南京东路东端与洋行林立的外滩相连，这里也形成了一片主要服务洋行外商的商业群落，英商惠罗公司(Whiteaway Laidlaw & Co.)、福利公司(Hall & Holtz)等知名外商百货公司都聚集此处，附近还有屈臣氏大药房(A.S.Watson & Co.)、别发洋行(Kelly & Walsh, Ltd.)等

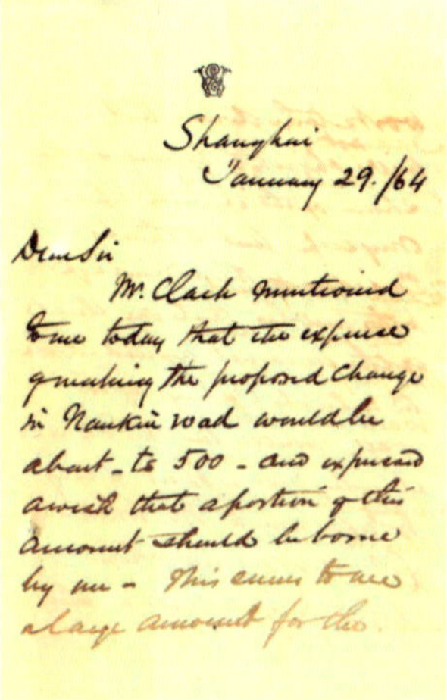

Shanghai
January 29./64

Dear Sir
Mr. Clark mentioned to me today that the expense of making the proposed change in Nankin road would be about Tls 500 - and expressed a wish that a portion of this amount should be borne by me - This seems to me a large amount for the

1864年南京路拓宽档案

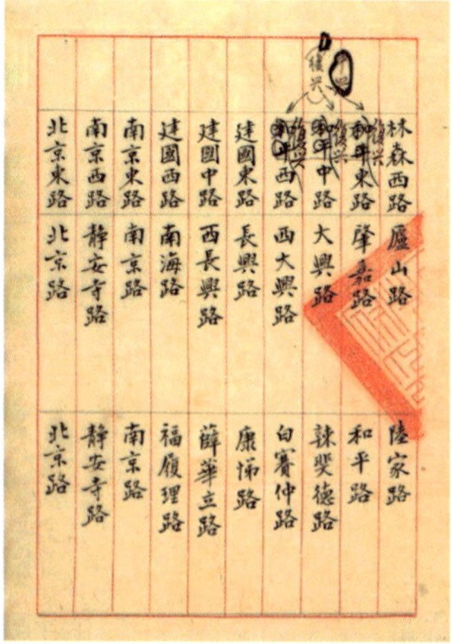

林森西路	和平東路	中正中路	中正西路	建國東路	建國中路	建國西路	南京東路	南京西路	北京東路
廬山路	肇嘉路	大興路	西大興路	長興路	西長興路	南海路	南京路	靜安寺路	北京路
陸家路	和平路	隸斐德路	白賽仲路	康悌路	薛華立路	福履理路	南京路	靜安寺路	北京路

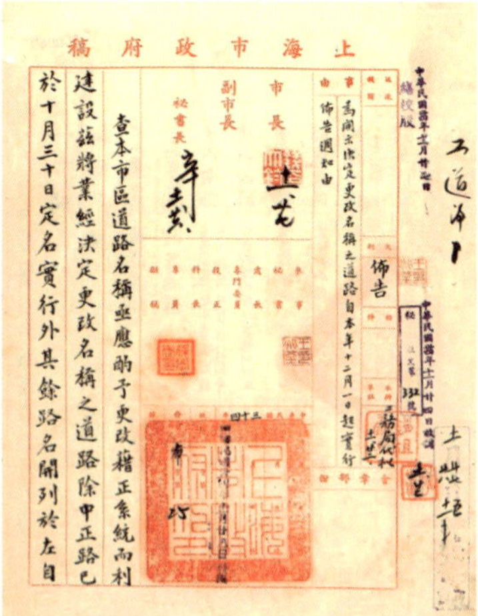

上海市政府稿

查本市區道路名稱亟應酌予更改藉正系統而利建設茲將業經決定更改名稱之道路除中正路已於十月三十日定名實行外其餘路名開列於左自

抗战胜利后南京路更改路名档案

南京路外滩(1880)

外商企业。福利公司大约可以算上海最老牌的外商百货公司了。据兰宁、柯林所著《上海史》记载，早在1850年秋，面包师爱德华•霍尔就在上海经营西式面点。1855年，他和安德鲁•霍尔茨合伙，成立了以两人名字命名的福利公司。屈臣氏药房1841年成立于英国，1846年从英国本土到香港开业，后在上海设立分支机构，1880年代迁址南京路。1870年成立的别发洋行又叫别发印书馆，也是一家英商企业。1919年，别发洋行在南京路自建4层钢筋水泥别发大楼，并从外滩原址迁入此地。别发洋行是英国私人企业在华经营书业的鼻祖，专门运售世界各国关于西方学术、教育、工程、科学、实业等书籍杂志及文具仪器，还译印出版中国文化学术及工商法令等类书籍。在南京路东头，还有著名的新沙逊洋行兴建的沙逊大厦，著名的华懋饭店(今和平饭店)就位于其中。

说到南京路的繁华，先施、永安、新新、大新这四大华资公司是绕不开的话题。1917

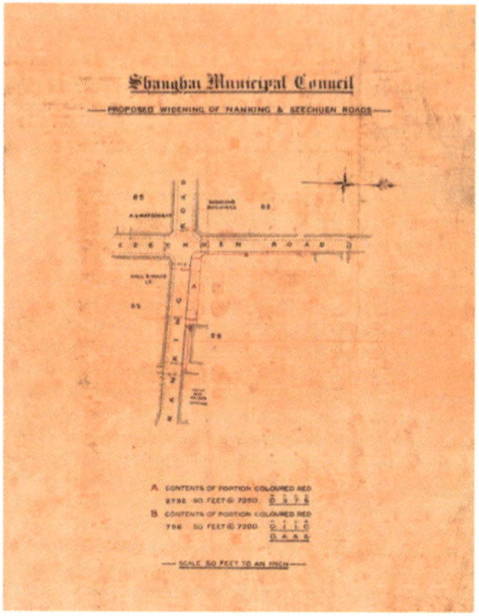

南京路四川路拓宽图纸

1920年代初的南京路四川路口，可见屈臣氏大药房和别发洋行的卡车

20世纪初的南京路

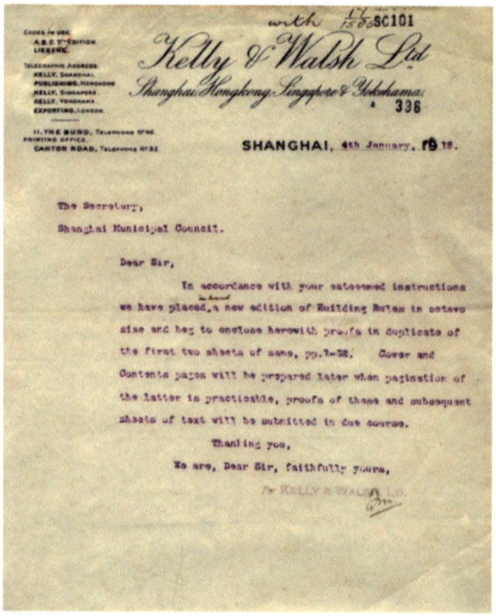
SC101

Kelly & Walsh Ltd

Shanghai, Hongkong, Singapore & Yokohama.

336

SHANGHAI, 4th January, 19 16.

The Secretary,

Shanghai Municipal Council.

Dear Sir,

In accordance with your esteemed instructions we have placed in hand a new edition of Building Rules in octavo size and beg to enclose herewith proofs in duplicate of the first two sheets of same, pp.1-32. Cover and Contents pages will be prepared later when pagination of the latter is practicable, proofs of these and subsequent sheets of text will be submitted in due course.

Thanking you,

We are, Dear Sir, faithfully yours,

For KELLY & WALSH LTD.

别发洋行承印工部局建筑新规

年10月20日，旅澳华侨马应彪在今南京东路650号处开设先施公司上海分公司，这家集购物、餐饮、娱乐于一体的新概念百货公司开业伊始即引起轰动。1918年9月5日，同是旅澳华侨的郭乐、郭泉兄弟在今南京东路635号创办的永安百货公司开业。公司以经营“环球百货”为特色，“始创不二价，统办环球货”，还开创了在底层临街橱窗陈列商品的先河。除销售百货外，永安公司楼内还设有旅社、跑冰场、跳舞场等附属业务。

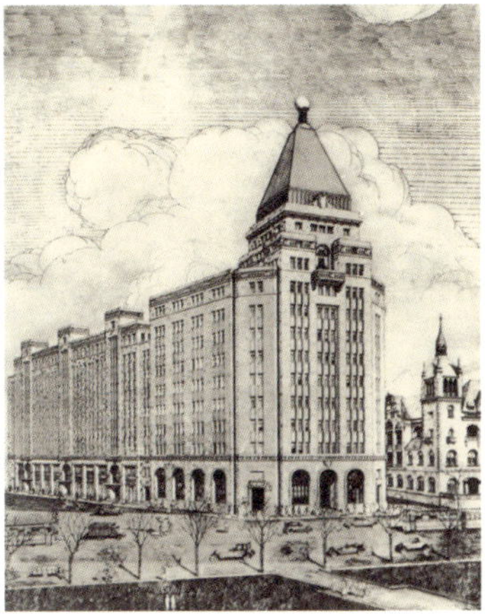

沙逊大厦图纸

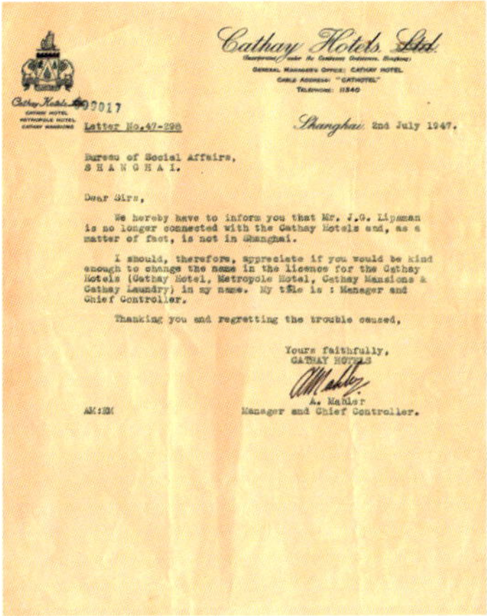

Cathay Hotels Ltd.

General Manager's Office: Cathay Hotel

Cable Address: "CATHOTEL"

Telephone: 11540

Cathay Hotels Ltd.
Cathay Hotel
Metropole Hotel
Cathay Mansions

09017

Letter No.47-298

Shanghai 2nd July 1947.

Bureau of Social Affairs,
S H A N G H A I.

Dear Sirs,

We hereby have to inform you that Mr. J.G. Lipsman is no longer connected with the Cathay Hotels and, as a matter of fact, is not in Shanghai.

I should, therefore, appreciate if you would be kind enough to change the name in the licence for the Cathay Hotels (Cathay Hotel, Metropole Hotel, Cathay Mansions & Cathay Laundry) in my name. My title is : Manager and Chief Controller.

Thanking you and regretting the trouble caused,

Yours faithfully,
CATHAY HOTELS

A. Mahler
Manager and Chief Controller.

AM:EM

华懋饭店更改经理档案

从铜人码头看沙逊大厦

先施公司

新新公司

1926年1月23日，在与先施公司相邻的今南京东路720号地皮上，华侨刘锡基、李敏周等开办的新新公司开张营业，公司名字取法中华古籍《礼记》中的“日日新，又日新”之意。与先施公司、永安公司主要经营外国货的做法不同，新新公司在1923年公开招股时就申明“尽力提倡中华国货”“所有内部组织、商场布置，无不力求新颖，不落其他商店窠

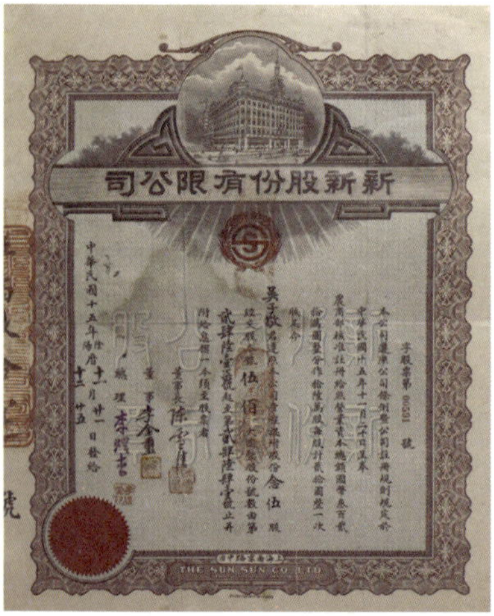

新新公司招股简章

新新公司股票

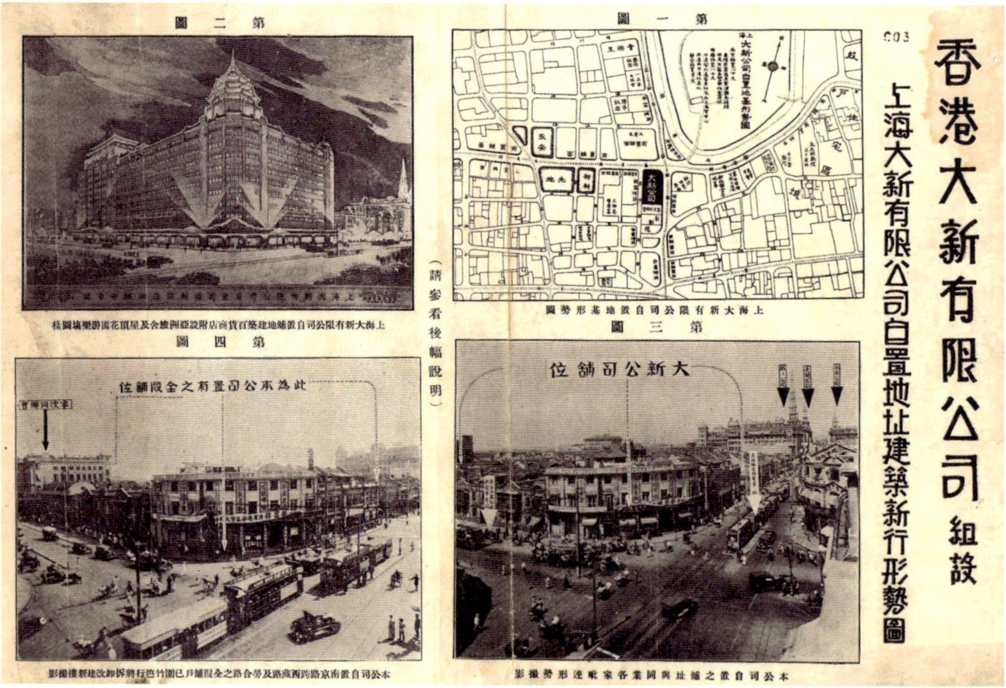

大新公司新楼地块及周边情形图图

上海新新公司职员合影（1943）

大新公司港粤同人合影

烟台啤酒
上海南京路鳥瞰

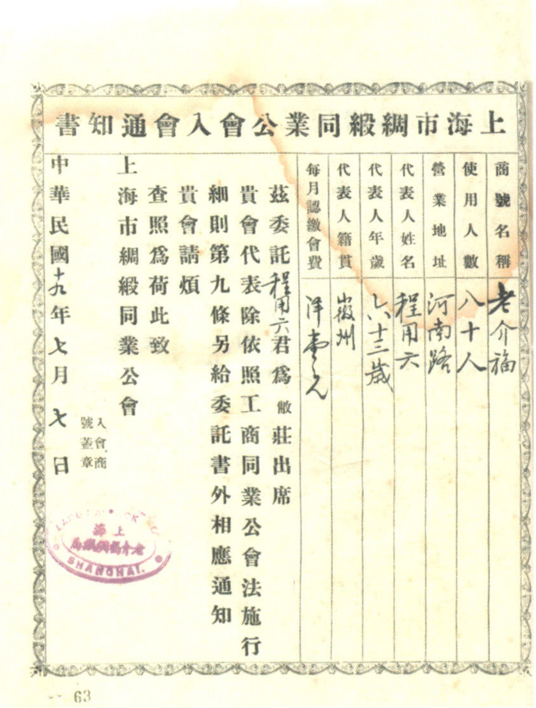

上海市綢緞業同業公會入會通知書

商號名稱	使用人數	營業地址	代表人姓名	代表人年歲	代表人籍貫	每月認繳會費
老介福	八十人	河南路	程用六	六十三歲	徽州	洋[illegible]

茲委託程用六君爲敝莊出席貴會代表除依照工商同業公會法施行細則第九條另給委託書外相應通知貴會請煩查照爲荷此致

上海市綢緞同業公會

入會商號蓋章

中華民國十九年七月七日

63

老介福同业公会登记

南京路上四大公司(《民间影像》提供)

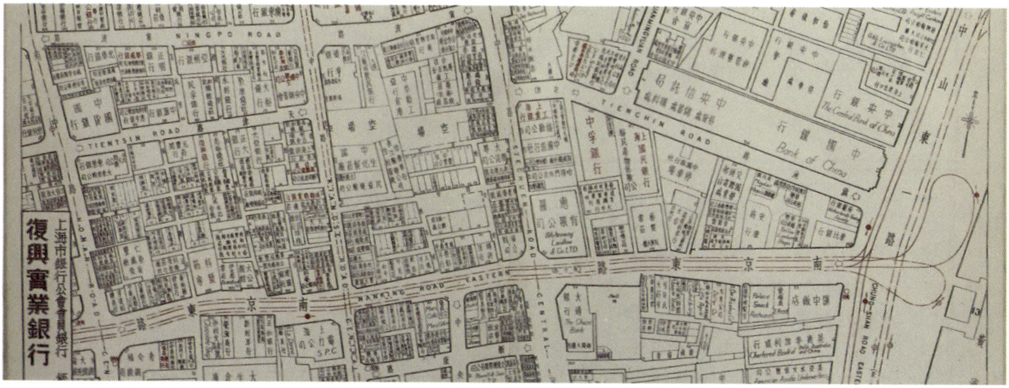

南京路行号图录(外滩—河南路)

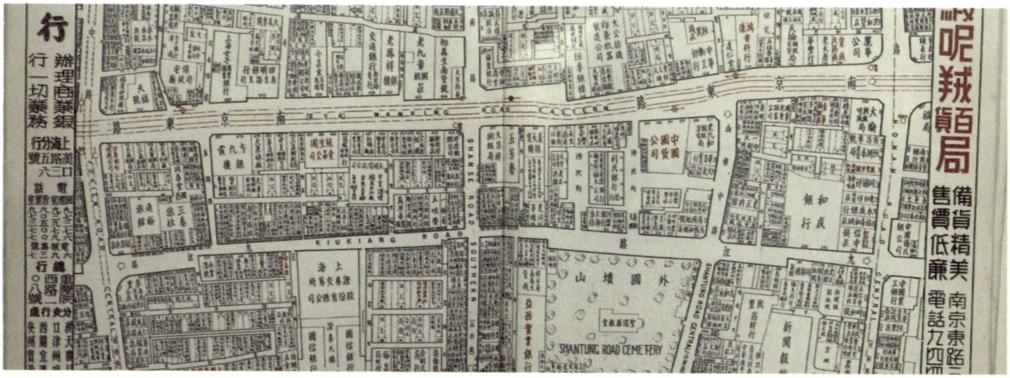

南京路行号图录(河南路—福建路)

臼”，商场内设立了可容纳千人的音乐厅，公司6楼新都饭店大厅内还诞生了上海第一家国人创办的私营广播电台。1936年1月10日，旅澳华侨蔡昌创办的大新公司在南京路西藏路口开业。商场内设有两部自动扶梯，各层楼面都有可调节室温的冷暖气管，地下室也辟有宽敞的营业场所，这些在当时国内均属首创。

从1917年到1936年这20年间，短短350米的南京路西段相继出现4家大规模华商百货公司，不能不说是一个商业奇迹，其中的“成功密码”耐人寻味。四大公司创始人都是广东中山人士，出身贫苦家庭，年少时远赴澳洲，白手起家掘得人生“第一桶金”后，又不

老凤祥和邵万生比邻而居

约而同来上海“二次创业”。他们避开外商百货公司聚集的南京路东段，选择地价房租相对较低，又有发展潜力的南京路西段，除了百货餐饮，其经营范围还涉及旅馆、茶室、游艺、影院，以及旱冰场、保龄球馆、广播电台等，更多元，也更符合华人消费习惯。

南京东路上还散布着众多中小型专业店铺，如著名的呢绒绸布商号老介福和“三大祥”(协大祥、信大祥、宝大祥)，老凤祥、邵万生、冠生园、泰康食品等，这些店铺术业有专攻，经营有特色，生意十分兴隆。

创立于1850年代的老介福原开设在九江路河南路转角，1936年以每月2000元的价格租下新落成的南京路河南路口哈同大楼底楼铺面。当年，沪上市面上各花色品种的高档绫罗

老凤祥银楼同人合影

老凤祥银楼新厦

绸缎总是首先由老介福供应，它还搜集世界各国样本图案，研究设计新花色，委托苏州、湖州知名绸厂代织代印。老介福还精制各式服装，质量高、式样多。特别是当时一众知名赛马骑手都身着老介福定做的赛马服装，成为跑马厅一道独特风景。

以经营金银首饰闻名的老凤祥创立于南京路望平街口(今南京东路山东中路口)，1848年迁至南京路盆汤弄西首(今南京东路山西中路口)，门面坐北朝南。1930年又在原址重建新式洋房，此后一直在此经营，可以说是南京路上在同一地址经营最久的店铺。

邵万生于1852年开设于虹口吴淞路，后迁到南京路，与老凤祥为邻。其出品的醉蟛蜞、醉泥螺、蟹糊、腐乳卤醉蚶、虾酱、醉蟹及各类糟鱼等宁绍醉货负有盛名，深受上海人欢迎，并有部分产品外销香港和东南亚。分别创立于1914年和1918年的泰康食品店和冠生园食品店也在南京路上设有商铺，还有新雅等著名酒楼，可以说，南京路向来就是中西美食汇聚之地。

南京路还是上海市政近代化的见证者。1865年，上海第一条煤气管道从泥城浜经此直达外滩，沿路亮起煤气路灯。1882年，上海第一家发电厂建在今南京东路江西路口，次年，南京路有了电灯照明。1908年，上海第一条电车线路投入运行，南京路上就有了电车

冠生园广告

冠生园食品公司

的身影。1914年，上海开通无轨电车，短短1.1公里线路中就设有南京路站。

南京路也是近现代上海一系列重大事件的发生地。1919年五四运动爆发，这里成为上海人民“三罢”斗争的重要舞台。1925年“五卅”惨案发生在今大光明钟表店门前。1937年八一三淞沪抗战，南京路受到战火侵袭。1949年上海解放，南京路上升起了第一面红旗。

上海解放后，南京东路的变化翻天覆地。东端一众外商百货公司于1950年代相继歇业，沙逊大厦也改名和平大厦。1953年，新中国第一家国营百货零售商店——国营上海市第一百货商店正式迁入大新公司大楼，经营品种达2万余种。直到80年代，它一直是全国规模最大的百货商店。1954年，上海市第一食品商店在新新公司旧址开业，经营糖果、炒货、蜜饯、卤味、腌腊品等商品，种类达数千种。1955年，永安公司成为上海百货业首家

南京路铺设铁梨木路面

上世纪30年代南京路鸟瞰

上世纪30年代南京路有轨电车

公私合营商家。1956年8月，上海最大的国营时装零售商店——南京路时装商店在先施公司旧址开业。这家当时全国最大的服装专业商店经营商品2700多种，既有适合一般穿着的式样，又有新颖别致的式样，能适应各类消费者的不同需要。该店还设有服装定制柜面，既可看料选样，量体定制，也可来料加工。顾客有特殊需要可当天试样，隔天取衣。

1956年，上海工商业开始全面社会主义改造，该店店铺云集的南京东路开始了网点布局调整。调整以“有利于扩大商品流转，便于居民购买；市容要整齐好看；从现有房屋条件与设施情况，逐步进行调整”为原则，同时还特别强调：“企业经营优良特点必须摸透情况保留下来，若干百年老店已为消费者所熟知信任和习惯，不宜随便撤掉，如果搬场也得慎重考虑。”经过调整，原开设在四川中路的连长记迁到南京东路东段，填补了南京东路

万国商团走过南京路

五卅惨案流血处

上海永安有限公司
統辦環球貨品
THE WING ON CO., (S'HAI) LTD.
UNIVERSAL PROVIDERS
SHANGHAI

永安公司抚恤八一三淞沪抗战遇难员工

南京路先施公司被炸现场

上海5000多百货业职工集会抗议国民党反动统治，游行队伍在南京路信大祥绸缎呢绒店前(1946.6.23)

体育用品业态空缺。原南洋百货店迁址南京路，专营衫袜和百货，成为著名的南洋衫袜商店。经营有特色的冠龙照相器材商店、上海帐子公司、三阳南货店，及朋街和鸿翔服装店等扩大了门面。原本开设在延安东路庆丰大楼的科艺照相馆迁址南京东路，成为与王开照相馆齐名的南京东路照相“双雄”。调整中还预留了大型新华书店店址，这就是影响了几代人的“南东”——南京东路新华书店。不过，“南东”最初位于南京东路北侧，大约1970年代初，“南东”才迁址路南侧的东海大楼。南京东路四川路口中央大楼内巷和周边支小马路上，以小修小补为特色的中央商场也被保留下来。这次调整奠定了南京东路相当长一段时间的商业网点布局，直到1990年代。

解放军部队行进在南京路上(陆仁生摄，1949.5.27，《民间影像》提供)

进入1980年代，上海滩改革大潮涌动，南京路也悄然改变。1984年12月，时装商店更名上海时装公司，1993年12月又实行股份制改革，成为全国首家专营服装鞋帽的上市公司。1988年1月18日，此前已更名上海市第十百货商店多年的原永安公司改建后开张，新店更名华联商厦(又名新安公司)，购物环境舒适，成为当时上海大型商场提升现代化水平的代表。1992年，华联商厦进行股份制改革，同年，市百一店也改制为股份公司。这一时期，南京东路上还出现了电子商厦、宝大祥商厦、东海商都等一批具有现代建筑风格、商场设施先进，集购物、娱乐、餐饮服务于一体的综合性大店，每日客流达130万人次。

到1990年代中期，南京东路占比近50%的综合百货业，不到30%的餐饮业，不到1%的娱乐业格局已跟不上人们日趋多元的消费习惯。同时，淮海路、徐家汇等特色商业街区也在崛起，有的马路甚至打出“走走逛逛南京路，买卖请到××路”的广告语，南京东路商

1954年国庆南京路日升楼街景

业街的“老大”地位受到严峻挑战。在这样的背景下，谋划许久的将南京东路改建为步行街被提上议事日程。

1995年，南京东路河南路至西藏路段在周末开启步行街模式。经过数年筹备，1999年9月20日，国庆50周年前夕，东自南京东路河南路口，西到南京东路西藏路口的南京东路

上世纪50年代初的和平大楼

国营上海市百货公司上海市第一百货商店外景

步行街正式开街。步行街上，综合百货商店占比大幅压缩，专业、特色商店增加，休闲娱乐功能得到拓展，受到消费者普遍欢迎。开街第一周，步行街上人潮涌动，热闹非凡。据统计，大型百货店销售回升，食品、餐饮业火爆，食品一店零售额增长42.2%，泰康食品店零售额增长56%，沈大成点心店零售额增长61%。时装公司和伊都锦服饰城零售额同比猛增176.7%和183.3%。在市区有关部门推动下，步行街各商家打破隶属关系、所有制、规模等限制，成立了南京路步行街企业联合会，向社会推出八条公开承诺，规范企业经营行为，还将营业时间延长到晚上10点，顾客如厕一律免费，并自发组织巡游活动和文艺演出，不仅为步行街带来巨大人气，也使上海的商业竞争从各家店铺间的“单打独斗”演变为商业街区间的群体竞争。

步行街的开通，极大提升了南京东路的商品、环境、功能和服务特色，“中华商业第一街”的金字招牌更闪亮光鲜。步行街还成为许多重要活动举办地，旅游节花车巡游、上海国际马拉松比赛、国际艺术节“天天演”活动都给大家留下深刻记忆，成为展示新上海

迁址前的上海帐子公司

市百一店内景

印度尼西亚外宾在南京路外滩留影

中央大楼

1950年代的南京路

上世纪60年代南京东路浙江路口

南京路洒水车在洒水(赵天佐摄)

南京东路阅报栏

南京路西藏路天桥

人潮涌动的南京路(赵天佐摄)

南京路步行街开街仪式(黄浦区档案馆提供)

南京路步行街商家巡游

国际艺术节“天天演”活动在南京路步行街世纪广场举行

友谊欧洲商城

南京路上庆祝申博成功

夏日的南京路步行街

海纳百川、追求卓越城市精神的窗口。

伴随着南京路步行街的开通，一轮轮商业业态调整快速迭代，“中华商业第一街”的面貌在不知不觉中发生了巨大变化。1997年，与市百一店相隔一条六合路的市百一店东楼建成，其后成为东方商厦南京东路店。2003年，市百一店、华联等众多商家联合组成百联集团，成为中国商业企业中的“超级航母”。同年，为配合地铁8号线施工，拆除南京路西藏路天桥。2004年，在市百一店对面，百联世茂国际广场开门迎客，其后又变身上海世茂广场。2005年，华联商厦南京东路店翻牌为永安百货有限公司，“永安”这一老字号品牌重回南京路。2015年5月，南京路步行街东侧，新世界大丸百货闪亮登场。2017年，市百一店与东方商厦南京东路店相继闭店改造，改建后成为全新的第一百货商业中心……南京路日益成为国际级商业街区。

在一轮轮南京东路商业业态调整中，扬州饭店、五芳斋、新新美发厅、王星记扇庄、王开照相馆，还有步行街刚开张时热闹异常的电子商厦都已成为回忆。当时同样红火的东

南京东路 大丸百货(CGEMA影像提供)

南京东路河南路口

悦荟广场(张新摄)

外滩中央广场(张新摄)

南京路老介福新貌(CGEMA影像提供)

海商都在步行街开张不久就更名为友谊欧洲商城，后又更名为友谊百货、日向百货、笆赛尔珠宝中心，2008年再度更名为353广场。也是在这个时候，新华书店告别了南京东路。直到2015年，353广场又以悦荟广场的名义全新开张。原本占据南京东路河南中路口的老介福也在业态调整中让出了黄金铺面。商海起伏，步行街上有的店家消失，有的新开，更有生意一直兴隆的老凤祥、邵万生、泰康、新雅等“老字号”特色商家。

2020年9月，百年南京路又迎来一件大事——南京路步行街东拓段正式开街，沿着暖黄色地砖铺就的大道，人们可以从河南路直达外滩万国建筑博览会。新设灯杆与步行街既有段一脉相承，又增添了应急广播、5G信号等功能，红枫、青枫和紫薇掩映下的休息长椅为游人提供了小憩场所，新一批国货品牌入驻，更提升了商业街品位，促进了消费升级。

如今，漫步南京东路，人们既可回味“中华商业第一街”的百年历史，又能领略国际大都市的时尚繁华，这条既有历史感，又有时尚味的海派风情街，更是新时代上海实践“人民城市”理念的生动样本。

(倪政华)

文化广场

——从『赛狗场』到文化乐园

上海市中心陕西南路、茂名南路、复兴中路与永嘉路的围合区域中，坐落着一座现代化公共文化设施，它就是上海人家喻户晓的文化广场。该地块前身，是过去知名的逸园跑狗场。在近百年的沧桑变迁中，它从“远东第一大赌场”变身大型文化活动中心，其间有着怎样的历史。让我们翻开一册册历史记录，跟着档案，走进它的前世今生。

1927年秋，一群在上海的外国商人发起成立上海法商赛跑会(LE CHAMP DE COURSES FRANCAIS)，准备在沪开办跑狗赛事。该赛跑会为股份有限公司性质，由发起人依照上海法租界规定的办法公开募股设立，向法国政府注册为法国公司。该赛跑会成立时，公开募股60万元，每股100元，共6000份，一次收足。据档案记载，公司经营范围为：一、在中国上海购置或租借一宽大土地。二、利用上述土地，自办或委托他人公司或社团经营法律所准许之娱乐竞技，出售门票，一切概受主管官署之约束。三、为经营上项事业设置必要建筑或租借房屋，办理一切金融上、商业上及法律上有关事项，与第三者议定有关契约。四、利用公司土地房屋资金从事公司认为有利之金融房地产商业之事业于上海及其他各地，并应依法律章程规定行之，务使公司业务在各方面有自由发展之范围。

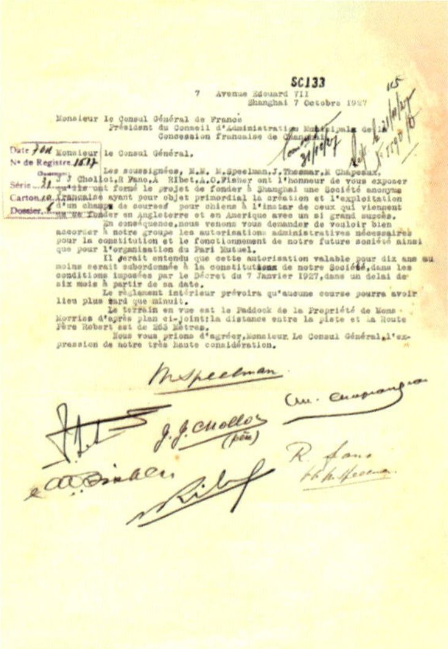
SC133

7 Avenue Edouard VII
Shanghai 7 Octobre 1927

Monsieur le Consul Général de France
Président du Conseil d'Administration Municipale de la
Concession française de Changhai

Monsieur le Consul Général,

Les soussignées, M.M. M.Speelman, J.Thesmar, M Chapeaux, J J Chollot, R Fano, A Ribet, A.O.Fisher ont l'honneur de vous exposer qu'ils ont formé le projet de fonder à Shanghai une Société anonyme française ayant pour objet primordial la création et l'exploitation d'un champ de courses pour chiens à l'instar de ceux qui viennent de se fonder en Angleterre et en Amerique avec un si grand succès.

En conséquence, nous venons vous demander de vouloir bien accorder à notre groupe les autorisations administratives nécessaires pour la constitution et le fonctionnement de notre future société ainsi que pour l'organisation du Pari Mutuel.

Il serait entendu que cette autorisation valable pour dix ans au moins serait subordonnée à la constitution de notre Société, dans les conditions imposées par le Décret du 7 Janvier 1927, dans un delai de six mois à partir de sa date.

Le règlement intérieur prévoira qu'aucune course pourra avoir lieu plus tard que minuit.

Le terrain en vue est le Paddock de la Propriété de Mons Morriss d'après plan ci-joint; la distance entre la piste et la Route Père Robert est de 263 Mètres.

Nous vous prions d'agréer, Monsieur Le Consul Général, l'expression de notre très haute considération.

Date Nº de Registre 1517 Série 31 Carton 10 Dossier 6

邵禄等申请开设逸园跑狗场的文件

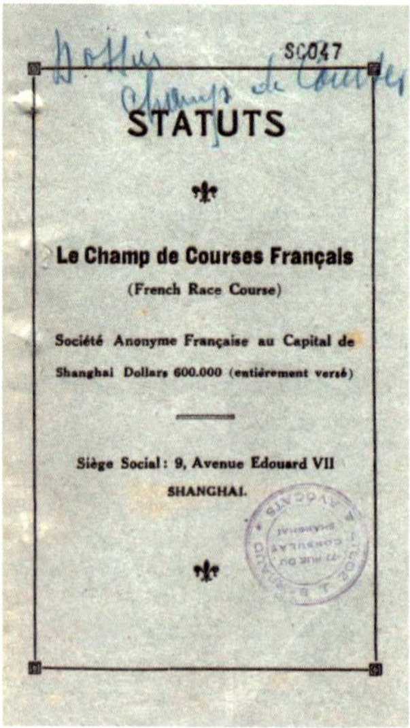
SC047

STATUTS

Le Champ de Courses Français

(French Race Course)

Société Anonyme Française au Capital de Shanghai Dollars 600.000 (entièrement versé)

Siège Social: 9, Avenue Edouard VII

SHANGHAI.

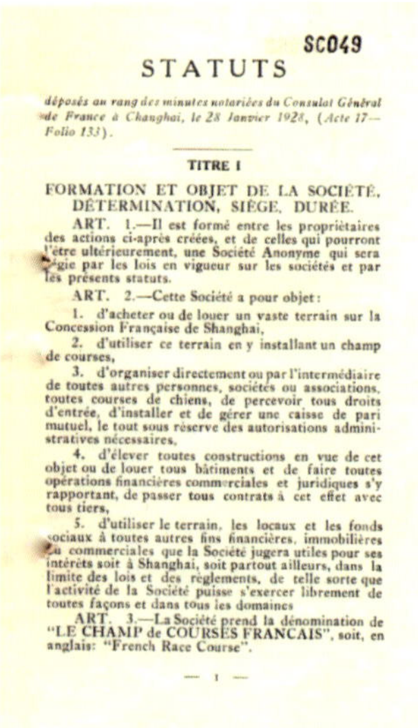
SC049

STATUTS

déposés au rang des minutes notariées du Consulat Général de France à Changhai, le 28 Janvier 1928, (Acte 17—Folio 133).

TITRE I

FORMATION ET OBJET DE LA SOCIÉTÉ, DÉTERMINATION, SIÈGE, DURÉE.

ART. 1.—Il est formé entre les propriétaires des actions ci-après créées, et de celles qui pourront l'être ultérieurement, une Société Anonyme qui sera régie par les lois en vigueur sur les sociétés et par les présents statuts.

ART. 2.—Cette Société a pour objet:

1. d'acheter ou de louer un vaste terrain sur la Concession Française de Shanghai,

2. d'utiliser ce terrain en y installant un champ de courses,

3. d'organiser directement ou par l'intermédiaire de toutes autres personnes, sociétés ou associations, toutes courses de chiens, de percevoir tous droits d'entrée, d'installer et de gérer une caisse de pari mutuel, le tout sous réserve des autorisations administratives nécessaires,

4. d'élever toutes constructions en vue de cet objet ou de louer tous bâtiments et de faire toutes opérations financières commerciales et juridiques s'y rapportant, de passer tous contrats à cet effet avec tous tiers,

5. d'utiliser le terrain, les locaux et les fonds sociaux à toutes autres fins financières, immobilières ou commerciales que la Société jugera utiles pour ses intérêts soit à Shanghai, soit partout ailleurs, dans la limite des lois et des règlements, de telle sorte que l'activité de la Société puisse s'exercer librement de toutes façons et dans tous les domaines

ART. 3.—La Société prend la dénomination de "LE CHAMP de COURSES FRANCAIS", soit, en anglais: "French Race Course".

— 1 —

法商赛跑会股份有限公司章程

法商赛跑会虽然向法国政府注册，但股东国籍众多，并不限于法国国籍。3位重要创始人邵禄(J. J. Chollot)、史比门(Michel Speelman)、费舍(A. O. Fisher)分别为法国籍、荷兰籍和捷克籍。担任公司首届董事会主席的法国人邵禄，1893～1907年间曾任上海法租界公董局公共工程处总工程师，后离开公董局自行经商。他利用在公董局工作时了解的法租界内幕经营房地产业，创设了中国建业地产公司及万国储蓄会等企业。

另一个重要股东史比门是荷兰籍犹太人，出生于1877年2月，1906～1909年间作为法国资方代表任上海华俄道胜银行经理，曾于1921～1925年、1929—1930年、1937—1938年间多次当选上海法租界公董局董事。史比门是上海犹太社团著名人物，荷兰威廉明娜女王曾颁给他奥兰治—拿骚骑士勋章，以表彰他在上海的慈善服务。抗战期间，史比门还负责领导上海救济欧洲犹太难民委员会的工作，积极救助犹太同胞。法商赛跑会另一位重要股东法诺(R. Fano)也曾多年出任法租界公董局董事职务。

法商赛跑会与另两家上海法商企业万国储蓄会和中国建业地产公司关系密切，赛跑会主要发起人如邵禄、法诺、史比门等同时也是万国储蓄会和建业地产董事会重要成员。成立于1912年的万国储蓄会以发售极具欺骗性的有奖储蓄存单为主要业务，但并不单纯是一个以“储蓄”为业务的企业，它依靠有奖销售积累的大量金钱在上海投资房地产业务，老上海著名的诺曼底公寓(今武康大楼)、毕卡第公寓(今衡山宾馆)、培恩公寓(今培文公寓)、陶斐纳公寓(今建国公寓)等都是其产业。而成立于1920年的中国建业地产公司则更像是万

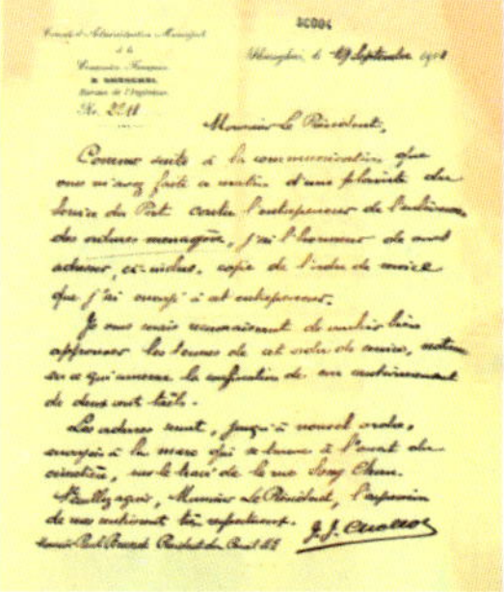
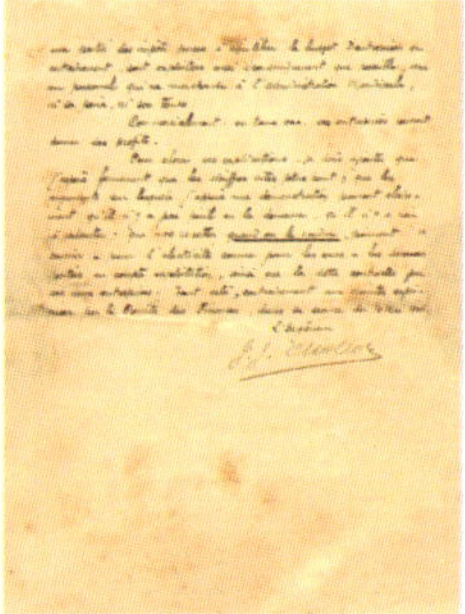

邵禄在公董局任职期间签署的文件

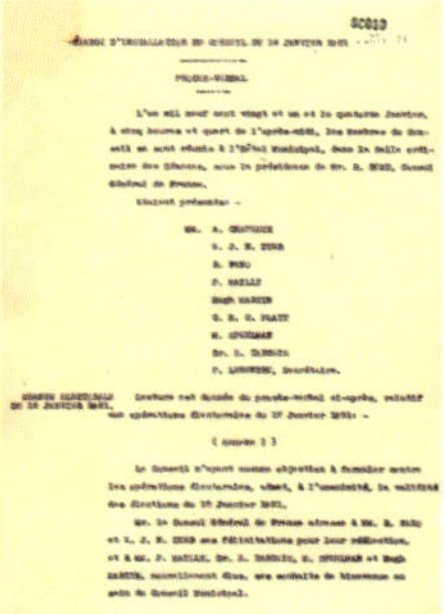
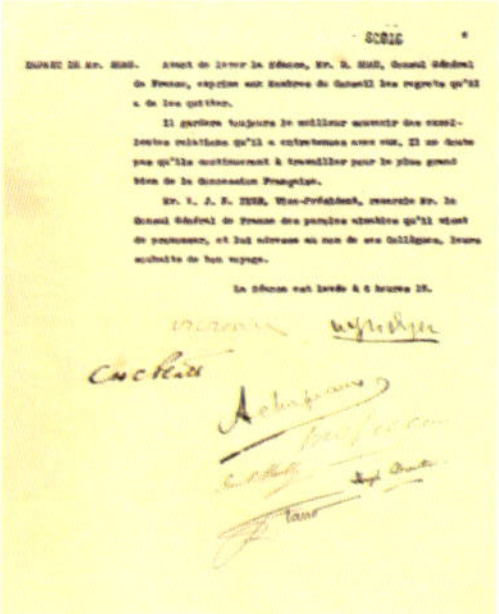

法诺、史比门参加公董局董事会会议有关文件

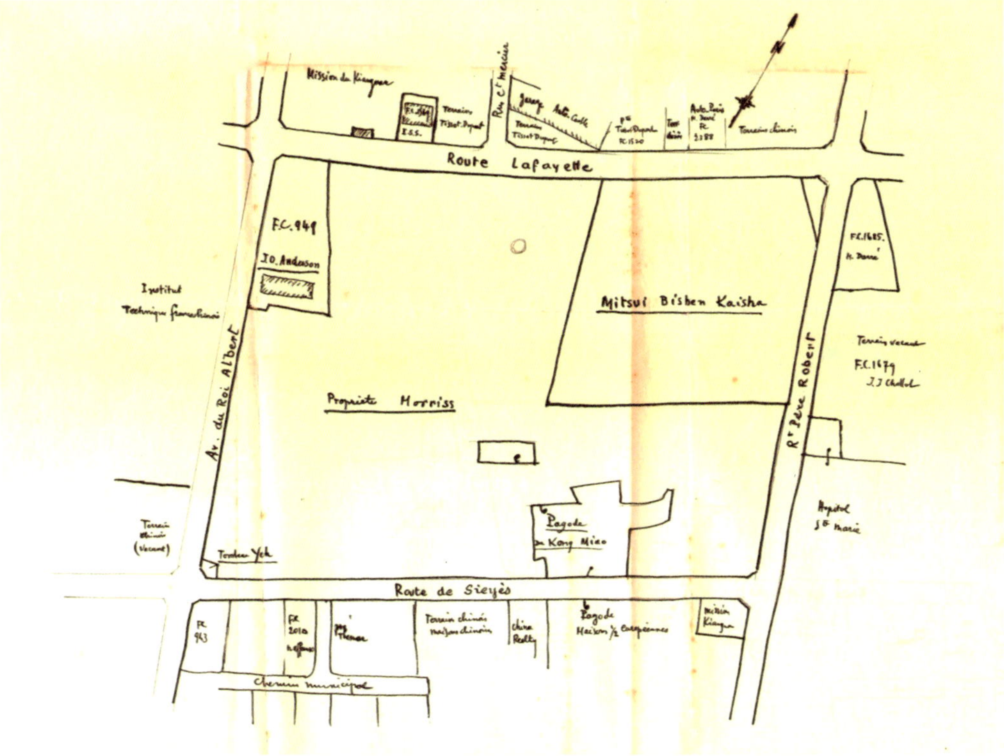

逸园跑狗场原始地块图

国储蓄会专营房地产的关系企业，沪上知名的步高里、建业里等都是中国建业的产业，其每次公开募股发债，剩余部分都由万国储蓄会包购。

1925年，民国政府取缔了万国储蓄会的有奖储蓄销售业务。虽然凭借不平等条约“加持”，其在上海等通商口岸照旧开展业务，但整体现金流大受影响。而同样具有大量现金流的赛狗接续而来，在时间点上恐怕并非巧合。赛跑会成立后，就着手在上海寻找合适土地兴建跑狗场，购地事务由中国建业地产公司代办。经多方比较，最终以每亩8500两价格，选中西人马立斯(H.E.Morriss)等承租的70多亩土地，北至辣斐德路(今复兴中路)，南至西爱咸斯路(今永嘉路)，东至迈尔西爱路(今茂名南路)，西至亚尔培路(今陕西南路)，由建业地产经手卖给赛跑会。跑狗场也由建业地产负责建设。赛跑会买进土地后，因建造赛场需要资金，又以土地为抵押，向万国储蓄会借款74万元(后增至135万元)。

法商赛跑会成立后，即派遣经理费舍赴欧洲考察赛狗业务。费舍在同为赛跑会董事的英国商人伯基尔(C.A.Burkill)帮助下，取得英国最新式赛狗跑道建筑图样，聘请了专业的外籍跑狗主管、驯狗员、电机匠等，还获得英国格拉斯哥赛狗会主任协助，办理赛狗购买事宜。与此同时，赛跑会在上海也积极建筑赛狗场看台、跑道、狗舍等设施。建成后的赛狗场中文名逸园，可容纳15000～20000名观众，除了赛狗，还能举办足球比赛，是当时世界范围内数一数二的赛狗场。

1928年10月，逸园跑狗场落成并营业。和跑马场、回力球场一样，其主要收入来源为

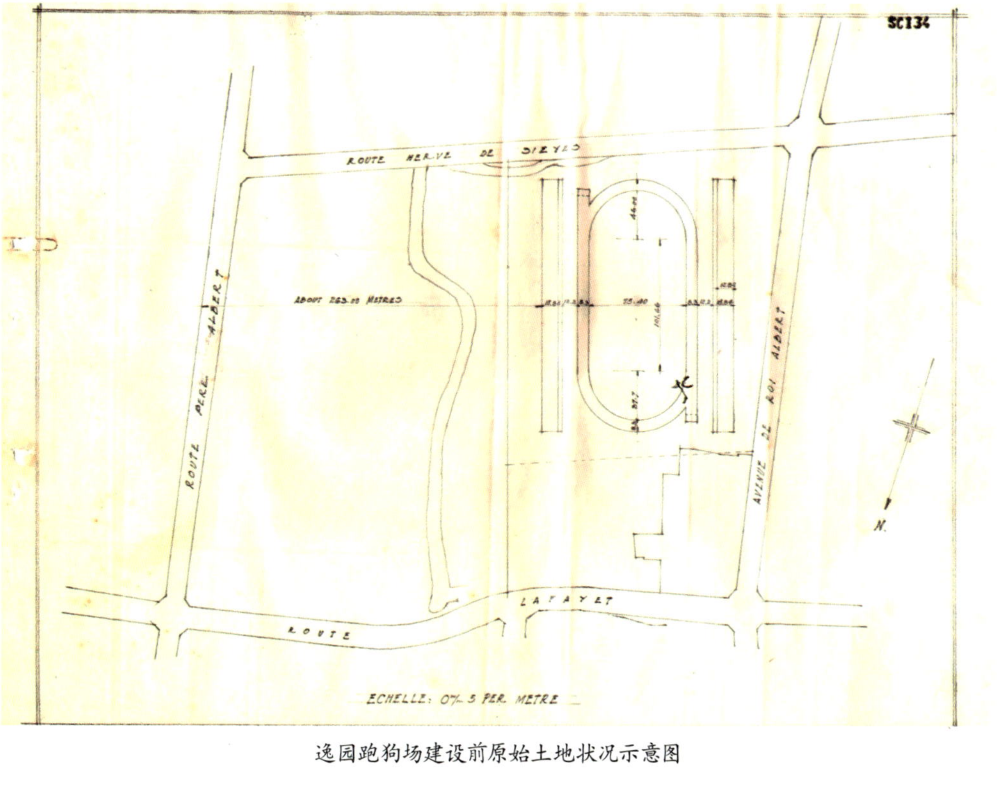

逸园跑狗场建设前原始土地状况示意图

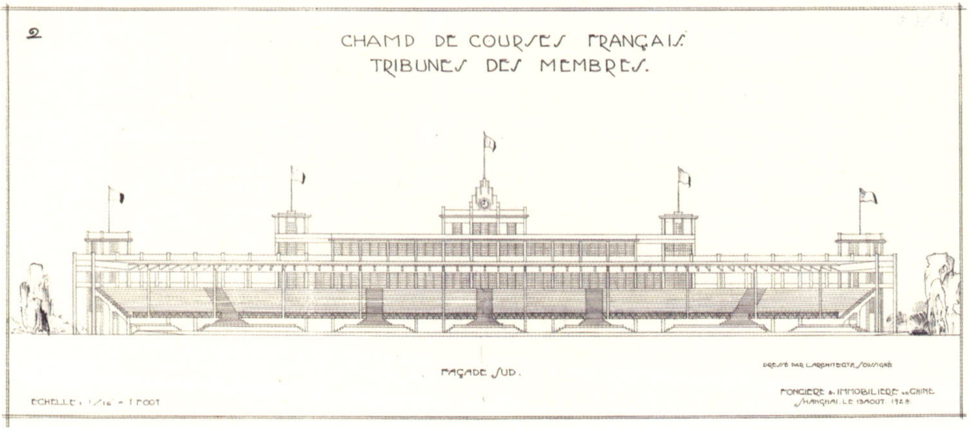

逸园跑狗场建筑立面图

逸园跑狗场看台

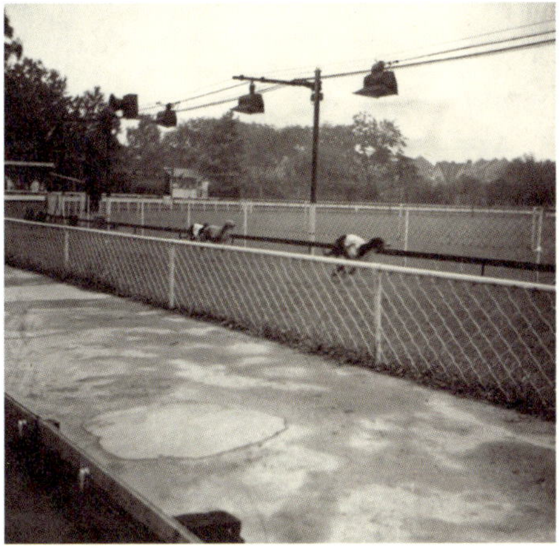

逸园跑狗场跑狗情形

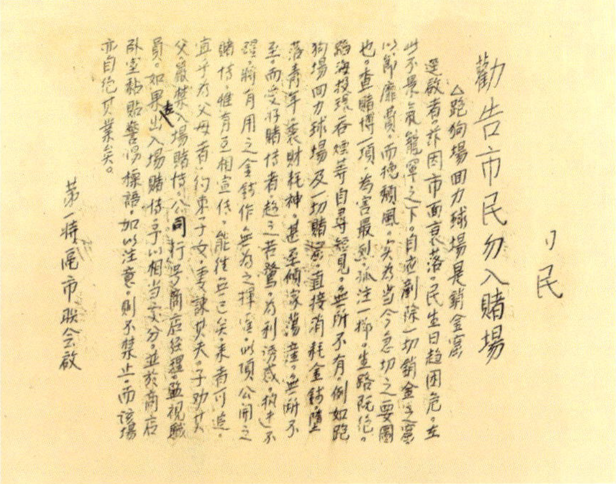

勸告市民勿入賭場

△跑狗場回力球場是銷金窟

逕啟者。昨因市面衰落。民生日趨困危。在此不景氣籠罩之下。自應剷除一切銷金之窟以節靡費。而挽頹風。實為當今急切之要圖也。查賭博一項。為害最烈。孤注一擲。生路既絕。蹈海投環吞煙等自尋短見。無所不有。例如跑狗場回力球場及一切賭窟。直接消耗金錢墮落青年喪財耗神。甚至傾家蕩產。無所不至。而受好賭徒者趨之若鶩。為利誘惑。積年不醒。將有用之金錢作無為之揮霍。以頃公開之賭博。唯有互相宣傳。能往無已矣。來者可追。直于為父母者。約束子女。妻諫其夫。子勸其父。嚴禁入場賭博。公司行號商店經理。監視職員。如果出入場賭博予以相當處分。並於商店卧室黏貼警惕標語。加以注意。則不禁止。而該場亦自能歇業矣。

第一特區市聯会啟

上海市民团体呼吁不要去逸园等处赌博的传单

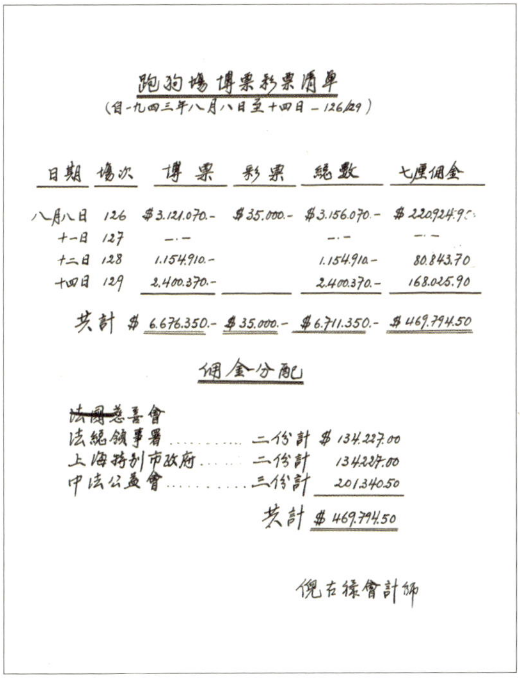

跑狗場博票彩票清單

（自一九四三年八月八日至十四日 — 126/129）

日期	場次	博票	彩票	總數	七厘佣金
八月八日	126	$3.121.070.-	$35.000.-	$3.156.070.-	$220.924.90
十一日	127	—.—		—.—	—.—
十二日	128	1.154.910.-		1.154.910.-	80.843.70
十四日	129	2.400.370.-		2.400.370.-	168.025.90
共計		$6.676.350.-	$35.000.-	$6.711.350.-	$469.794.50

佣金分配

~~法國~~慈善會

法總領事署……二份計 $134.227.00

上海特別市政府……二份計 134.227.00

中法公益會……三份計 201.340.50

共計 $469.794.50

倪右樣會計師

逸园跑狗场博彩票清单

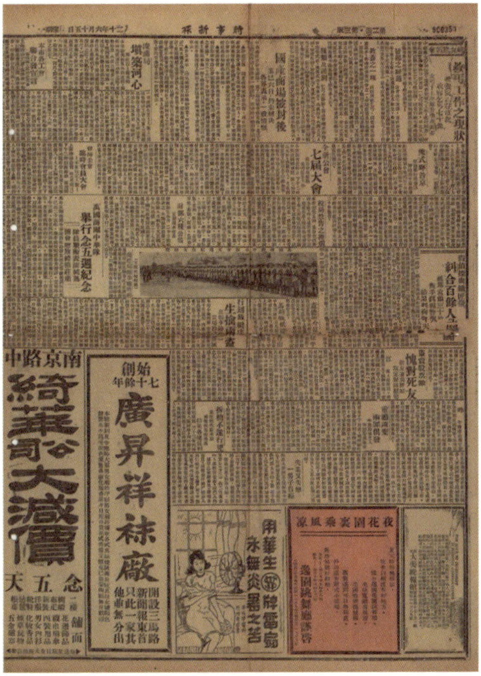

逸园跳舞厅广告

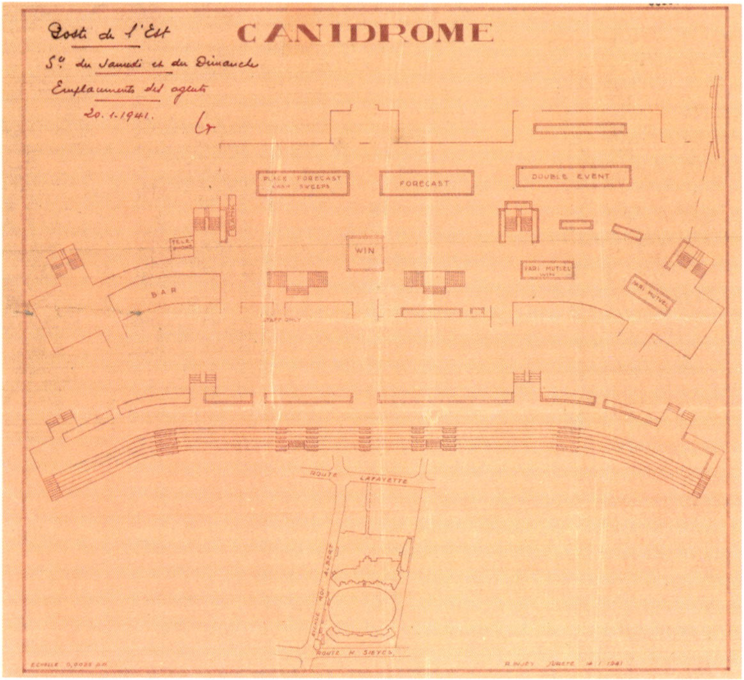

1941年逸园跑狗场平面图

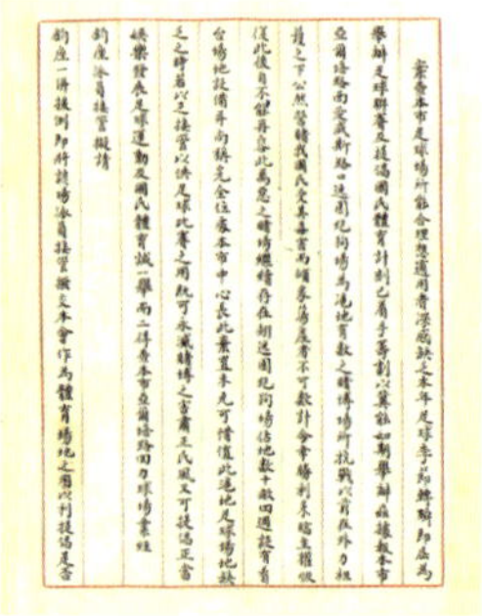

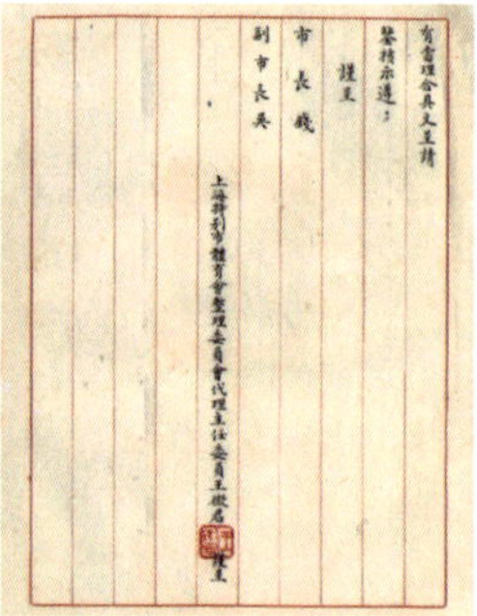

上海市体育会要求收回逸园改为球场的档案

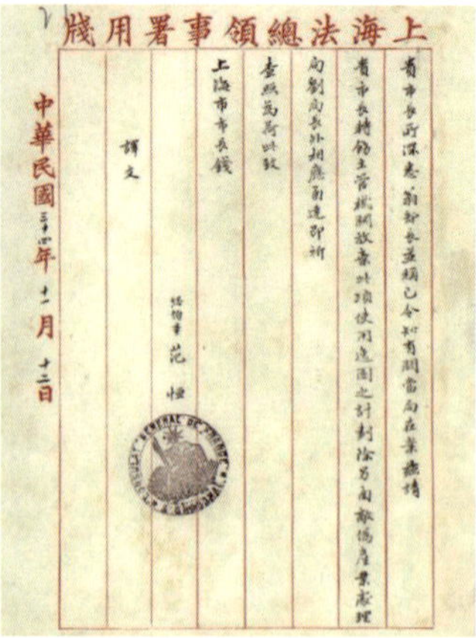

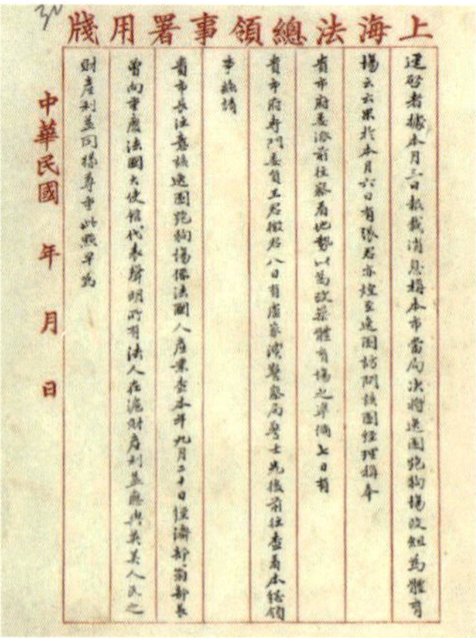

法国驻上海总领事馆交涉收回逸园跑狗场的函件

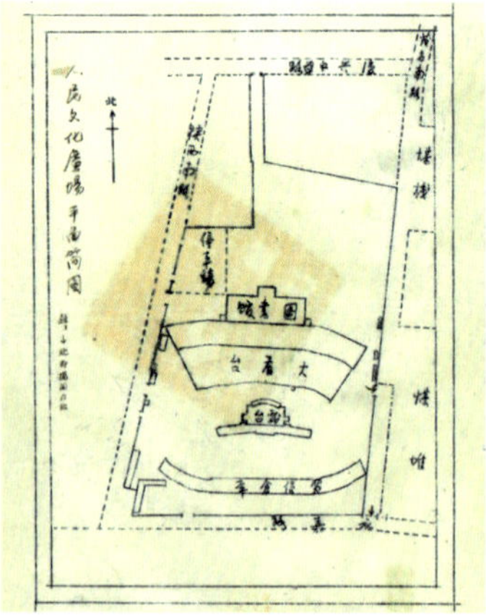

解放初文化广场平面图

上海市第二届各界人民会议在逸园举行

销售各种赌博性质赛券。它能在租界内通行无阻，其中一个重要原因，是跑狗收入中很大一块上缴法租界当局用作慈善。开业当年，赛跑会就向法国领事馆解入法租界公益慈善基金66000余元，第二年缴纳门票捐、月季票、慈善公益基金数额高达574800余元。从一份1943年的档案中可以看到，当年8月8～14日的3期跑狗赛事合计收入670余万元(中储券)，交给有关方面7厘佣金近47万元，其中法国总领事馆占两成，日伪上海特别市政府占两成，中法公益慈善会占三成。再加上赛跑会上层与法租界当局千丝万缕的关系，尽管民间多有取缔呼声，但逸园跑狗场在旧上海混得风生水起，赚得盆满钵满。

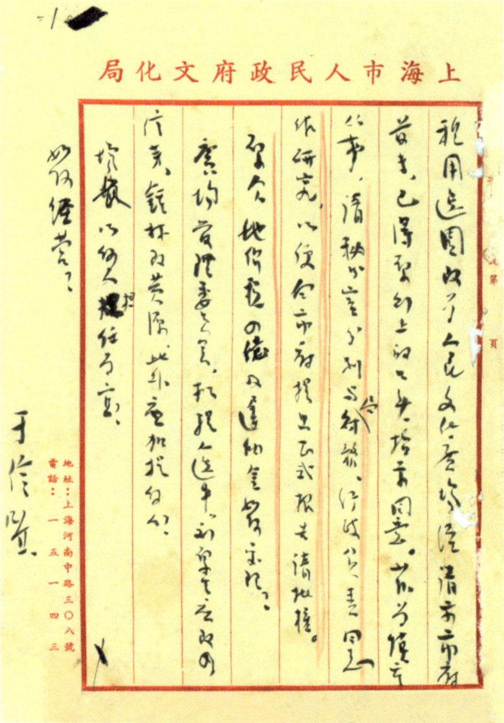

上海市人民政府文化局

地址：上海河南中路三〇八號
電話：一五一四三

于伶关于文化广场建设的亲笔信

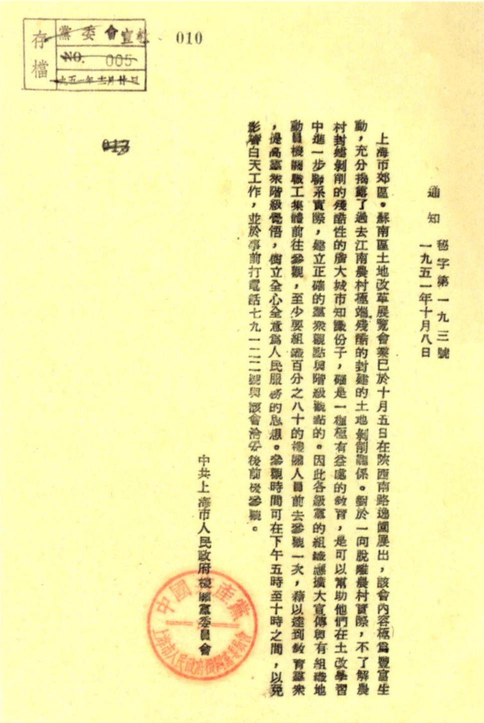

010

通知　秘字第一九三號
一九五一年十月八日

上海市郊區·蘇南區土地改革展覽會業已於十月五日在陝西南路逸園展出，該會內容極爲豐富生動，充分揭露了過去江南農村極端殘酷的封建的土地剝削關係。對於一向脫離農村實際，不了解農村封建剝削的殘酷性的廣大城市知識份子，確是一種極有益處的教育，是可以幫助他們在土改學習中進一步聯系實際，建立正確的羣衆觀點與階級觀點的。因此各級黨的組織應擴大宣傳與有組織地動員機關職工集體前往參觀，至少要組織百分之八十的機關人員前去參觀一次，藉以達到教育羣衆，提高羣衆階級覺悟，樹立全心全意爲人民服務的思想。參觀時間可在下午五時至十時之間，以免影響白天工作，並於事前打電話七九一二二號與該會洽妥後前往參觀。

中共上海市人民政府機關黨委員會

中共上海市人民政府机关委员会关于组织参观在逸园举办的苏南土改展览会的通知

除了赛狗，逸园还利用其宽敞场地举行舞会、球类和电影等娱乐活动。每逢夏日，逸园舞厅的午夜场更是名闻遐迩，所谓“夏天时节热难当，夜来白相没有好地方，惟有逸园花园跳舞场，坐位宽敞真风凉，美国音乐很悠扬，西餐茶点可口称精良，外加还有新式小球场，奥妙无穷好白相”。

1939年，法商赛跑会还清了万国储蓄会借款并扩建，逸园土地也过户至赛跑会名下。虽处于抗战时期，但逸园跑狗赛事依旧兴旺，间或还举办足球赛事。1945年春，日军突然占用跑狗场作为兵营，一切比赛陷于停顿。抗战胜利后，上海民间收回跑狗场的呼声日益强烈，民国上海市政府也曾试图收回逸园，终因外方股东开价过高作罢。但大众的抗议还

苏军红旗歌舞团在文化广场演出

是起到一定作用，赛跑会停办了跑狗赛事，仅靠足球比赛及房屋出租作为仓库及饭店维持，营业一落千丈。

上海解放后，逸园经营仍维持原状，跑狗场地及附属逸园饭店成为许多重要政治性集会举办地。1949年6月30日，上海纪念中国共产党诞生28周年纪念晚会在逸园饭店举行，宋庆龄抱病参加，并委托邓颖超宣读书面致辞。7月17日晚，逸园举行纪念人民音乐家聂耳逝世14周年音乐会，时任文化局副局长余伶在讲话中宣布："聂耳同志14年前已是中国共产党党员。"8月3日，上海市第一届各界人民代表会议在逸园饭店举行。10月14日，百货业工会在此举行成立大会。10月16日，中苏友好协会在逸园举行联欢晚会。12月，第二届各

文化广场演出情形

界人民代表会议也在逸园饭店举行。

1950年，市文化局租赁了经营不善的逸园部分场地作为全市大型会议演出活动场所，并提出将建设人民文化广场的设想。1951年8月11日，陈毅市长、潘汉年副市长、盛丕华副市长联名发出指令，将逸园并改建为“上海市人民文化广场”。从此，过去的赌场销金窟正式回到人民怀抱。

1952年7月，人民文化广场开始改扩建和新建，核心工程是将原逸园跑狗场北看台扩建为钢筋顶盖1.5万个座位的大会场，并在当年苏联十月革命节前完成。为达到使用效果，还修建了临时性舞台和后台。靠近永嘉路一侧逸园原有建筑改建成少年儿童活动场所和展览馆。11月6日，华东暨上海各界人民庆祝苏联十月革命35周年大会在焕然一新的人民文化广场举行。当天下午，苏军红旗歌舞团在此上演歌舞节目，随后几天又连演3场，共吸引观众8万余名。当月，市人民政府批准人民文化广场建设固定舞台，随后又批准“人民文化广场”改称“文化广场”。

文化广场建成后，成为上海全市大型群众性政治、文化活动中心。据不完全统计，1952～1966年间，文化广场共举办大型政治性集会、报告会600余场，参加群众超过200

班禅额尔德尼确吉坚赞参观文化广场

万人。1954年，市委领导同志在这里向上海干部群众传达“过渡时期总路线”。1957年，刘少奇、周恩来在这里作学习毛主席《关于正确处理人民内部矛盾的问题》的报告。至于各类文艺演出则更多达800多场。《在毛泽东的旗帜下高歌猛进》(大型音乐舞蹈史诗《东方红》前身)、话剧《万水千山》、“上海之春”都曾在这里上演，来自苏联的芭蕾舞剧《天鹅湖》、日本松山芭蕾舞团的《白毛女》也给观众留下了美好回忆。

文化广场虽然成为上海大型的文艺演出和集会场所，但受各方条件限制，当年建设时留下了很多缺憾。比如，广场演出场地没有围墙，一到刮风下雨特别是阴冷的冬季就十分影响演出质量。1959年国庆前夕，广场特地在舞台两边增建大墙，以确保演出时不会发生舞台被风吹动而影响演出气氛。而广场顶棚仍沿用原来跑狗场企口木板上铺油毛毡，浇沥青，洒“绿豆沙”的传统。这种做法虽节约成本，但需时常维护，隔一段时间还需大修，1959年国庆10周年时顶棚就进行了大修。

1969年12月，文化广场顶棚再次大修，因当班人员不当用火，引燃铲除下来的废旧油毛毡及临时搭建芦席棚。火势趁西北风越来越猛，燃遍整个广场，除了未着火的后台，整个文化广场付之一炬。

缅甸和平代表团参观文化广场

松山芭蕾舞团舞剧《白毛女》宣传册

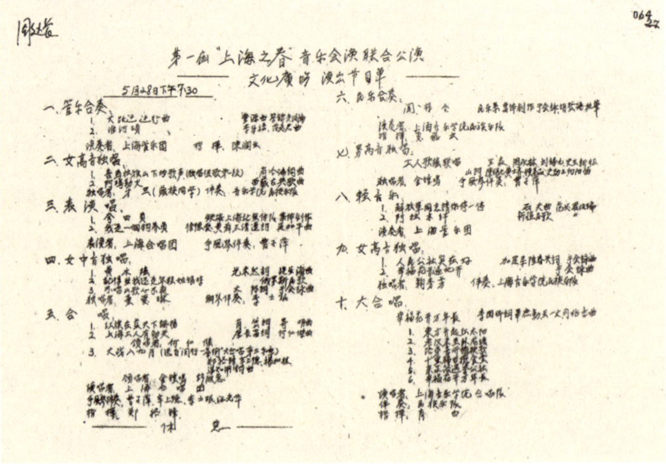
第一届"上海之春"音乐会演联合公演
文化广场 演出节目单
5月28日下午7:30

一、管乐合奏
演奏者：上海管乐团
二、女高音独唱
三、表演唱
表演者：上海合唱团
四、女中音独唱
五、合唱
演唱者：上海合唱团
——休息——
六、民乐合奏
演奏者：上海音乐学院民族乐队
七、男高音独唱
工人歌强歌唱
八、轻音乐
演奏者：上海管乐团
九、女高音独唱
十、大合唱
幸福花开万年长
演唱者：上海音乐学院合唱队
伴奏：民族乐队

第一届上海之春文化广场节目单

上海市工业会议在文化广场举行

目　次

第五届“上海之春”音乐会《在毛泽东的旗帜下高歌猛进》节目单

文化广场外观

经国务院批准，文化广场迅速启动了灾后重建工作，1970年10月12日就通过竣工验收。

重建后的文化广场将原开放式会场改为封闭式，面积5700平方米。屋顶采用钢丝网水泥预制板结构，嵌入防水油膏，再刷防水涂料，以防渗水。屋顶原桁架结构改为三向网架结构，由6000多根粗细不同钢管和518个钢球焊接而成，整个大厅没有一根柱头，观众视线毫无阻挡。观众厅共设12137个座位，均为硬席长条凳。排距80厘米，共73排。舞台由原来的12米高升至19米，增设葡萄架、吊杆等设备。另外还增添了冷暖设备，照明、扩音等也大为改善。

1970年9月28日，重建后的文化广场上演交响乐《沙家浜》，招待参加建设的各方人员。

重建中的文化广场(《民间影像》提供)

以阶级斗争为纲，狠抓革

关闭前的文化广场股票大卖场(雍和摄，1992.12，《民间影像》提供)

9月30日起，文化广场再度恢复公演，来此演出的众多剧团和观众都反映视听效果大大好于原文化广场。但由于原重建计划中的冷暖气工程未能实施，每到盛夏寒冬，观众体验不佳，也留下了遗憾。上海体育馆建成后，许多大型集会和演出逐步转至"万体馆"。1976年，文化广场又添置了电影放映设备，由于场地非常宽阔，考虑到观影效果，每场观众一般控制在5000～8000人，不能坐满，即便如此，文化广场也成为上海历史上最大的"电影院"。

改革开放后，上海经济社会快速发展，文化广场的设施设备已不能满足广大市民需求。1988年，文化广场停用，准备筹建一个多功能文化艺术中心，然而，由于种种原因，这一停就停了20多年。其间，这里曾是证券集市，也曾是上海滩著名的花卉市场。直到2011年，新建成的文化广场焕彩迎客。落成当年，文化广场就举办了第十三届上海国际艺术节开幕式及一系列演出，成为集现代演出、艺术展示、文化体验于一身，以音乐剧演出

精文花市停业拆除(宋伟摄,《民间影像》提供)

建设中的文化广场(宋伟摄,《民间影像》提供)

2011年“上海文化广场”重新对外开放，成为上海一个崭新的文化地标(2013，《民间影像》提供)

为主线，各类时尚经典艺术为辅线的上海文化生态地标。

新的文化广场开业10多年来，上演各类演出2700余场，吸引观众300余万人次，《剧院魅影》《伊丽莎白》《西区故事》《摇滚莫扎特》等世界著名音乐剧在此上演，成为音乐剧迷们的“圣地”。越来越有影响力的上海国际艺术节许多经典剧目也在此上演，昔日的赌窟，成为如今上海演艺大世界的一颗璀璨明珠。

(张竞)

北外滩传奇

北外滩，东到大连路，西至河南北路，南濒黄浦江、苏州河，北临周家嘴路海宁路。它以优越的地理位置，与外滩、陆家嘴共同构成上海最耀眼的“黄金三角”。它是近代虹口乃至上海发展的起点，是上海“以港兴市”的历史见证，是如今备受瞩目的“世界会客厅”。

北外滩所在的虹口，其地名源自“虹口港”。古时，一条名为沙洪的黄浦江支流引水北流，其与黄浦江交汇处曰“洪口”。至清同治年间，洪口正式称“虹口”，原来的沙洪称为“虹口港”。近代以前，虹口地区除江湾镇、虹镇、虹口镇等集镇外，多为农田渔村。上海开埠后，英国人率先划定了如今外滩一带作为英租界。1845年，美国圣公会主

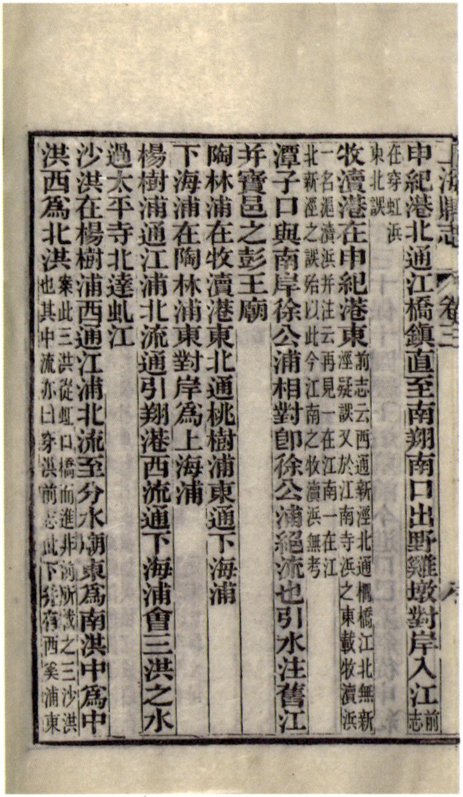
上海縣志 卷三
申紀港北通江橋鎮直至南翔南口出野雞墩對岸入江 前志在穿虹浜東北誤
牧瀆港在申紀港東 前志云西通新涇北通楓橋江北無新涇疑誤又於江南寺浜之東載牧瀆浜一名泥瀆浜并注云再見一在江南一在江北新涇之誤殆以此今江南之牧瀆浜無考
潭子口與南岸徐公浦相對即徐公浦絕流也引水注舊江并寶邑之彭王廟
陶林浦在牧瀆港東北通桃樹浦東通下海浦
下海浦在陶林浦東對岸爲上海浦
楊樹浦通江浦北流通引翔港西流通下海浦會三洪之水過太平寺北達虬江
沙洪在楊樹浦西通江浦北流至分水廟東爲南洪中爲中洪西爲北洪也 案此三洪從虹口橋而進非洵湖所載之三沙洪其中流亦曰穿洪前志載下游存西溪浦東

同治上海县志有关沙洪的记载

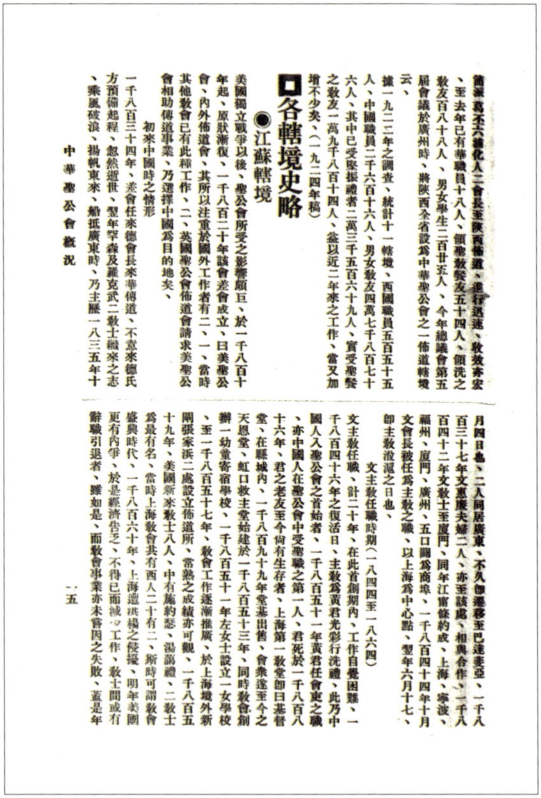
信徒萬不六滿化人二會長至陝西佈道、進行迅速、收效奔宏、至去年已有華職員十八人、領聖教餐友五十四人、領洗之教友百八十八人、男女學生二百廿五人、今年總議會第五屆會議於廣州時、將陝西全省設爲中華聖公會之一佈道轄境云、
據一九二二年之調查、統計十一轄境、西國職員五百五十五人、中國職員二千六百十六人、男女教友四萬七千八百七十六人、其中已受堅振禮者二萬三千五百六十九人、實受聖餐之教友一萬九千八百十四人、益以近二年來之工作、當又加增不少矣、（一九二四年稿）

口各轄境史略

◉江蘇轄境

美國獨立戰爭以後、聖公會所受之影響頗巨、於一千八百十年起、原狀漸復、一千八百二十年該會差會成立、曰美聖公會、內外佈道會、其所以注重於國外工作者有二、一、當時其他教會已有此種工作、二、英國聖公會佈道會請求美聖公會相助傳道事業、乃選擇中國爲目的地矣、

初來中國時之情形

一千八百三十四年、差會任來德會長來華傳道、不意來德氏方預備起程、忽然逝世、翌年罕森及羅克武二教士繼來之志、乘風破浪、揚帆東來、船抵廣東時、乃主歷一八三五年十月四日也、二人同居廣東、不久即遷移至巴達維亞、一千八百三十七年文惠廉夫婦二人、亦至該處、相與合作、一千八百四十二年文教士至廈門、同年江甯條約成、上海、寧波、福州、廈門、廣州、五口闢爲商埠、一千八百四十四年十月文會長被任爲主教之職、以上海爲中心點、翌年六月十七、即主教涖滬之日也、

文主教任職時期（一八四四至一八六四）

文主教任職、計二十年、在此首創期內、工作自覺困難、一千八百四十六年之復活日、主教爲黃君光彩行洗禮、此乃中國人入聖公會之首始者、一千八百五十一年黃君任會吏之職、亦中國人在聖公會中受聖職之第一人、君死於一千八百八十六年、君之老友至今尚有生存者、上海第一教堂即曰基督堂、在縣城內、一千八百九十九年堂基出售、會衆遂至今之天恩堂、虹口救主堂始建於一千八百五十三年、同時教會創辦一幼童寄宿學校、一千八百五十一年左女士設立一女學校、至一千八百五十七年、教會工作逐漸推廣、於上海境外新闢張家浜二處設立佈道所、常熟之成績亦可觀、一千八百五十九年、美國新來教士八人、中有施約瑟、湯藹禮、二教士爲最有名、當時上海教會共有西人二十有二、斯時可謂教會盛興時代、一千八百六十年、上海遭洪楊之侵擾、明年美國更有內爭、於是經濟告乏、不得已而減少工作、教士間或有辭職引退者、雖如是、而教會事業亦未嘗因之失敗、蓋是年

中華聖公會概況

一五

1927年出版的《中华圣公会概况》中有关文惠廉在上海经历的记载

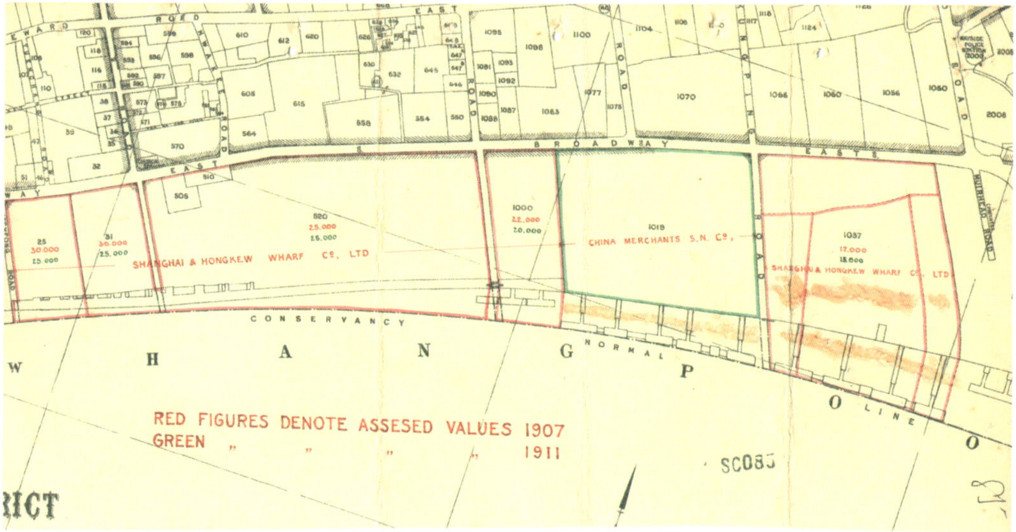

北外滩公和祥码头图

教文惠廉(William Jones Boone)在虹口头坝以北、虹口港一带(今塘沽路、东大名路路口附近)置地造屋。1848年，文惠廉与上海道台口头约定，将苏州河北岸沿江约8万平方米作为美租界。1863年6月，美国驻沪领事熙华德(G.F.Seward)与上海道台黄芳签署协议，议定美租界的地界。同年9月，英租界、美租界合并为英美租界。至1899年5月，英美租界改称公共租界，其边界向北扩张至今周家嘴路附近。至此，如今我们所说的北外滩区域全部划入租界辖区。

外国人看中虹口，看中北外滩，主要原因在于其优越的地理位置和水文条件。早在1845年，英商东印度公司便在徐家滩(今东大名路高阳路一带)修建了简易的驳船码头，名为“虹口码头”，即后来的高阳路码头。此后，英、美、日等外商纷至沓来，争先恐后在虹口沿江抢滩修建码头、船厂，至1870年，短短两公里的北外滩沿江地带自西向东已建有汇源、怡和、旗记、伯维船坞、顺泰、海津关、同孚、虹口、耶松船坞、耶松船厂、宝顺、仁记等十几个外商码头和船厂，中国官营的轮船招商局也在此设立码头，北外滩沿江地带逐渐成为上海的外贸进出口重镇。激烈竞争之下，北外滩码头的兼并迭代也十分频

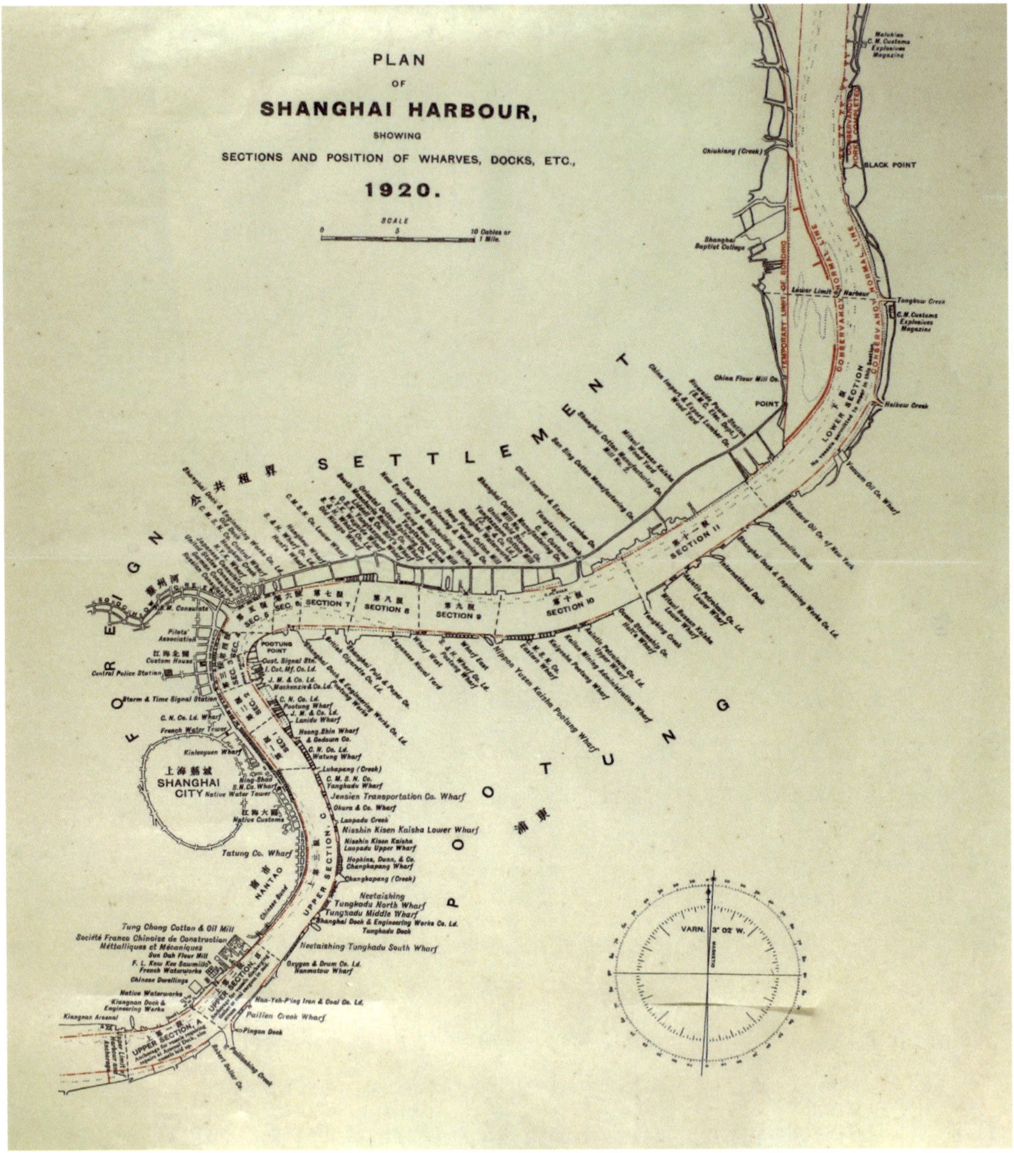
PLAN
OF
SHANGHAI HARBOUR,
SHOWING
SECTIONS AND POSITION OF WHARVES, DOCKS, ETC.,
1920.
SCALE
10 Cables or 1 Mile.
FOREIGN SETTLEMENT
公共租界
POOTUNG
浦東
上海縣城
SHANGHAI CITY
NANTAO
南市
BLACK POINT
Chiukiang (Creek)
Shanghai Baptist College
Lower Limit of Harbour
Tongkow Creek
C. M. Customs Explosives Magazine
China Flour Mill Co.
POINT
LOWER SECTION
SECTION 11
SECTION 10
SECTION 9
SECTION 8
SECTION 7
SEC. 6
SEC. 5
POOTUNG POINT
Custom House
江海北關
Central Police Station
Storm & Time Signal Station
French Water Tower
Native Water Tower
Native Customs
江海大關
Tatung Co. Wharf
Lukapang (Creek)
Jensien Transportation Co. Wharf
Laopadu Creek
Nisshin Kisen Kaisha Lower Wharf
Changkapang (Creek)
Neetaishing Tungkadu North Wharf
Tungkadu Middle Wharf
Shanghai Dock & Engineering Works Co. Ld. Tungkadu Dock
Neetaishing Tungkadu South Wharf
UPPER SECTION C
UPPER SECTION B
UPPER SECTION A
Tung Chong Cotton & Oil Mill
Société Franco Chinoise de Construction Métalliques et Méconiques
Sun Dah Flour Mill
Chinese Dwellings
Native Waterworks
Kiangnan Dock & Engineering Works
Kiangnan Arsenal
Nan-Yeh-P'ing Iron & Coal Co. Ld.
Pailien Creek Wharf
Pingan Dock
Standard Oil Co. of New York
International Dock
Nippon Yusen Kaisha Pootung Wharf
VARN. 3° 02' W.

上海港示意图

1914年虹口汇山码头

日本邮船会社汇山码头(《民间影像》提供)

繁。从1920年的上海港示意图中可以看到，当时沿江码头经多轮商战洗牌，已被三菱、招商局、耶松、华顺、公和祥、汇山码头等巨头垄断。其中，公和祥码头位置优越，实力雄厚，是当时上海港规模最大的码头公司。至上世纪二三十年代，北外滩已经成为东亚的航运中心之一。

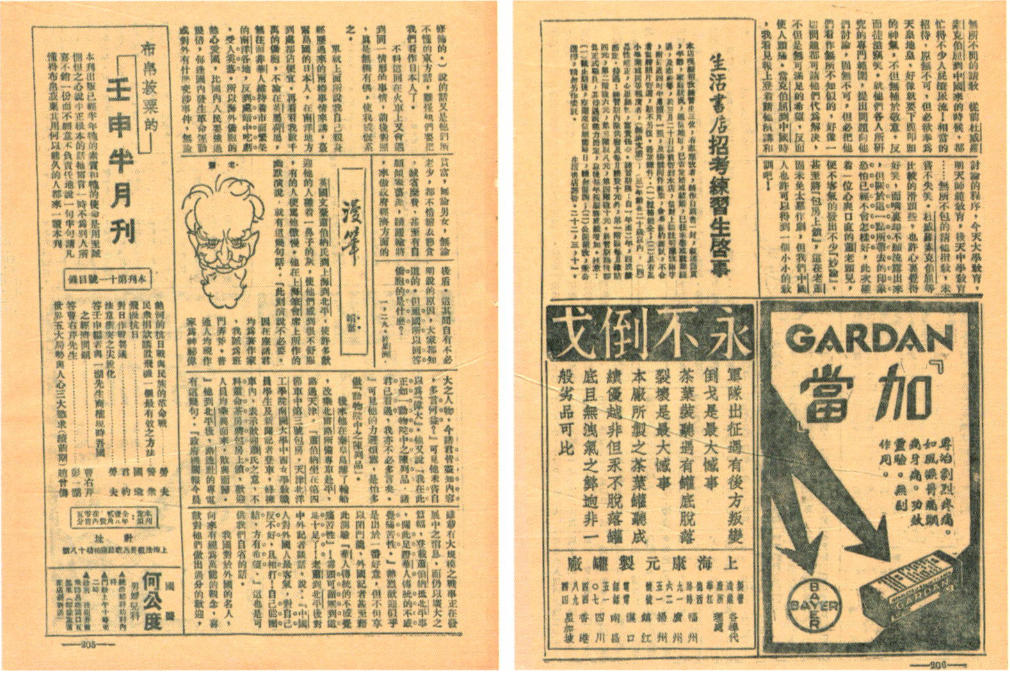

1933年《生活》杂志刊载邹韬奋所写萧伯纳访问上海漫笔

发达的航运业，使北外滩成为中西方文明交汇的重要门户。据考证，1919年3月17日，中国第一批由海路赴法勤工俭学的89名青年就是在汇山码头登上日本邮轮“因幡丸”号，起航踏上探寻真理的旅程。爱因斯坦、泰戈尔、萧伯纳等世界名人也曾先后在北外滩留下足迹，将他们的思想带到了开风气之先的上海。

随着码头航运业的繁荣，为方便物流运输，沿码头而建的道路应运而生。始建于19世纪60年代的百老汇路(今东大名路)，如同血管脉络沿着码头岸线不断生长蔓延，也催生了与航运业相关的各类商铺。据上海市五金商业同业公会档案记载，近代以来，中国商人在此设铺买卖由外国船舶带来的生产器材，其中各类繁杂的金属品居多，“五金”一词也由此而来。慢慢地，五金商铺聚行成市，上海约一半有规模的五金商号都开设于此，使百老汇路成为著名的五金街。被称为“五金大王”的清末资本家叶澄衷，正是在百老汇路上

叶澄衷

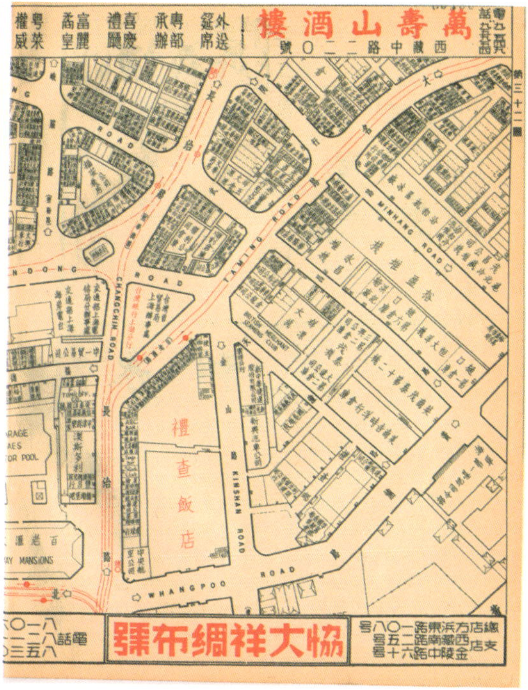

1947年出版的《上海市行号路图录》中，百老汇路上依然五金号林立

开设了上海第一家五金商店顺记洋杂货号。百老汇路通过联通外白渡桥、杨树浦路，使得黄浦、虹口、杨浦的商业、物流、制造业链条通畅运转，也进一步推动这些地区的繁荣发展。因与杨树浦工业区相邻，百老汇路以北的熙华德路(今东长治路)附近区域，各类商店、工厂、仓库云集，逐渐成为虹口地区重要的商圈。

虹口码头、杨树浦工业的日益兴旺，自然带动了虹口港与杨树浦之间提篮桥地区的兴盛，至20世纪初这里已成为较热闹的居住区。里弄住宅自西向东逐渐出现，此后又延伸到大连路、周家嘴路，并建起一批新式里弄房屋。外资房地产公司还在提篮桥一带开发了西式房屋，供外国在华企业管理人员和工程人员居住。

提篮桥地区还有一处特殊的所在，就是工部局华德路(今长阳路)监狱，也就是今天人

1917年百老汇路增设电灯示意图

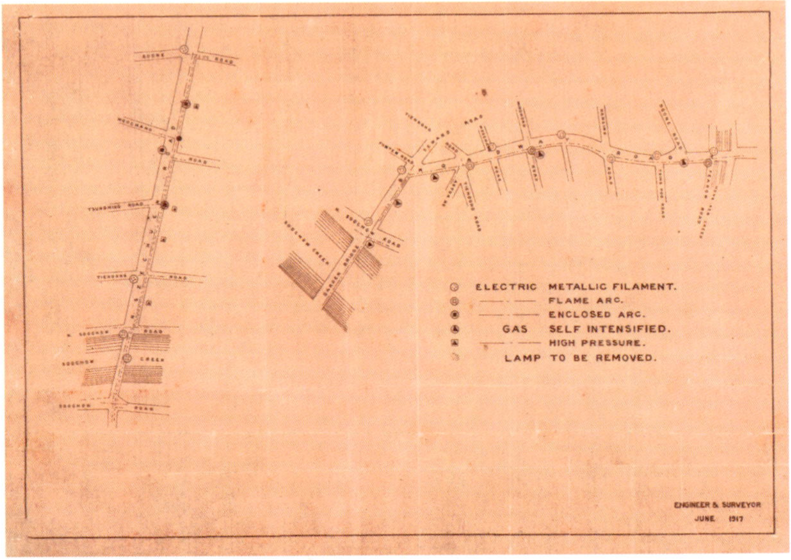

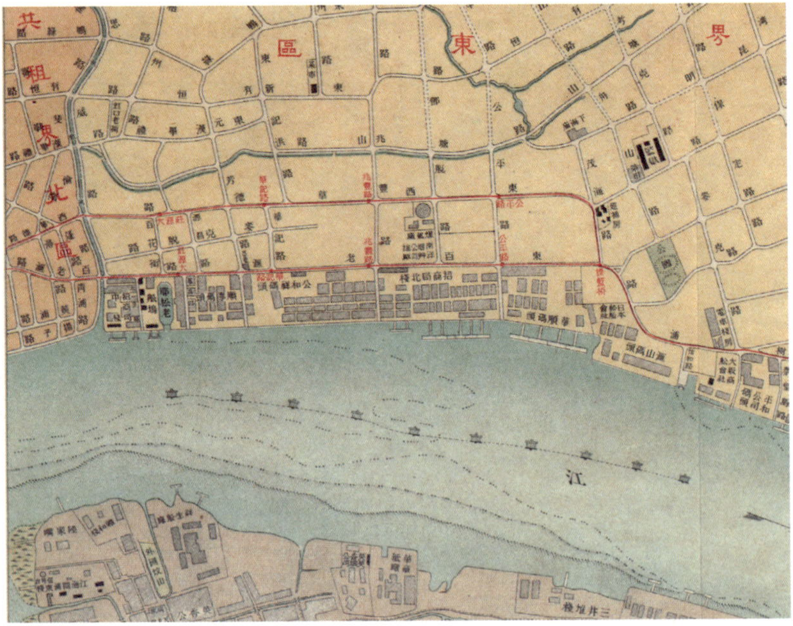

1917年上海公共租界东区及浦东分图中的提篮桥地区

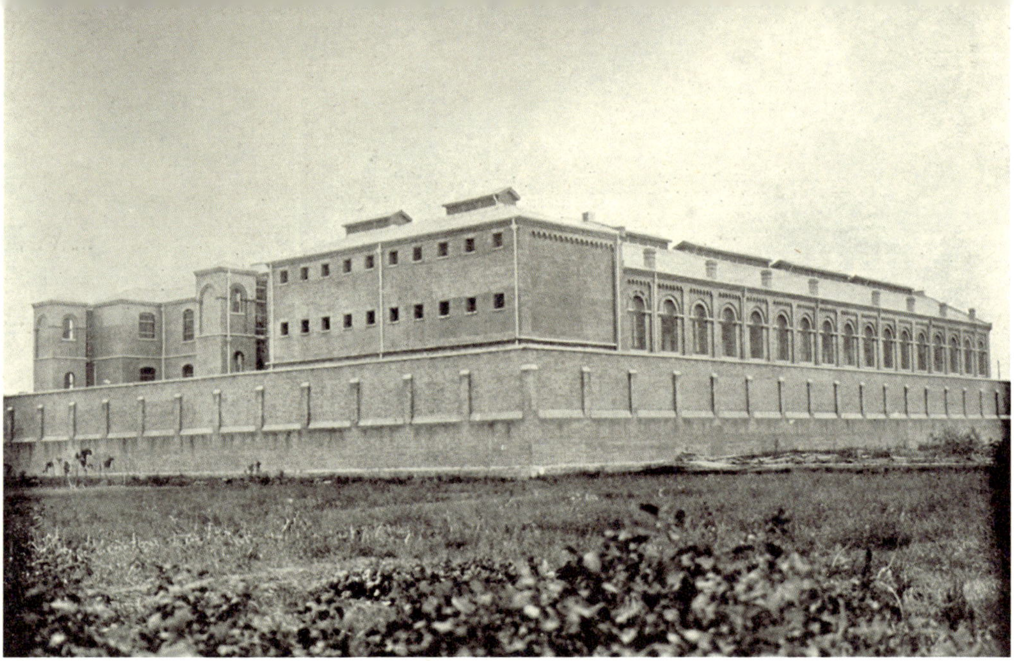

工部局监狱(1904)

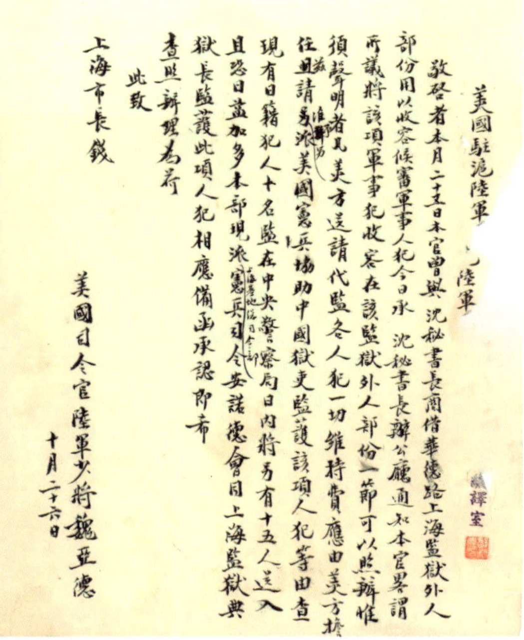

美國駐滬陸軍　陸軍

敬啓者本月二十五日本官曾與沈秘書長商借華德路上海監獄外人部份用以收容候審軍事人犯今日承沈秘書長辦公廳通知本官署謂所議將該項軍事犯收容在該監獄外人部份一節可以照辦惟須聲明者凡美方送請代監各人犯一切維持費應由美方擔任並請加派美國憲兵協助中國獄吏監護該項人犯等由查現有日籍犯人十名監在中央警察局日內將另有十五人送入且恐日益加多本部現派憲兵司令安諾德會同上海監獄典獄長監護此項人犯相應備函承認即希

查照辦理為荷

此致

上海市長錢

美國司令官陸軍少將魏亞德

十月二十六日

翻譯室

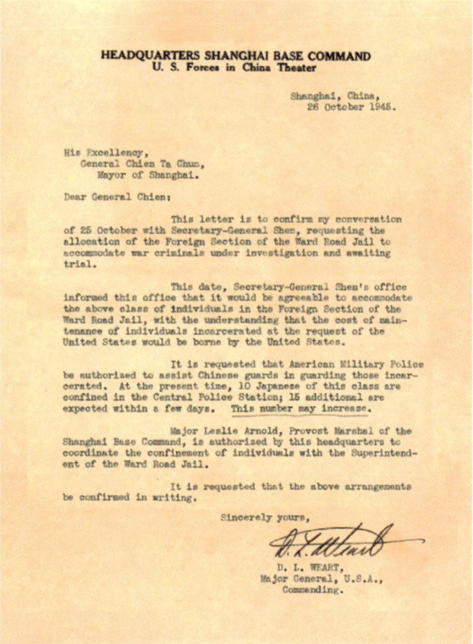

HEADQUARTERS SHANGHAI BASE COMMAND
U. S. Forces in China Theater

Shanghai, China,
26 October 1945.

His Excellency,
General Chien Ta Chun,
Mayor of Shanghai.

Dear General Chien:

This letter is to confirm my conversation of 25 October with Secretary-General Shen, requesting the allocation of the Foreign Section of the Ward Road Jail to accommodate war criminals under investigation and awaiting trial.

This date, Secretary-General Shen's office informed this office that it would be agreeable to accommodate the above class of individuals in the Foreign Section of the Ward Road Jail, with the understanding that the cost of maintenance of individuals incarcerated at the request of the United States would be borne by the United States.

It is requested that American Military Police be authorized to assist Chinese guards in guarding those incarcerated. At the present time, 10 Japanese of this class are confined in the Central Police Station; 15 additional are expected within a few days. This number may increase.

Major Leslie Arnold, Provost Marshal of the Shanghai Base Command, is authorized by this headquarters to coordinate the confinement of individuals with the Superintendent of the Ward Road Jail.

It is requested that the above arrangements be confirmed in writing.

Sincerely yours,

D. L. WEART,
Major General, U.S.A.,
Commanding.

1945年美军司令部商借华德路上海监狱关押日本战犯的函

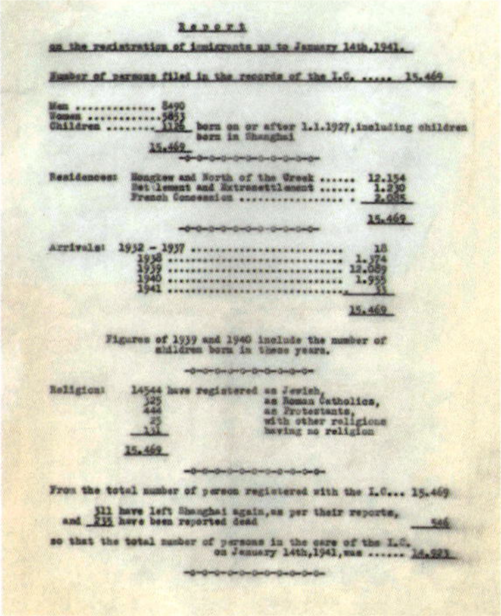

Report

on the registration of immigrants up to January 14th, 1941.

Number of persons filed in the records of the I.C. 15.469

Men	8490	
Women	5853	
Children	1126	born on or after 1.1.1927, including children born in Shanghai
	15.469	

Residences:	Hongkew and North of the Creek	12.154
	Settlement and Extrasettlement	1.230
	French Concession	2.085
		15.469

Arrivals:	1932 - 1937	18
	1938	1.374
	1939	12.089
	1940	1.955
	1941	33
		15.469

Figures of 1939 and 1940 include the number of children born in these years.

Religion:	14544	have registered as Jewish,
	325	as Roman Catholics,
	444	as Protestants,
	25	with other religions
	131	having no religion
	15.469	

From the total number of person registered with the I.C... 15.469

311 have left Shanghai again, as per their reports,
and 235 have been reported dead 546

so that the total number of persons in the care of the I.C. on January 14th, 1941, was 14.923

在华欧洲难民组织国际委员会有关上海犹太难民的数据统计资料(1941)

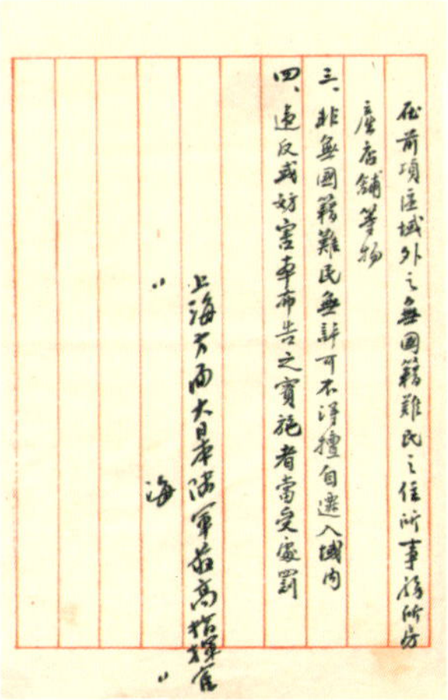

於前項區域外之無國籍難民之住所事務所商店鋪等物
三、非無國籍難民無許可不得擅自遷入區內
四、違反或妨害本布告之實施者當受處罰
上海方面大日本陸軍最高指揮官
〃　海　〃

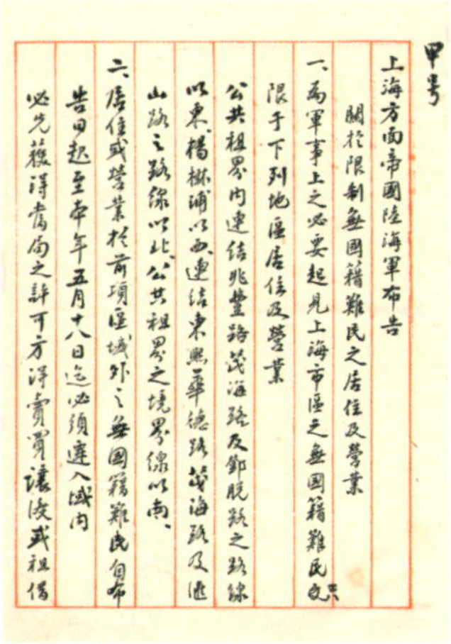

甲号
上海方面帝國陸海軍布告
關於限制無國籍難民之居住及營業
一、為軍事上之必要起見上海市區之無國籍難民
限于下列地區居住及營業
公共租界內連結兆豐路茂海路及鄧脫路之路線
以東、楊樹浦以西、連結東熙華德路茂海路及匯
山路之路線以北、公共租界之境界線以南、
二、居住或營業於前項區域外之無國籍難民自布
告日起至本年五月十八日迄必須遷入區內
必先獲得當局之許可方得賣買讓渡或租借

日军限制无国籍难民档案

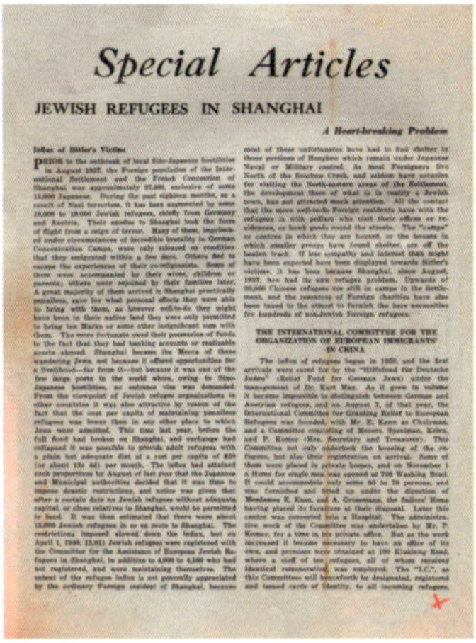

Special Articles

JEWISH REFUGEES IN SHANGHAI

A Heart-breaking Problem

Influx of Hitler's Victims

THE INTERNATIONAL COMMITTEE FOR THE ORGANIZATION OF EUROPEAN IMMIGRANTS IN CHINA

有关虹口犹太难民登记事宜的新闻报道 (1941)

犹太难民聚集的虹口舟山路一带

们熟知的提篮桥监狱。1903年，为了解决租界内捕房监狱容量不足的问题，工部局在此处建造监狱，经过多次扩改建，占地面积达60.4亩，建筑面积共6.4万平方米，拥有11幢监楼，各类监室近4000间，能够关押超过8000名犯人。华德路监狱建筑精良、壁垒森严、

百老汇路上的上海西点社广告

规模宏大，因此有“远东第一监狱”之称。解放前，监狱曾囚禁过不少中国近现代著名人物，如资产阶级民主革命家章太炎、邹容，共产党人任弼时、张爱萍、曹荻秋等。抗战胜利后，美国军队曾在狱内设立军事法庭，审判过47名日本战犯。系抗战胜利后，在中国境内最早审判日本战犯的场所。

提到提篮桥，它曾为“东方诺亚方舟”的过往岁月也不容忽视。上世纪30年代，德国法西斯推行排犹、灭犹政策，大批欧洲犹太人被迫背井离乡，寻求栖身之地，远在东方的上海向他们敞开了大门。1933年至1941年间，上海总共接纳了近三万名犹太难民，为他们撑起了一艘“诺亚方舟”。近两万名犹太难民曾在此生活，他们与当地居民和谐相处、共渡难关。至1945年战争结束，大多数犹太难民得以幸存。

近代北外滩区域的城市化进程，具有“以港兴市”的鲜明特征，以建港为发端，从虹口港一带呈扇形向两翼及向北推进。虹口港以东以航运业和工商业为主，虹口港以西则主要为领事馆、商业、文教、宾馆、住宅等。虹口港以西苏州河口的黄浦路上，美国、奥匈帝国、丹麦、德国、日本、俄国等都曾在此设立领事馆，成为上海领事馆最集中的区域，堪称上海的“东交民巷”。

北外滩也是海派文化的重要发源地。1908年，西班牙商人安•雷玛斯在虹口港以西，今海宁路、乍浦路附近用铁皮搭建了上海，也是中国的第一家电影院——虹口活动影戏园，这座电影院可容纳250名观众，首映电影《龙巢》。至上世纪30年代，虹口境内曾有32

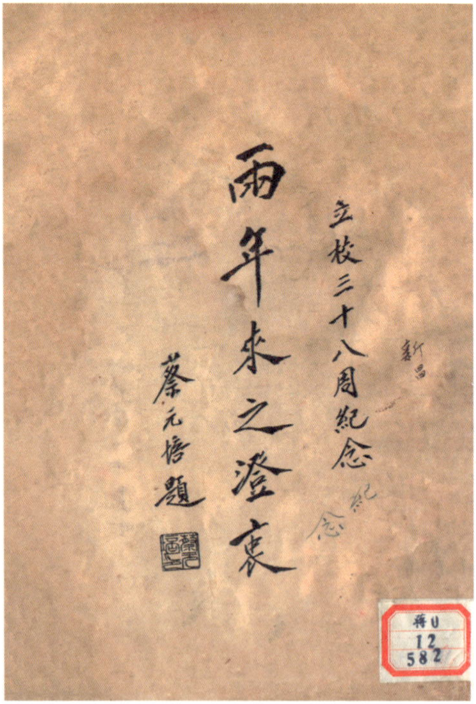

澄衷中学纪念刊

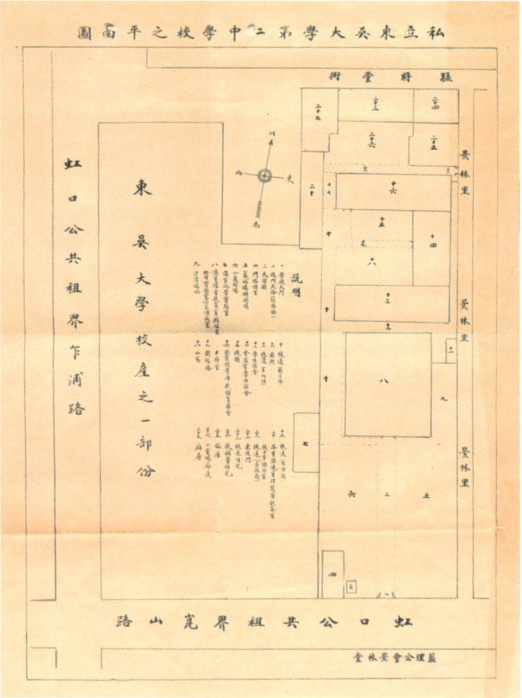

东吴二中平面图

领事馆林立的北外滩

中西书院地块

参加东京审判的中国团队部分成员合影(高文彬摄)，前排左起：桂裕(顾问)、倪征燠(顾问)、向哲濬、吴学义(顾问)、郑鲁达(翻译)、张培基(翻译)，后排左起：周锡卿(翻译)、刘子健(秘书)、杨寿林(法官秘书)、鄂森(顾问)。除吴学义、周锡卿外，其余皆出自东吴(倪乃先藏，《民间影像》提供)

东吴大学法学院毕业班部分同学与杨兆龙院长、倪征燠老师等合影(1951冬，倪乃先藏，《民间影像》提供)

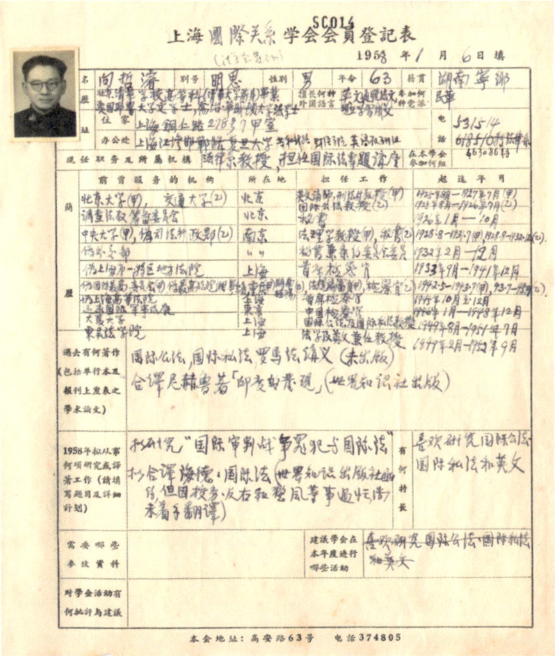

SC014

上海國際关系学会会員登記表

1958 年 1 月 6 日填

姓名	向哲濬	别号	明思	性别	男	年令	63	籍貫	湖南寧鄉
学歷	[illegible]			擅長何种外国語言	英文 [illegible]		参加何种党派	民革	
住址	住家	上海铜仁路278弄7甲室					电話	531514	
	办公处	[illegible]						[illegible]	
現任职务及所屬机構	[illegible]教授，担任国际法专题讲座						在本学会参加何组		

简歷 前曾服务的机构	所在地	担任工作	起迄年月
北京大学(甲)，交通大学(乙)	北京	[illegible]	[illegible]
調查法权筹备委员会	北京	秘书	1926年1月—10月
中央大学(甲)，[illegible](乙)	南京	法理学教授(甲)，[illegible](乙)	[illegible]
[illegible]	〃	[illegible]	1932年2月—12月
[illegible]上海第一特区地方法院	上海	首席检察官	1933年9月—1941年12月
[illegible]	[illegible]	[illegible]	[illegible]
[illegible]上海高等法院	上海	首席检察官	1945年10月至12月
远东国际军事法庭	東京	中国检察官	1946年1月—1948年12月
大夏大学	上海	国际公法及国际私法教授	1949年8月—1951年7月
東吳法学院	上海	法学及英文兼任教授	1949年2月—1952年9月

過去有何著作(包括单行本及报刊上发表之学术論文)	国际公法，国际私法，罗马法讲义(未出版) 合译尼赫鲁著「印度的发现」(世界知识社出版)		
1958年拟从事何項研究或譯著工作(請填写題目及詳細計划)	拟研究"国际审判战争罪犯与国际法" 拟合译海德·国际法(世界知识出版社函约，但因校务、反右和整风等事过忙，尚未着手翻译)	有何特長	喜欢研究国际公法、国际私法和英文
需要哪些参攷資料		建議学会在本年度进行哪些活动	
对学会活动有何批評与建議			

本会地址：高安路63号　电話374805

向哲浚国际关系学会会员登记表

外白渡桥以东的领事馆群(《民间影像》提供)

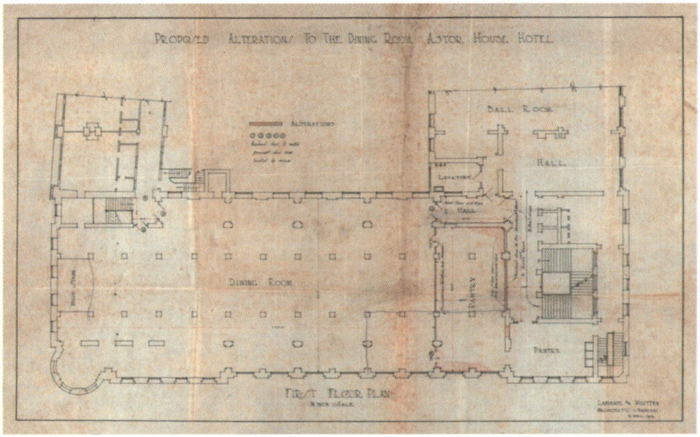

礼查饭店餐厅平面图

ASTOR HOUSE HOTEL

ASTOR

SHANGHAI

31st August

W. E. Leveson, Esq.,
Secretary,
Shanghai Municipal Council.

Dear Sir,

I beg to acknowledge receipt of your letter No. 14/497 of the 27th inst. and to thank the Council for their action in this matter.

If there is anything further that I can do to facilitate the arrangements, please let me know.

Yours very truly,

礼查饭店信笺

家电影院，可谓上海滩之最。

北外滩还是近代上海教育发达的区域。开埠以后，传统的中国文化教育与外来西方文化教育互相交融，中西合璧，名家荟萃。1846年，文惠廉在今塘沽路开办了上海第一所基督教男塾。1899年，叶澄衷于今唐山路公平路一带筹创新式学堂——澄衷蒙学堂(今澄衷高级中学)，蔡元培为首任校长。胡适、竺可桢、陆俨少等名人都曾就读于此。1915年，苏州东吴大学于昆山路中西书院旧址(当时为东吴大学第二中学)设法科，后来发展为东吴大学法学院。学院聘请当时上海司法界知名人士到校兼职授课，并开设民法、英

早期礼查饭店(《民间影像》提供)

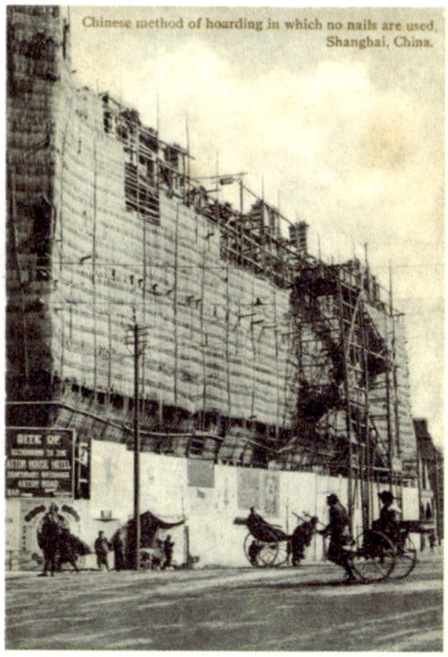

建设中的礼查饭店南部新高楼(李圣恺藏,《民间影像》提供)

美法、中国法三个系统的法律制度课程，是亚洲第一所采用英美比较法教学的法学院。东吴法学院的高光时刻是在举世瞩目的“东京审判”中，法庭上中方人员大半是这所学校的毕业生或教师，如向哲浚(检察官)、倪征燠(首席顾问)、桂裕、鄂森(检察官顾问)、裘邵恒(检察官秘书)、高文彬(翻译、检察官秘书)、方福枢、杨寿林(法官秘书)等，在历时两年半的审判中，开庭818次，最终将28名日本甲级战犯绳之以法，为维护国家尊严和利益立下汗马功劳。

在近代北外滩区域的发展过程中，最重要的始终是滨水沿线一带，北外滩最具代表性的建筑也矗立于江河之畔。与之相关的故事，可以说是上海这座传奇城市沧桑巨变的生动缩影。

礼查饭店(今中国证券博物馆)，是上海乃至全国第一家西商饭店。其前身由英国商人礼查(Peter Felix Richards)创办于1846年，最初设立在上海公馆马路(今金陵东路外滩)，以其姓氏定名为Richards’ Hotel and Restaurant。1858年，第二代礼查饭店(Astor House)迁至苏州河北岸。经多年改扩建，至1910年形成今天的外观和规模。作为当时上海滩最豪华的饭店，许多新生事物如电灯、电话、自来水、电影等都曾率先在礼查饭店投入使用。1882

百老汇大厦鸟瞰

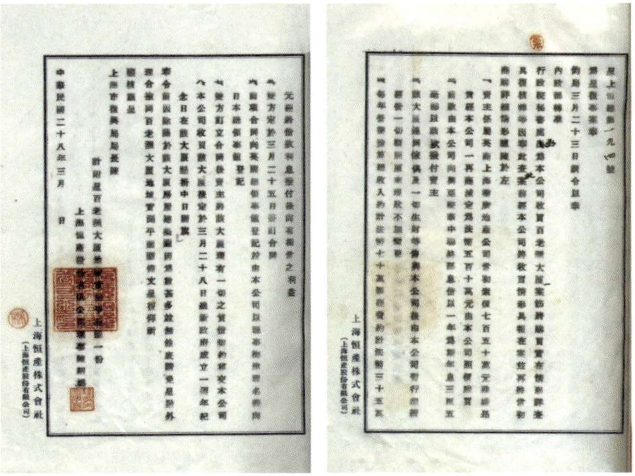

上海恒产股份有限公司就收购百老汇大厦一事致伪维新政府上海市复兴局的文书(1939)

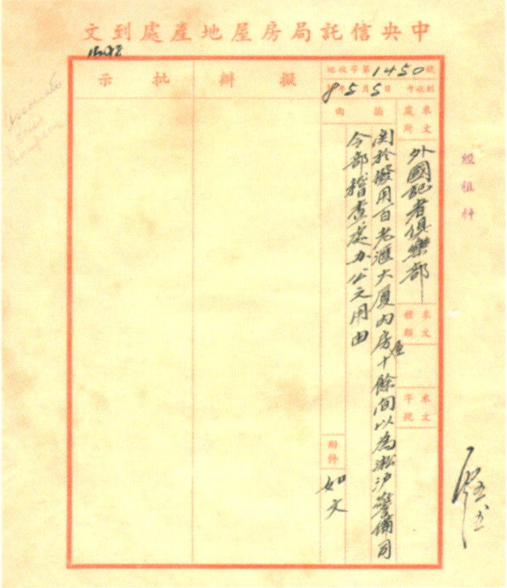
中央信託局房屋地產處到文

淞沪警备司令部占用百老汇大厦外国记者俱乐部

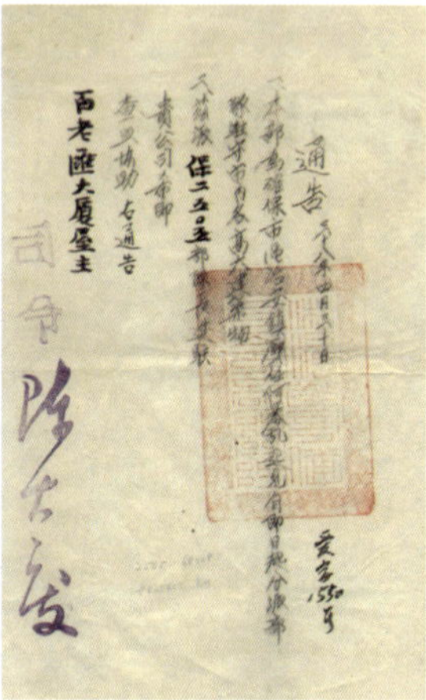

淞沪警备司令部关于派驻部队驻守百老汇大厦的通告(1949)

悬挂兴亚标志的百老汇大厦

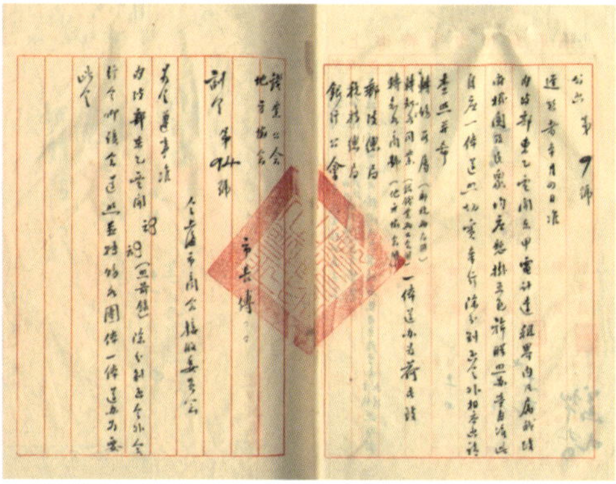

日伪要求悬挂五色旗档案

解放军向四川路桥北侧邮政总局里的残敌猛攻

年，上海第一批点燃电灯的场所就包括了礼查饭店，当时《申报》还进行了详尽报道：“昨报载试燃电灯一节，晚七点钟一齐燃着。其光明竟可夺月……礼查客寓中弹子台向来每台点自来火四盏，今点一电灯而各台无不照到。”因其绝佳地理位置和一流设施，礼查饭店成为各国名流政要下榻或宴请宾客的首选之地。如《密勒氏评论报》创始人富兰克林•密勒、《西行漫记》作者埃德加•斯诺、“无线电之父”意大利科学家马可尼等，均曾下榻于

邮政大楼(《民间影像》提供)

此。1927年“四一二”反革命政变后，遭到国民党追捕的周恩来、邓颖超夫妇也曾伪装身份在礼查饭店短暂隐蔽。

上世纪20年代，上海地产行业开始兴建高层建筑，原来以经营中式里弄房屋为主的英商业广地产公司(Shanghai Land Investment Co.Ltd)也加入其中。1931年，公司宣布，将在北苏州路邻近外白渡桥的地块上建造一幢现代高层公寓——百老汇大厦(Broadway Mansions)。大厦由业广公司建筑师法雷瑞(Bright Fraser)与公和洋行共同设计，新仁记营造厂承建。1935年高22层，整体呈蝶状外形的百老汇大厦落成，不仅成为虹口地区最高的建筑，也是环视上海风光的绝佳观景台。百老汇大厦因其现代化设施和所繁华地段，成为当时上海滩中上层人士的理想居所。

抗战期间，日本侵略者与伪维新政权共同设立上海恒产股份有限公司，以低价大肆

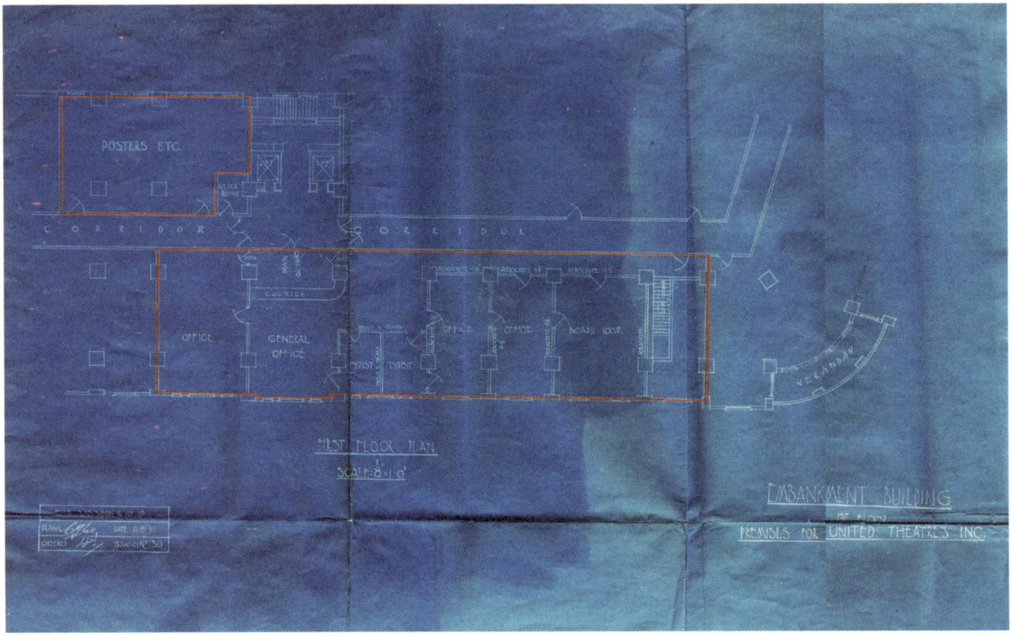

上世纪30年代初，河滨大楼建造图纸(第一层)(《上海市黄浦区档案馆馆藏精品选》)

河滨大楼远眺

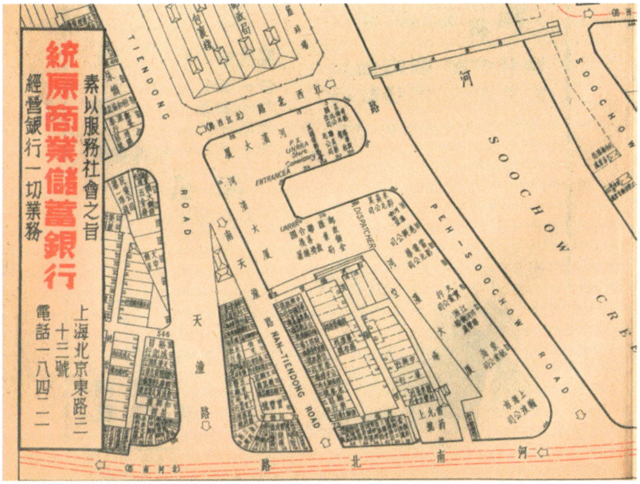

河滨大楼行号路图录

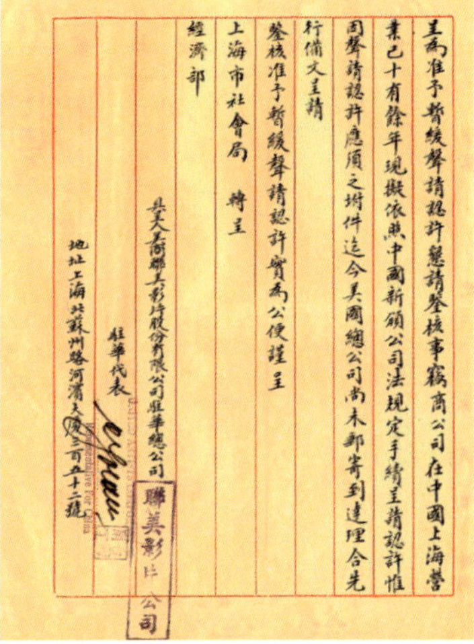

呈為准予暫緩聲請認許懇請鑒核事竊商公司在中國上海營業已十有餘年現擬依照中國新頒公司法規定手續呈請認許惟因聲請認許應須之檔件迄今美國總公司尚未郵寄到達理合先行備文呈請

鑒核准予暫緩聲請認許實為公便謹呈

上海市社會局 轉呈

經濟部

具呈人美商聯美影片股份有限公司駐華總公司

駐華代表

地址上海北蘇州路河濱大廈三百五十二號

聯美影片公司

美商联美影片公司申请登记文件

强行收买华商及侨民产业，对上海进行经济掠夺。百老汇大厦连同车库被恒产公司以510万法币的低价收购，日本陆海军机关、“兴亚院”先后入驻，成为日本侵华大本营之一。汪精卫投敌后，也曾搬入百老汇大厦，并以此为据点进行其卖国投降的“和平运动”。抗战胜利后，百老汇大厦又被国民党政府接收，成为国民党“励志社”招待所，美军遣撤部、美国驻华联合军事顾问团上海办事处、外国记者俱乐部等机构曾入驻其中。1949年上海解放前夕，国民党当局将百老汇大厦等高层建筑作为负隅顽抗的防御据点。淞沪警备司令部司令陈大庆签发通告，自1949年4月30日起，“为确保市区治安镇压任何暴乱”，淞沪警备司令部将派部队驻守该大楼。

百老汇大厦往西不远的上海邮政大楼，是迄今保存最完整、我国早期自建邮政大楼的仅存硕果。上海是中国近现代邮政起步的城市，开埠后，各国列强纷纷在租界自设邮局，使用本国邮票，不受海关检查，历史上称为“客邮”。当时，清政府两江总督李鸿章认为中国应当自办邮政，于是委托海关总税务司罗伯特•赫德(Robert Hart)，于1878年起在上海等处海关试办邮政。1896年，大清邮政正式开办，清政府委派赫德兼任总邮政司，邮局初设在外滩江海关内。1899年，上海大清邮政局改称“上海邮政总局”。1907年，上海邮政

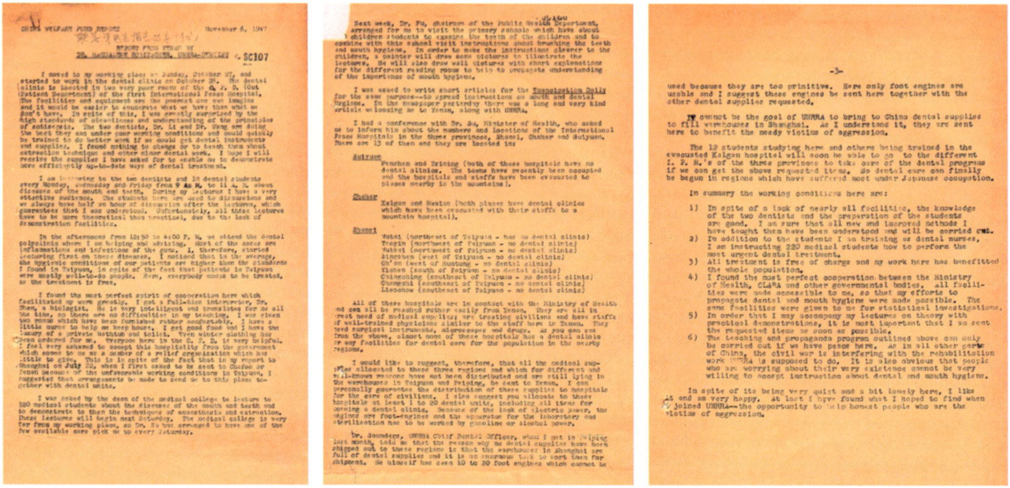

CHINA WELFARE FUND REPORT November 6, 1947

REPORT FROM YENAN BY
DR. MAGDALENE [illegible], UNRRA-DENTIST SC107

I moved to my working place on Sunday, October 27, and started to work in the dental clinic on October 28. The dental clinic is located in two very poor rooms of the O. P. D. (Out Patient Department) of the first International Peace Hospital. The facilities and equipment are the poorest one can imagine and it would be easier to enumerate what we have than what we don't have. In spite of this, I was greatly surprised by the high standards of cleanliness and understanding of the principles of antisepsis. The two dentists, Dr. Li and Dr. Wang are doing the best they can under poor working conditions and could quickly be trained to do better work if we could get dental instruments and supplies. I found nothing to change or to teach them about extraction technique and other minor dental work. I hope I will receive the supplies I have asked for to enable me to demonstrate more efficiently up-to-date ways of dental treatment.

I am lecturing to the two dentists and 12 dental students every Monday, Wednesday and Friday from 9 A. M. to 11 A. M. about diseases of the mouth and teeth. During my lectures I have a very attentive audience. The students here are used to discussions and we always have half an hour of discussion after the lectures, which guarantees that I was understood. Unfortunately, all these lectures have to be more theoretical than practical, due to the lack of demonstration facilities.

In the afternoons from 12:30 to 4:00 P. M. we attend the dental polyclinic where I am helping and advising. Most of the cases are inflammations and infections of the gums. I, therefore, started lecturing first on these diseases. I noticed that in the average, the hygienic conditions of our patients are higher than the standards I found in Taiyuan, in spite of the fact that patients in Taiyuan were mostly well-to-do people. Here, everybody comes to be treated, as the treatment is free.

I found the most perfect spirit of cooperation here which facilitated my work greatly. I got a full-time interpreter, Dr. Chen, a biologist. He is very intelligent and translates for me all the time, so there are no difficulties in my teaching. I was given two rooms which have been furnished rather comfortably. I have a little nurse to help me keep house. I get good food and I have the luxury of a private bathtub and toilet. Even winter clothing has been ordered for me. Everyone here in the O. P. D. is very helpful. I feel very ashamed to accept this hospitality from the government which comes to me as a member of a relief organization which has little to give. This is in spite of the fact that in my report to Shanghai on July 22, when I first asked to be sent to Chefoo or Yenan because of the unfavorable working conditions in Taiyuan, I suggested that arrangements be made to send me to this place together with dental units.

I was asked by the dean of the medical college to lecture to 120 medical students about the diseases of the mouth and teeth and to demonstrate to them the techniques of anaesthesia and extraction. These lectures will begin next Saturday. The medical college is very far from my working place, so Dr. Su has arranged to have one of the few available cars pick me up every Saturday.

Next week, Dr. Fu, chairman of the Public Health Department, arranged for me to visit the primary schools which have about [illegible] children students to examine the teeth of the children and to combine with this school visit instructions about brushing the teeth and mouth hygiene. In order to make the instructions clearer to the children, a painter will draw some pictures to illustrate the lectures. He will also draw wall pictures with short explanations for the different reading rooms to help to propagate understanding of the importance of mouth hygiene.

I was asked to write short articles for the Emancipation Daily for the same purpose--to spread instructions on mouth and dental hygiene. In the newspaper yesterday there was a long and very kind article welcoming me to Yenan, along with UNRRA.

I had a conference with Dr. Su, Minister of Health, who asked me to inform him about the numbers and locations of the International Peace Hospitals in the three provinces, Shansi, Chahar and Suiyuan. There are 13 of them and they are located in:

Suiyuan
Fenchen and Tsining (both of these hospitals have no dental clinics. The towns have recently been occupied and the hospitals and staffs have been evacuated to places nearby in the mountains).

Chahar
Kalgan and Hsuian (both places have dental clinics which have been evacuated with their staffs to a mountain hospital).

Shansi
Wutai (northeast of Taiyuan - has no dental clinic)
Tsoyin (northwest of Taiyuan - no dental clinic)
Yutsai (northwest of Taiyuan - no dental clinic)
Singshen (west of Taiyuan - no dental clinic)
Ch'en (west of Huntung - no dental clinic)
Yichen (south of Taiyuan - no dental clinic)
Chingching (southeast of Taiyuan - no dental clinic)
Changchi (southeast of Taiyuan - no dental clinic)
Liaochow (southeast of Taiyuan - no dental clinic)

All of these hospitals are in contact with the Ministry of Health and can all be reached rather easily from Yenan. They are all in great need of medical supplies; are treating civilians and have staffs of well-trained physicians similar to the staff here in Yenan. They need surgical instruments, microscopes and drugs. As you can see from the above, almost none of these hospitals has a dental clinic or any facilities for dental care for the population in the nearby regions.

I would like to suggest, therefore, that all the medical supplies allocated to these three regions and which for different and well-known reasons have not been distributed and are still lying in the warehouses in Taiyuan and Peiping, be sent to Yenan. I can personally guarantee the distribution of these supplies to hospitals for the care of civilians. I also suggest you allocate to these hospitals at least 1 to 20 dental units, including all items for opening a dental clinic. Because of the lack of electric power, the engines are foot-engines and the apparatus for the laboratory and sterilization has to be worked by gasoline or alcohol power.

Dr. Saunders, UNRRA Chief Dental Officer, whom I met in Peiping last month, told me that the reason why no dental supplies have been shipped out to these regions is that the warehouses in Shanghai are full of dental supplies and it is an enormous task to sort them for shipment. He himself has seen 10 to 20 foot engines which cannot be

-3-

used because they are too primitive. Here only foot engines are usable and I suggest these engines be sent here together with the other dental supplies requested.

It cannot be the goal of UNRRA to bring to China dental supplies to fill warehouses in Shanghai. As I understand it, they are sent here to benefit the needy victims of aggression.

The 12 students studying here and others being trained in the evacuated Kalgan hospital will soon be able to go to the different I. P. H.'s of the three provinces to take care of the dental programs if we can get the above requested items. So dental care can finally be begun in regions which have suffered most under Japanese occupation.

In summary the working conditions here are:

1) In spite of a lack of nearly all facilities, the knowledge of the two dentists and the preparation of the students are good. I am sure that all new and improved methods I have taught them have been understood and will be carried out.
2) In addition to the students I am training as dental nurses, I am instructing 220 medical students how to perform the most urgent dental treatment.
3) All treatment is free of charge and my work here has benefitted the whole population.
4) I found the most perfect cooperation between the Ministry of Health, CLARA and other governmental bodies. All facilities were made accessible to me, so that my efforts to propagate dental and mouth hygiene were made possible. The same facilities were given to me for statistical investigations.
5) In order that I may accompany my lectures on theory with practical demonstrations, it is most important that I am sent the requested items as soon as possible.
6) The teaching and propaganda program outlined above can only be carried out if we have peace here. As in all other parts of China, the civil war is interfering with the rehabilitation work UNRRA is supposed to do. It is also obvious that people who are worrying about their very existence cannot be very willing to accept instruction about dental and mouth hygiene.

In spite of its being very quiet and a bit lonely here, I like it and am very happy. At last I have found what I hoped to find when I joined UNRRA--the opportunity to help honest people who are the victims of aggression.

联合国善后救济总署牙医有关延安报告

善后救济总署(1948，张亦昭藏，《民间影像》提供)

解放军守卫招商局第二码头

总局迁至北京路9号(今北京东路、四川中路东北转角处)。

1922年，因业务激增，上海邮务管理局决定在北四川路建造新楼。1924年，精美宏伟的上海邮政大楼在四川路桥北堍落成。大楼正门处顶层建有总高30米的巴洛克式钟楼和塔楼，镶嵌直径3米的大钟。塔楼两侧各有一组雕塑群像，北面一组三人，分别手持火车头、飞机和通信电缆，象征交通和通信事业；南面一组三人，中间是希腊神话中的通信之神赫尔墨斯，左右为爱神厄洛斯和阿佛洛狄忒，分别手执笔和书信，象征邮政是连接人类感情的纽带。这座大楼也成为近代上海发达邮政业的标志，当时的上海，已是全国邮政枢纽之一，是联系世界的邮政结点之一。

到1937年全面抗战爆发前，上海邮政管理局辖有32个市区支局、50个内地局和2个内地支局，职工数3582人。上海沦陷后，南京伪维新政府交通部邮政司多次要求上海邮政管理局在邮政大楼外悬挂伪维新政府五色旗。对此，上海邮政职工成立了护邮促进会，公布护邮六大纲领，坚持斗争，予以抵制，使伪维新政府要求悬旗的图谋未能实现。

上海临解放期间，邮政大楼也是国民党守军的重要据点。1949年5月25日，国民党军队在邮政大楼居高临下组成密集火力网，阻止解放军部队通过四川路桥。为了保护城市不被破坏，解放军战士们只使用轻武器，以“保民何惜血沾衣”的大无畏精神冲锋陷阵，在中共地下党组织和广大邮政职工配合下，困守邮政大楼内的国民党军队被劝降，大楼完整回到了人民手中。至今，邮政大楼332会议室玻璃窗上还留有一个弹孔，见证当年惊心动魄的战斗。

邮政大楼再往西，是近代上海最大的公寓楼——河滨大楼，总建筑面积达5.42万平方米。大楼所在地块原为新沙逊洋行经营的里弄住宅。1930年，新沙逊洋行为了谋求更大利

上世纪70年代北外滩沿江区域(《民间影像》提供)

上海证券交易所开业(1990.12.19, 吴文骥摄, 解放日报社提供)

浦江饭店(2008.2.7)

润，决定在此重新兴建一座规模庞大的新式高层公寓。1932年，由英商公和洋行设计的大楼竣工，造型独特，从空中俯瞰，整幢大楼呈“S”形，既充分利用土地，解决大楼通风采光要求，又与沙逊洋行的英文首字母吻合。河滨大楼建成后，成为上海屈指可数的高档公寓。抗战胜利后，作为电影业集聚的地区，联美、哥伦比亚、美高梅、雷电华等许多外

百老汇大厦外景

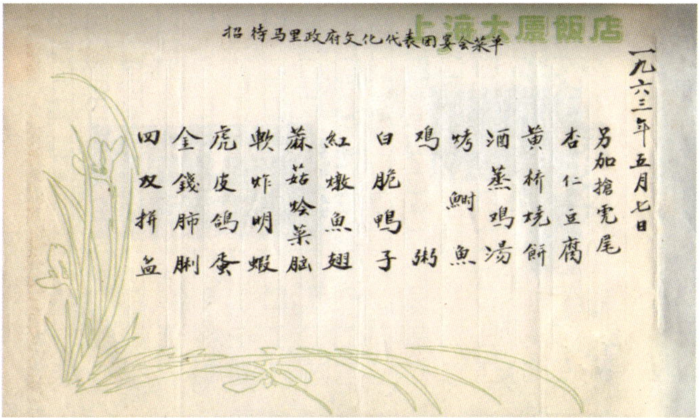

上海大厦菜单

外宾在上海大厦俯瞰城市全景

商电影机构也入驻其中。值得一提的是，联合国善后救济总署中国分署也曾在此办公，并向在延安成立中国解放区救济总会(简称解总)提供各类救济物资。

上海解放后，北外滩区域在相当长一段时间内依然是重要的航运枢纽，沿江码头几经改组、改造，成为上海市国际、国内水路客货运的主要集散地之一，沿港的东大名路逐步成为以国际、国内水上运输和船务为主的航运街。

北外滩的几处地标建筑，也各自焕发出新的功能。礼查饭店于1959年由上海市机关事

国庆五周年时的提篮桥

国庆五周年时的邮政大厦

交通繁忙的提篮桥

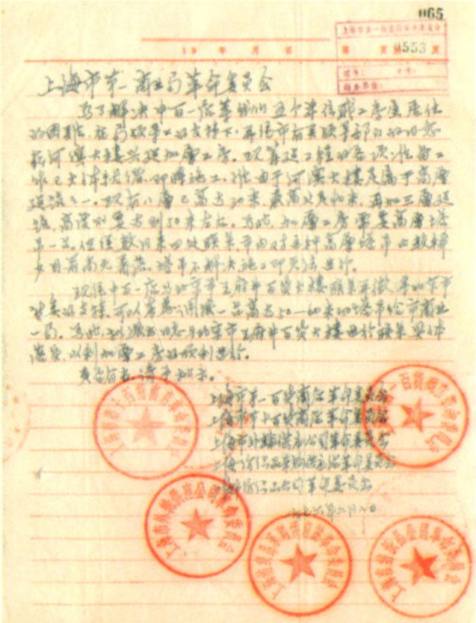

河滨大楼加层档案

务管理局接管，更名为浦江饭店并正式对外营业。1990年11月26日，经国务院授权、中国人民银行批准，改革开放以来中国大陆第一家证券交易所——上海证券交易所正式成立。12月19日，上海证券交易所在浦江饭店大楼内著名的孔雀厅正式挂牌开业，见证了新中国

河滨大楼旧影

证券市场的诞生、发育和成长。

1951年5月1日，百老汇大厦更名为上海大厦，成为招待各国来宾的重要场所。包括朝鲜民主主义人民共和国主席金日成、柬埔寨首相西哈努克、法国总统蓬皮杜在内的许多国家领导人都曾到访上海大厦并登上18层观景台瞭望上海市区。

河滨大楼则继续发挥住宅功能，上世纪50年代起，不少知名文体人士曾在此居住。上世纪70年代，上海住房极度紧张，为缓解居住矛盾，上海商业系统集资在河滨大楼加盖3层，解决了280户系统职工的居住问题。

时光荏苒、岁月变迁。进入新世纪，北外滩的各项设施逐渐老旧，已经不符合上海建设国际化大都市对区域的新定位、新要求，一场“脱胎换骨”式的城市更新拉开了帷幕。大量低矮破旧的旧式里弄被拆除，居住其中的居民迁往宽敞新居。具有保存价值的老建筑修旧如旧，功能焕新。更见一幢幢新建筑拔地而起，成为上海城市新地标。

世纪之初的北外滩公平路

2006年，中国邮政行业开办的第一家博物馆——上海邮政博物馆在邮政大楼正式向公众开放，完整展示了各时期邮政事业在中国的发展历程。大楼内二楼曾经的“远东第一厅”最大限度保留了当年原貌，如今仍承担着各种邮政综合业务。经整修的河滨大楼成为众多影视剧拍摄地，变身影视迷打卡地。2008年，由高阳码头(前身为公和祥码头、顺泰码头)改建成的上海港国际客运中心建成，其综合楼被亲切地称为“一滴水”，它的落成也成为上海正式加入邮轮母港行列的重要标志。

历经“非凡十年”，北外滩更是插上了腾飞翅膀。如今的北外滩，已是中国大陆地区现代航运服务企业最集聚、航运要素最齐全、航运产业链最完整的地区之一；北外滩来福士、白玉兰广场、世界会客厅等众多新地标建筑相继拔地而起；堪称“最美上海滩河

本世纪初的河滨大楼(陈克家摄)

一家三代的黄浦路合影。左起:张平兄妹(前排)与外婆、母亲合影(1956),张平父子合影(背景是建造中的海鸥饭店,1983)、(1986)(《民间影像》提供)

今日邮政大楼(CGEMA影像提供)

建设中的北外滩(《民间影像》提供)

邮政博物馆中庭(胡劼 摄)

北外滩整体样貌及虹口滨江、世界会客厅(CGEMA影像提供)

上海大厦(CGEMA影像提供)

畔会客厅”的苏州河滨水岸线贯通开放；北外滩告别成片二级旧里实现“华丽蝶变”；浦西480米新地标开发建设正式启动；370多亿元重量级投资项目集中落户北外滩……随着2020年北外滩规划正式出台，未来北外滩将规划形成“一心两片”的总体格局，即中部核心商务区高强度紧凑开发，两侧提篮桥和虹口港片区低层高密度新旧融合、以人为本的空间格局。可以想见，这个“中国睁眼看世界”的启航之地，未来将以具有全球影响力的世界级滨水区的形象、以新旧交织的独特历史风貌和人文底蕴，不断书写新的传奇。

(胡 劼)

曹杨新村

——新中国第一个工人新村

讲到上海的“工人新村”，就不得不提到曹杨新村，它是新中国为改善工人住房建造的第一个工人新村。

早在上世纪40年代，上海已成为中国最大的城市，也是最大的产业工人聚集地。有规模的工厂大多分布在黄浦江边或苏州河畔，工人多依厂而居，居住条件普遍较差。当时，有近300万工人及其家属住在棚户、简屋，甚至“滚地龙”里，无水无电，进出道路泥泞，生活环境极其恶劣。

1949年5月27日，上海解放，人民成为城市的主人。人民政府一手医治战争创伤、恢复生产、发展经济，一手积极改善劳动人民居住条件。市政府针对他们集中居住的棚户、简屋区进行适当改造，改善了这些地区的交通、给排水、防火、照明条件。

1951年3月，毛主席指示“必须有计划地建筑新房，修理旧房，满足人民的需要”。同年4月，市长陈毅在上海市第二届二次人民代表会议上作《1951年上海市的工作任务》报告，明确提出“市政建设必须服务于发展生产，因此市政建设的方针，是首先为工人阶级服务”。具体要求是：重点修理和建设工人住宅、修建工厂区域道路桥梁、改善下水道、饮水供给及环境卫生、改进工厂和工人居住区条件。市政府确定普陀区作为重点试验区，为

上世纪40年代普陀区彭越浦近苏州河出口处棚屋

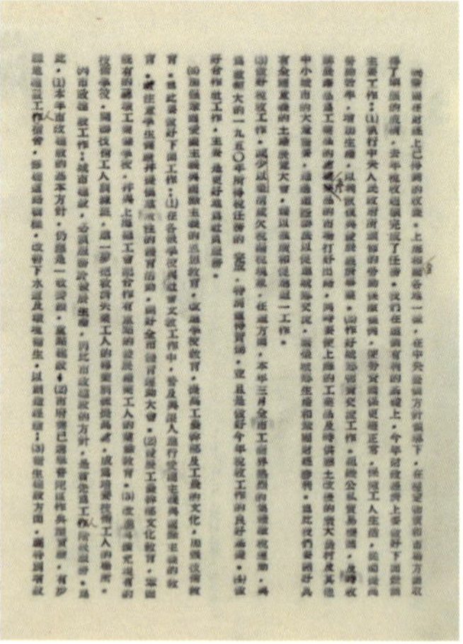

陈毅市长在上海市第二届二次人民代表会议上所作工作报告节选

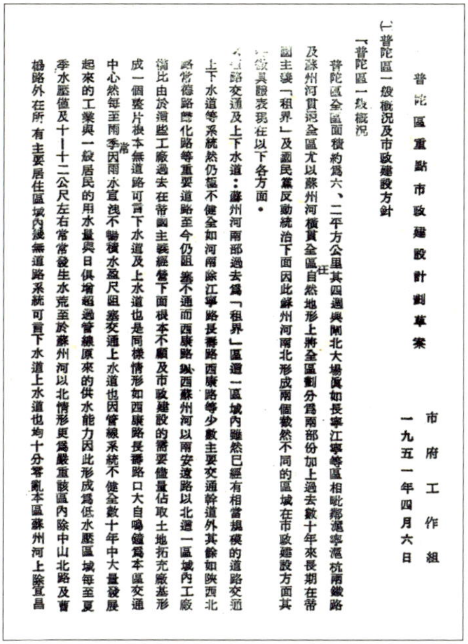

普陀區重點市政建設計劃草案

市府工作組

一九五一年四月六日

㈠普陀區一般概況及市政建設方針

「普陀區一般概況

普陀區全區面積約爲六、二平方公里其四週與閘北大場眞如長寧江寧等區相毗鄰滬寧滬杭兩鐵路及蘇州河貫泻全區尤以蘇州河橫貫全區自然地形上將全區劃分爲兩部份加上過去數十年來長期在帝國主義「租界」及國民黨反動統治下面因此蘇州河南北形成兩個截然不同的區域在市政建設方面其一般具體表現在以下各方面·

道路交通及上下水道：蘇州河南部過去爲「租界」區這一區域內雖然已經有相當規模的道路交通上下水道等系統然仍極不健全如河南除江寧路長壽路西康路等少數主要交通幹道外其餘如陝西北路常德路昌化路等重要道路至今仍阻塞不通而西康路以西蘇州河以南安遠路以北這一區域內工廠櫛比由於這些工廠過去在帝國主義經營下面根本不顧及市政建設的需要儘量佔取土地拓充廠基形成一個整片根本無道路可言下水道及上水道也是同樣情形如西康路長壽路口大自鳴鐘爲本區交通中心然每至雨季因雨水宣泄不暢積水盈尺阻塞交通上水道也因管線系統不健全數十年中大量發展起來的工業與一般居民的用水量與日俱增超過管線原來的供水能力因此形成爲低水壓區域每至夏季水壓僅及十—十二公尺左右常常發生水荒至於蘇州河以北情形更爲嚴重該區內除中山北路及曹楊路外在所有主要居住區域內幾無道路系統可言下水道上水道也均十分零亂本區蘇州河上除宜昌

普陀区重点市政建设设计草案

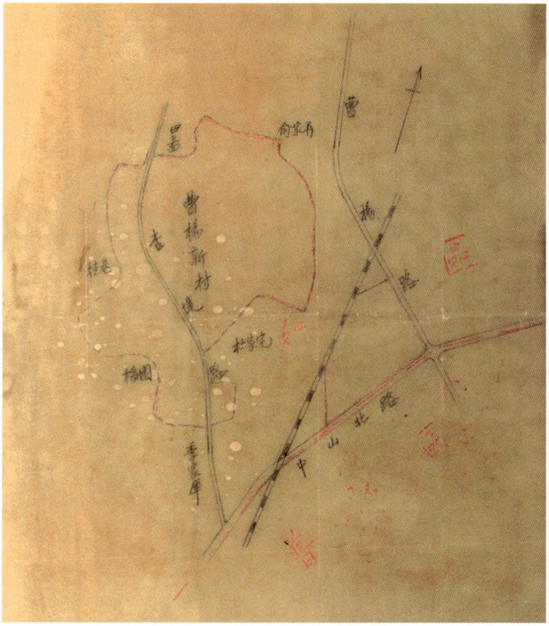

曹杨新村地块示意图

此成立了专门工作组。

据1951年4月6日市府工作组提交的《普陀区重点市政建设计划草案》(以下称草案)记载，当时普陀区共有工厂1100余家，其中100人以上工厂约100家。工人居住区域建筑均破旧不堪。解放前工人聚居的“八大里弄”中若干房屋随时有倒塌危险，居住密度惊人，最密集的药水弄不到半平方公里住有两三万人。《草案》明确提出，“为工人阶级服务，必须首先在工人居住问题上有步骤地给予适当的解决”，并将工人宿舍建设列入计划。在宿舍选址上，《草案》提出了闸北西区广肇路两侧、苏州河北曹杨路东侧王家衖附近、天山路原光华大学旧址(今东华大学)附近和中山北路曹杨路两侧等4个方案，并倾向于“以中山北路曹杨路西侧为宜”。《草案》在征求了中共普陀区委意见后，即报上海市人民政府。后经市委专题讨论，随即批示：“一切可能解决的问题，必须马上予以解决。”市政府成立由市工务局局长赵祖康兼任主任委员的“普陀区市政工程建设执行委员会”，主持一系列普陀区重点市政建设工

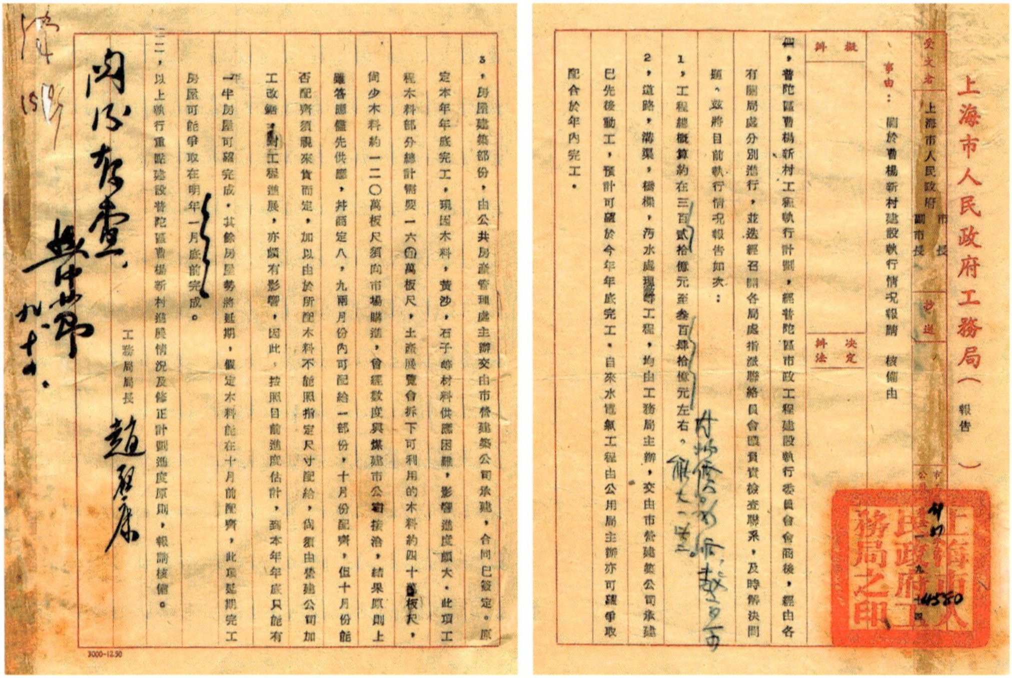
上海市人民政府工務局（報告）

受文者：上海市人民政府 市長 副市長

抄送

事由：關於曹楊新村建設執行情況報請 核備由

擬辦

決定辦法

冊，普陀區曹楊新村工程執行計劃，經普陀區市政工程建設執行委員會會商後，經由各有關局處分別進行，並迭經召開各局處指派聯絡員會議負責檢查聯系，及時解決問題，玆將目前執行情況報告如次：

1，工程總概算約在三百貳拾億元至叁百肆拾億元左右。

2，道路，溝渠，橋樑，污水處理等工程，均由工務局主辦，交由市營建築公司承建已先後動工，預計可望於今年年底完工。自來水電氣工程由公用局主辦亦可望爭取配合於年內完工。

3，房屋建築部份，由公共房產管理處主辦交由市營建築公司承建，合同已簽定。原定本年年底完工，現因木料，黃沙，石子等材料供應困難，影響進度頗大。此項工程木料部分總計需要一六四萬板尺，土產展覽會拆下可利用的木料約四十萬板尺，尚少木料約一二〇萬板尺須向市場購進，曾經數度與煤建市公司接洽，結果原則上雖答應優先供應，並商定八，九兩月份內可配給一部份，十月份配齊，但十月份能否配齊須觀來貨而定，加以由於所配木料不能照指定尺寸配給，尚須由營建公司加工改鋸，對工程進展，亦頗有影響，因此，按照目前進度估計，到本年年底只能有一半房屋可望完成，其餘房屋勢將延期，假定木料能在十月前配齊，此項延期完工房屋可能爭取在明年一月底前完成。

二，以上執行重點建設普陀區曹楊新村進展情況及修正計劃進度原則，報請核備。

工務局局長 趙祖康

3000-12.50

市工务局关于曹杨新村建设执行情况报告

程，曹杨新村建设被提上了议事日程。

作为全国第一个工人新村，曹杨新村选址十分慎重。市政府专门成立了由相关专家组成的市政建设小组，经过两个月密集的实地踏勘和讨论后，建设小组认可了市政府工作组建议，把当时尚属真如区的中山北路曹杨路西侧一片土地作为曹杨新村建设地块。此处虽远离当时的市中心区域，但距普陀工业区集聚的“大自鸣钟”(长寿路、西康路口)一带仅4公里。苏州河支流流经此处，基地被多条河浜环绕，环境优美，既可隔离工厂煤灰烟尘影响，又可疏解市区人口，方便工人上下班。更重要的是，此地当时还是大片农田，地势平坦，足够开阔，可满足未来大规模的新村建设。

1951年7月10日，普陀区市政工程建设执行委员会召开第一次会议，研究确定建造1000户工人住宅(后实际建造了1002户)。包括房屋、道路、沟渠、征地拆迁和公共建筑等

建设中的曹杨新村(金经昌摄，金华提供)

全部费用，概算为325万元。建设资金采取分流办法，房屋、公共建筑及室外附属工程，由市财政投资，从公共房屋管理处的公房租金中拨付；城市公用事业建设费用，由各有关单位投资。1951年7月28日，市政府将“曹杨路工人住宅”列入年度计划，报华东军政委员会财政经济委员会。

1951年9月16日，曹杨新村(一村)工人住宅建设项目开工。为了节约建设成本，也为了能让广大工人早日住上新住宅，建设曹杨新村时用到了从刚结束的土产交流大会搭建物上拆除下来的木材。参加建筑施工的有市营建筑工程公司工人、建筑工会失业工人救济委员会技术班学员，最多时达5000多人。

曹杨新村总设计师是时任上海市规划建筑管理局总工程师汪定曾先生。他后来回忆，新村总体布局依自然地形而设，房屋顺道路与河流走向呈扇形排列。设计时最重要的就是尽量使房屋方向朝南或朝东南，改善室内采光条件。

曹杨新村一期工程位于兰溪路北侧花溪路、棠浦路一带，处在后来整个曹杨新村的中心位置。工程占地13.3公顷左右，共有砖木结构2层楼房167幢，面积32366平方米。167幢工房为“简单公寓式，每幢能住六家。内分三大户，三小户。大户寝室有一小间，每家能有卫生设备。三家合用一个烧饭间，全部可容纳1002户”。两层房屋总高6米，房屋前后间距13米，为房高的2.17倍，保证了冬季室内有充足阳光，每幢工房还布置了一个院子，住户可在其中洗衣洗菜。房屋采用行列式布置，组成3个街坊，结合地形特点，照顾朝向，顺河流与道路走向，由梯形向扇形变换，使沿路景色丰富而有节奏。主要路宽21米，支路宽12米，沟渠雨水合流，污水自化粪池排出，再入雨水沟管内。

建设中的曹杨新村(金经昌摄，金华提供)

即将竣工的曹杨新村

1952年4月30日，曹杨新村第一期工程(曹杨一村)全部竣工。5月，曹杨新村(一村)建设工程验收完毕。在曹杨新村建设完工同时，上海市总工会就开始考虑房屋分配问题，并制定了《关于曹杨新村房屋分配具体步骤与办法》。“为了发展生产，避免路途往返，决定分配给沪西工人，以普陀区工人为主。”1002户住宅中，普陀区占57.49%，长宁区占15.78%，江宁区占26.73%。分配单位以国营公营为主，兼顾私营工厂，国营、私营工厂占比分别为65%和35%。按行业统计，纺织业、五金业为主，适当照顾轻工业、化学、食品行业，其中纺织业占68.7%，五金业占16.5%，其他行业占14.8%。各行业中，又以有一定规模的大中型工厂为主。

至于分配条件，一是在工厂中从事技术创造发明或提出合理化建议，对生产有显著贡献的工人，生产上一贯带头的优秀先进工作者；二是工龄较长的老年工人，生产上一贯表现积极、住房特别拥挤的职工。即便如此，1002套工房依然“僧多粥少”。于是，在同等条件下，

即将落成的曹杨新村(工程造价史料馆提供)

新落成的曹杨新村

刚建成的曹杨新村

關於曹楊新邨房屋分配具體步驟與辦法

曹楊新邨第一批工人住宅一〇〇二戶擬于今年二月完工，爲及時解決滬西區部份勞工住房困難及鼓勵職工生產熱情，則正會同有關單位商討分配問題，經一再研究，擬定下列原則及步驟：

一、曹楊新邨位近滬西，總共僅一〇〇二戶，尚不能全部解決滬市工房問題，為了發展生產，並免路途往返，決定分配給滬西工人，以普陀區工人爲主佔百分之五七．四九，長寧區佔百分之一五．七八，江寧區佔百分之二六．七三，其他區域則不予分配。

二、分配單位以國營公營爲主，兼顧私營工廠，因此國營工廠職工佔該批房屋百分之六五，私營佔百分之三五。

三、在產業中則以紡織，五金爲主，適當照顧輕工業、化學、食品，其他產業則不予分配，計紡織百分之六八．七，五金百分之一六．五，輕工業、食品、化學共百分之一五。

四、普陀，長寧，江寧三區爲滬西工業集中地，爲使房屋分配儘量集中，便于管理，又照顧到面，故確定在私營廠中紡織在四〇〇人、五金一〇〇人、化學、輕工、食品二〇〇人以上的生產情况正常，工作有著落的單位給予分配，目前生產特別困難（如麵粉廠）及中小單位則暫時不予分配，根據這一原則，三區總共分配單位一一四個，佔該區二五人以上七〇七個單位的百分之一六，分配單位職工人數總共九三八〇七人，佔該區二五人以上工廠職工總數一三九三八二人的百分之六七．三。

曹杨新村房屋分配办法

原本住在草船上的居永康一家搬入曹杨新村

裔式娟(前左一)和工友们在讨论

杨富珍

又以居住地离工厂较远的优先，工龄长的优先。烈属和新提拔工人行政干部也有适当照顾。

1952年6月25日，包括杨富珍、裔式娟在内的114位劳动模范和先进生产者代表乘着十几辆卡车迁入新居，成为曹杨新村首批住户。他们多为劳动模范或技术能手，其中又以纺织厂劳模居多。当时，入住曹杨新村非常光荣，"一人住新村，全厂都光荣"的说法由此而来。

1952年6月29日，上海市政府在曹杨新村大礼堂举行"庆祝曹杨新村工人住宅落成暨迁入新宅大会"。时任副市长潘汉年代表全市人民向住进新村的工人兄弟道贺：造曹杨新村工人新住宅，是市政建设为工人服务的起点，国家财政上虽然还有一些困难，但是一定要为改善工人生活做更大的努力，争取更完美的生活。

和当时的花园住宅、公寓相比，曹杨新村标准不算高。但能脚踩木地板，还能用上抽水马桶，对当时的平民百姓来说实属奢望。

刚建成的曹杨新村(金经昌摄，金华提供)

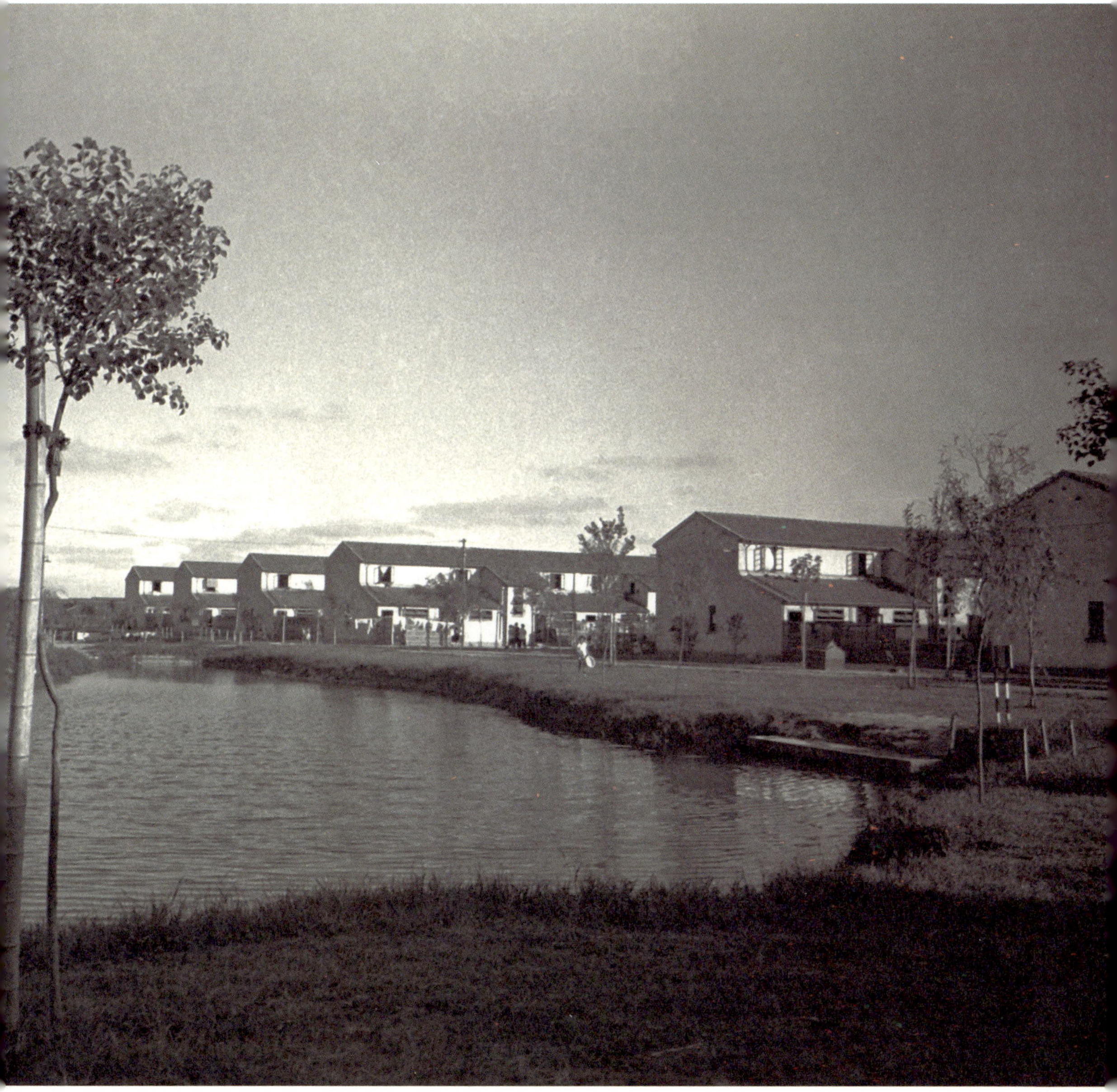

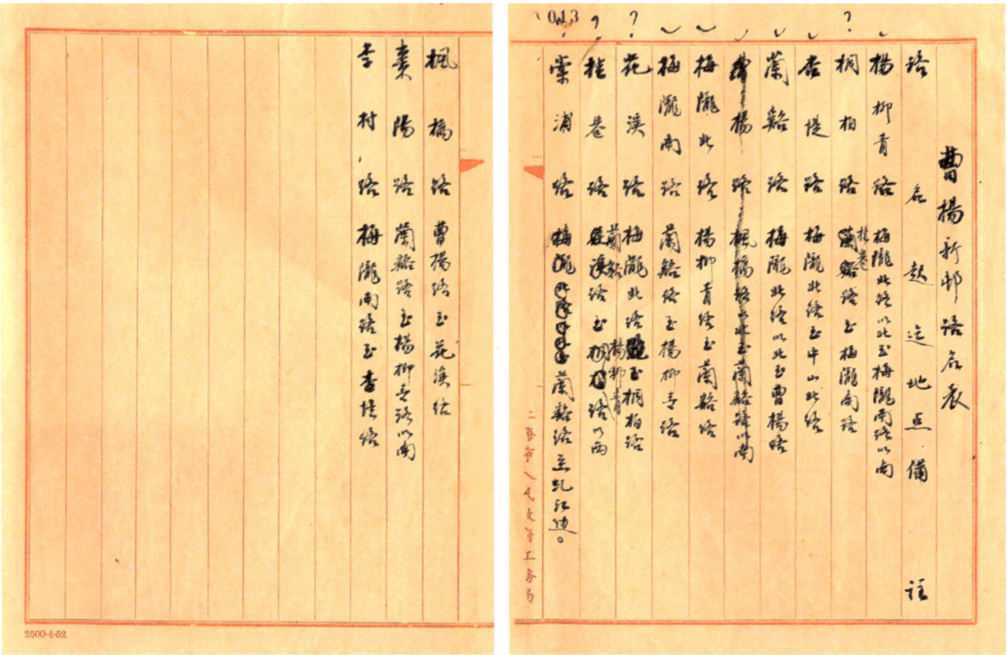

曹楊新邨路名表

路名	起迄地區	備註
楊柳青路	梅隴北路以北至梅隴南路以南	
桐柏路	蘭谿路至梅隴南路	
杏堤路	梅隴北路至中山北路	
蘭谿路	梅隴北路以北至曹楊路	
曹楊路	楓橋路以北至蘭谿路以南	
梅隴北路	楊柳青路至蘭谿路	
梅隴南路	蘭谿路至楊柳青路	
花溪路	梅隴北路至桐柏路	
桂巷路	蘭谿路至桐柏路以南	
棠浦路	梅隴[illegible]蘭谿路至凯江路	
楓橋路	曹楊路至花溪路	
棗陽路	蘭谿路至楊柳青路以南	
杏村路	梅隴南路至杏堤路	

上海市人民政府工務局

2500-4-52

曹杨新村路名表

曹杨八村小学

曹杨新村幼儿园

曹杨新村(1953)

华通开关厂著名劳模丁杏清曾是曹杨四村居民

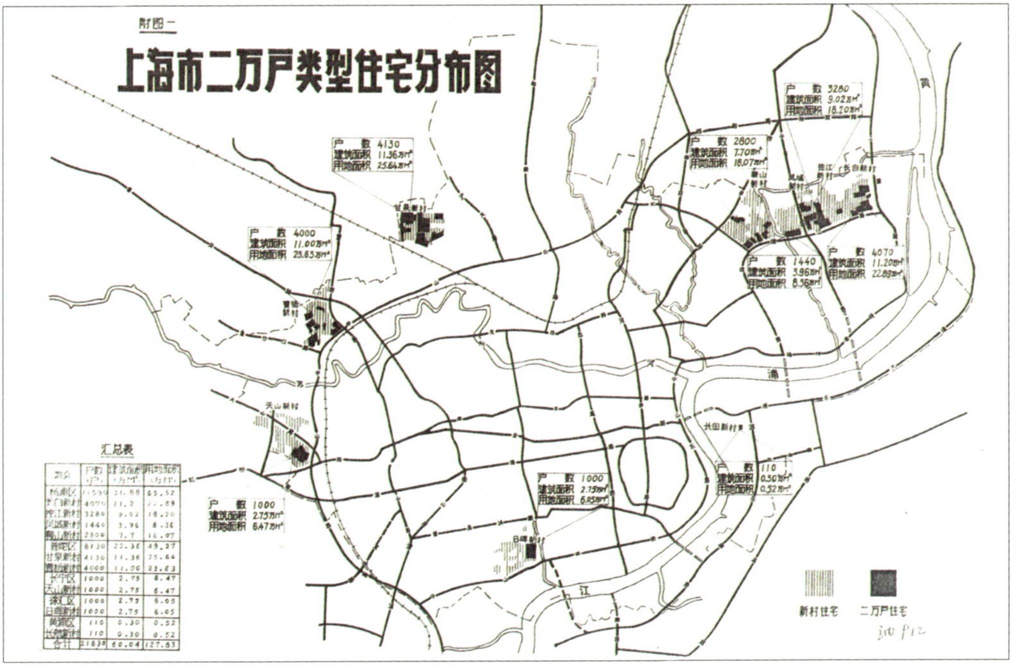

上海市二万户类型住宅分布图

曹杨新村邮电局和人民银行

普陀医院

尤其对当时较早入住的工人群众而言，从之前的棚户区、“滚地龙”搬进相对宽敞明亮的新村，其欣喜之情发自肺腑，甚至有些新村老住户在谈及当年搬进曹杨新村的场景时，还会激动回忆“以为搬进了洋房”。1952年拍摄的新闻电影《曹杨新村》，真实记录了工人们入住刚建成的曹杨新村这一历史事件。1953年8月12日，市政府正式将这拥有1002户居民的工人住宅区命名为“曹杨一村”。

曹杨新村一期工程，为解放初期上海工人新村建设提供了范本。当时上海在城市建设上贯彻“为生产服务，为劳动人民服务，首先为工人阶级服务”方针，尽管当时政府财政并不宽裕，还是大力投资建设工人住宅，解决职工住房困难。为此，上海在1952年4月还专门成立了由华东行政委员会副主席曾山任主任，上海市副市长方毅、上海总工会主席刘长胜任副主任的“上海市工人住宅建筑委员会”，统一管理工人住宅建设事宜。之后数年，更多工人新村在上海拔地而起。市里根据当时的住宅规划原则和建设要求，对住宅新村作了规划布局，进行了详细规划设计。分布在沪西、沪东、沪南工业区周边的规划建设用地127.83公顷，建筑面积60.04万平方米，居住面积37.85万平方米，可建住宅21830套，“相当于兴建一个十多万人口的新城市”。

为了便于职工上下班，有利于充分利用城市原有公用事业和市区内的公共服务设施，住宅基地主要分布在沪东、沪西工业区周边区域，包括杨浦区的长白、控江、凤城、鞍山4个新村；普陀区的甘泉、曹杨2个新村；长宁区的天山新村；徐汇区的日晖新村及黄浦区

曹杨新村第二小学第一届毕业生暨全体合影(1954.7.15, 仲红书藏,《民间影像》提供)

长田里委的长航新村，共建设了9个工人新村。这批新村的建设，开了上海规划建设住宅新村的先河，成为政府解决职工住房问题的开端。因当时建造的这批工人新村一共可安排两万户家庭入住，故习惯称“两万户”。

1952年8月15日，曹杨新村第二期工程动工。此后，相继开工建造了曹杨三、四、五、六村，并于1953年7月全部建成。分布于兰溪路两旁的曹杨二村至六村，也属于当时全市兴建的“两万户型”工房的一部分。1956～1958年，曹杨新村继续向新村外围扩建。1958年，又在沪宁、沪杭铁路“真西支线”西侧辟建曹杨七村，还在新村中心适当增建了一些公共建筑，新村基本建成。

自建成之日起，曹杨新村就十分注重配套设施建设。在曹杨新村初具规模后，周边各项生活配套设施也相继建立。1952年6月，第一条开进工人新村的公交线路56路开辟；同时，曹杨新村第一家商店曹杨新村工人消费合作社开业；1952年8月，全市最早的工人新村幼儿园和小学上海市实验幼儿园和曹杨新村第一小学建成开学；1953年4月，全市首家工人新村卫生所曹杨卫生所建成；1954年5月，曹杨公园落成；1954年8月，曹杨二中创建；1957年，普

曹杨新村妇女参加选民登记

陀医院兴建；1959年，曹杨影剧院开建……此外，1952年至1960年代初，曹杨新村还相继建设了邮局、银行、公共食堂、老虎灶等配套设施，既为入住居民提供了便利，也提升了整体生活质量。新村内，左邻右舍多在一个工业区甚至在同一工厂车间共事，平时骑一辆自行车或坐一两站公交就能往返工厂和新村。吃饭在同一个食堂，买菜上同一个菜场，看病去同一家卫生所，娱乐去同一家影剧院，就连小孩也大多是同一所幼儿园、小学的同学，基本衣食住行都能在新村内解决，形成上海独特的“工人新村文化”。

曹杨新村的兴建，极大提高了广大工人当家作主的意识，彰显了社会主义优越性。因此，曹杨新村自建成之日起，大量国内外人士前往参观，成为外宾“打卡”的“荣耀之地”，甚至设有“外办”，被誉为“民间大使”。

曹杨新村居民参加真如区1954年春节军民联欢会

经过几十年建设和发展，曹杨新村已成为一个承载10万余人口的大型居民住宅区。以全国社区商业示范街兰溪路为轴线、曹杨商城为中心，邮政、银行等各类便民商业服务网点遍布其中。曹杨社区拥有优质的教育、医疗、文化和科技等资源，如上海市第四批优秀历史保护建筑——曹杨一村，上海市首批实验性示范性高中——曹杨二中；区域环境优美，拥有花溪路等上海市林荫道和落叶景观道。

1977年，政府又征地建造曹杨九村，建有混合结构五层楼住宅6幢、六层楼住宅16幢，并将划入本区的真如新村，改称曹杨八村。至1995年底，曹杨新村共占地180公顷，建有多层、高层住宅和配套设施，面积169.78万平方米。

作为新中国第一个工人新村，曹杨新村名气非常大，有大量劳模住在这里，是名副其

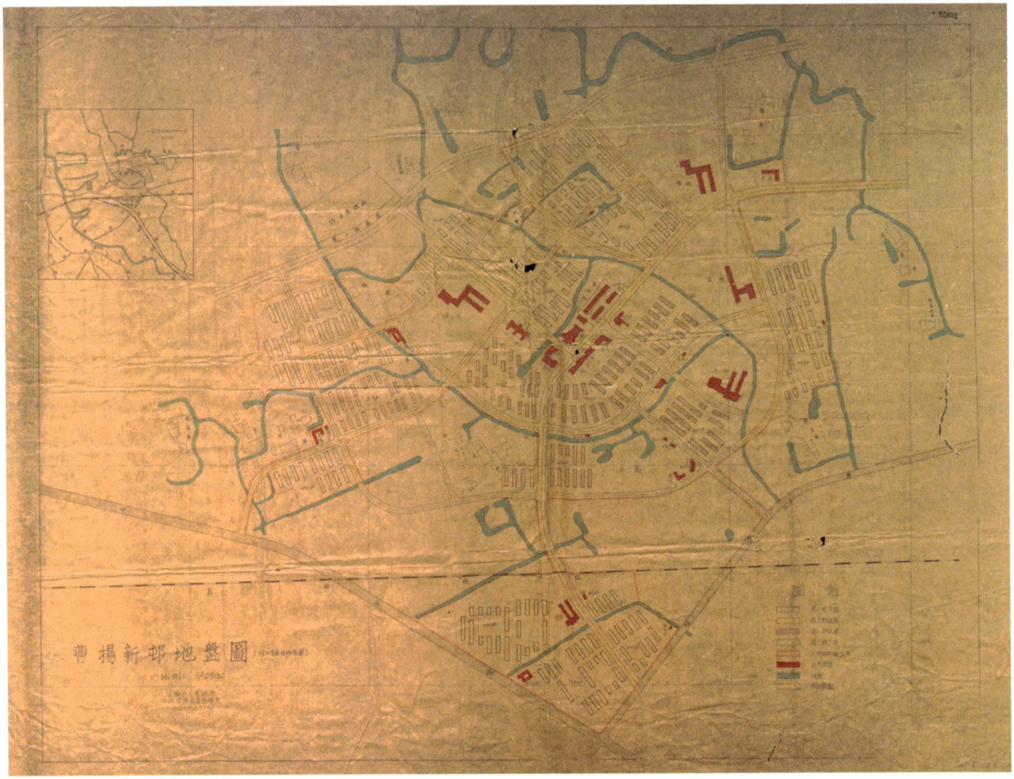

曹杨新村地盘图

实的“劳模新村”。因此，它也获得了许多荣誉：2002年，曹杨新村被国家文明办、民政部确定为全国创建文明社区示范点；2005年10月31日，曹杨一村被评为上海市优秀历史建筑；2016年，曹杨新村入选中国20世纪建筑遗产名录。

作为昔日的“劳模新村”，曹杨新村虽然是当年最好的工人住宅之一，但历经岁月变迁，原来的新村逐渐变成了“老旧小区”。住房条件包括社区环境，都已有不少老化和衰败。就拿曹杨一村来说，建成至今已70多年。上世纪50年代初，能入住带有煤卫设施的曹杨一村让人十分羡慕。但随着时间推移，这里老旧的设施：逼仄的房间、狭小的走道，公用厨卫、密布的电线，等等，与周围林立的高楼对比鲜明。实际上，从1952年开始建设的

法国妇女代表团参观曹杨新村

曹杨新村二期工程(曹杨二村至六村)，由于当时国家财力不足，没有沿用曹杨一村的建筑设计，而采用了更经济的两万户房型。

另外，除曹杨一村由政府统一规划外，其他小区由各单位根据其财力规划建设，用于解决员工住房问题，导致曹杨新村房龄差异较大。有的小区是1950年代的建筑，有的小区则是80年代的建筑，房屋建成时间跨度近40年。不少房屋间距过窄，户型不合理，合用卫生间和厨房等。所以，广大新村居民也迫切希望尽早改善居住环境。

从80年代开始，曹杨新村的两万户型工房就逐步改建和拆除。原两层住宅楼房陆续加层，又不断扩建混合结构多层楼房。从1986年开始，先后将六村、五村两层楼房部分拆除，改建为多层住宅楼。以后，随着经济社会发展，曹杨各村又陆续改建和扩建，使居住条件有了持续改善。

随着上海居民生活水平不断提高，合用住房户在生活上有很大不便，当地居民要求成套改造的呼声越来越大。但曹杨一村改造的特殊之处在于，作为上海市优秀历史建筑，虽然其居住面积狭小，居民生活不便，但又不能轻易拆除重建。在此情况下，曹杨街道尝试尽最大努力“小修小补”。2011年，曹杨一村进行了厨卫改造，合用厨房卫生间装修一新；2013年，曹杨街道又把公共厨房相对分隔开一些，做成统一规格灶台，将外墙私拉电线重新盘绕整齐。但仍有许多居民反映，这样的小规模改造，没能从根本上解决居住环境窘境，卫生间虽分割成独用的，却依然没在套内，居住环境没有得到根本改善。

近年来，上海把旧区改造作为民生工程和民心工程，下更大决心、花更大力气，加快推进旧区改造和城市更新。2019年底，借着普陀区在全区范围内启动旧房成套改造的“东风”，曹杨一村被纳入首批改建名单，启动了“大手笔”保护与改造。在保留历史风貌之余，采取必要加固措施，将违章搭建和老虎窗全部拆除，房屋内部结构和外部结构都有所改变。砖木结构改为砖混结构，并利用原北侧凹口部分面积解决了每户的厨卫成套问题。房屋外部主要采取“恢复建筑原貌”的保护与修缮措施，包括标志性红色屋顶拆除重做，所有窗户都按原有式样，改造成紫红色仿木纹中空玻璃铝合金窗，山墙上回纹镂空设计装饰造型被保留下来作为标识物。

环境景观提升也是本次改造重点。不仅建立了主题景观，用以展现劳模精神，还改善了建筑周边绿化，梳理了下层植被品种，较完整保留了原有树木。小区还增加了停车位及新能源汽车充电桩，架空线全部入地。小区道路上，还安装了5G人工智能灯杆，可同时实现智慧照明、环境监测、LED户外广告播放、IP广播、视频监控、报警求助、无人机无线充电，使居民生活更便捷、安全。

从最早的分隔式改造到“贴扩建”改造(即针对前后房屋间距较大，存在拓宽可能的半独用旧住房，改造后房间布局更合理，使用面积扩大)，再到后来的结构性大修，成套改造工作越来越聚焦百姓实际需求，从原来更注重物理空间的满足发展到现在更注重百姓生活体验。具体实施时，一遍遍听取居民意见，不断优化施工方案，直到绝大多数居民满意。签约时，一家家精准对接，满足不同家庭需要。可以说是“一户人家一种方案”。2020

曹杨一村成套改造成果(一、二工区)(宋志良提供)

曹杨一村旧住房成套改造施工现场(宋志良提供)

曹杨一村成套改造成果(一工区 二工区)(宋志良提供)

曹杨一村成套改造成果(一工区 二工区)俯瞰(宋志良提供)

年底，小区居民100%签约。

2021年10月，最先动工的二工区369户居民首先回搬。2021年年底，三、四工区交房收官，共涉及居民1510户。如今，曹杨一村已完成“原拆原改”，脱胎换骨，换上独门独户新面孔。

2022年6月25日，是曹杨一村居民入住70周年纪念日，改造一新的曹杨一村喜迎居民“回家”。昔日“劳模新村”是当时最好的工人住宅，改造后的曹杨一村已成为全新智能化小区。原本陡峭的两层木梯改造成三折转楼梯，原本狭小的空间豁然开朗。曾经的小阁楼变为一居室，居民多年来向往的宜居空间成为现实。如今，这里房屋面积大了、屋内更敞亮了、厨卫独立了、楼道更整洁了。回搬至焕然一新的曹杨一村，居民幸福感大大增强。同时，曹杨新村街道继续发力，美丽街区、美丽街道工程持续推进，从基础设施“微更新”到整体改造，曹杨社区将打造成幸福家园、文明家园、美丽家园。

(金志浩)

上海展览中心今昔

1955年早春时节，上海的大街小巷春寒料峭，却洋溢着火热的激情。这座东方大都市回到人民怀抱已近六个年头，旧时代的污泥浊水已经洗净，一座人民城市正拔地而起。在市中心静安寺附近，南京西路延安路之间的哈同花园旧址，随着脚手架完全拆除，一座俄罗斯古典主义建筑风格的宏伟大厦矗立在人们眼前。大楼顶部鎏金钢塔直插天际，这座如宫殿般美轮美奂的建筑吸引了无数目光，它就是中苏友好大厦，今上海展览中心。

中苏友好大厦所在的哈同花园，是旧上海大房地产商欧司•爱•哈同的私家花园，又叫爱俪园。哈同是英籍犹太人，生于巴格达，后迁居印度孟买。1873年被英商沙逊洋行派到上海任职。1886年，哈同进入新沙逊洋行任地产部经理，依靠房地产生意及贩卖鸦片迅速致富，他还曾担任过公共租界工部局和法租界公董局董事。1901年，哈同离开新沙逊，自设哈同洋行从事房地产经营，在南京路及其周边区域大量购置地产，建造房屋出租，成为沪上外侨中的“顶级”富豪。

哈同经营房地产致富后，决定修建一座私家花园，地点就选在东起西摩路(今陕西北路)、西迄哈同路(今铜仁路)、南自长浜路(今延安中路)、北至静安寺路(今南京西路)他自己的地产上。为了表达对妻子罗迦陵(又名俪蕤)的爱意，花园定名为爱俪园，不过，上海人一般还是习惯将称其为哈同花园。

为了彰显财力，使花园成为上海滩第一流的私家园林，哈同和罗迦陵请来著名僧人乌目山僧(俗名黄宗仰)来设计这座花园。据黄宗仰所撰《爱俪园序》记载，他于农历癸卯年冬(1903年末或1904年初)从日本返回上海，就受哈同夫妇邀请营造这座花园，“凡六阅寒暑，而楼台亭榭山水桥梁胜境毕呈”，至1909年秋花园始告落成。

哈同花园分为内外两园，共有83景，内园18景，外园65景，亭台楼阁百余座，楼台重叠，山水纵横，塔影湖光，相映成趣，树木荫茂，佳气葱茏，其“规模之大，居上海私人花园之首”。在造园上，既承袭了中国古典园林的审美取向，又仿照西方园林和日本造景手法，可谓中西结合，“既具中国古典园艺之大成，又间西式楼房车道之穿插，蔚为大观，为时之冠”。

1900年公共租界工部局董事合影，后排右一为哈同

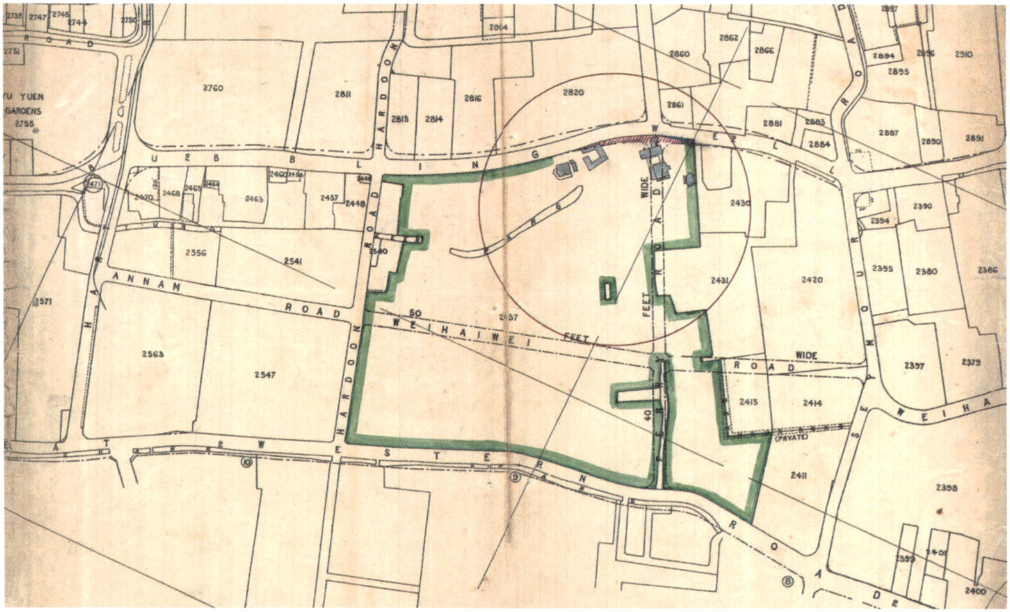

哈同花园位置图

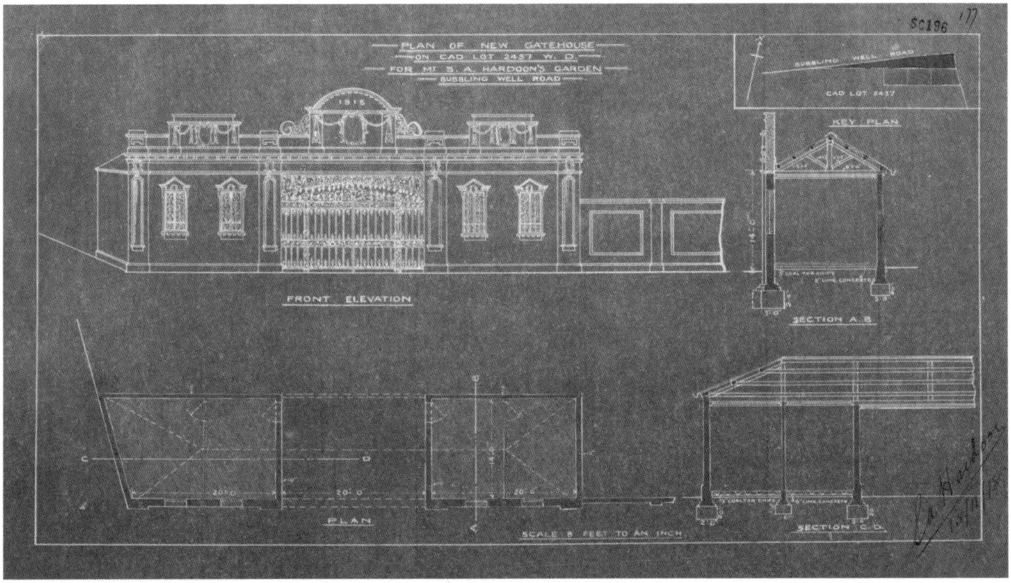

哈同花园静安寺路大门图纸

爱俪园建成后，门禁甚严，非经介绍不得入其门。然而，哈同夫妇作为上海滩大亨，长袖善舞，广交朋友，花园也就成为在沪社会名流和政界要人光顾聚会的场所。清末民初，孙中山、黄兴、徐锡麟、秋瑾、章太炎、蔡元培、陈其美、蔡锷等人的身影都曾出现其中。1911年，辛亥革命爆发，孙中山从海外回国抵沪次日，就在哈同花园会见伍廷芳、黄兴、陈其美等革命党人。此后，孙中山又多次赴哈同花园出席各种活动。此外，在1914年、1915 年及1917 年 八九 月间，爱俪园曾四次开放，举办大型慈善义赈会。

1931年和1941年，哈同与罗迦陵先后去世。不久，太平洋战争爆发，日军占领租界，将哈同花园洗劫一空。昔日富丽堂皇的一代名园变得荒芜不堪，连园内哈同夫妇坟墓也被盗掘。抗战胜利后，上海市政当局鉴于中心城区人口稠密，拟将该园整理修葺，正式开放给市民作为游憩场所，但因种种原因没有实现。

上海解放后，人民政府曾计划将哈同花园作为体育公园，并作了初步设计。1953年，中央决定要在北京、上海、广州等地分别举办“苏联经济及文化建设成就展览会”，几经比

哈同雕像

较选择，处于待建状态的哈同花园最终被确定为上海举办展览的场所，而此时，距1955年3月展览会开幕只有一年多时间了。

作为展览举办地，哈同花园场地开阔，地理位置适中，但展览所需建筑都必须新建。为在所剩不多的时间里完成建设工作，上海专门成立了苏联展览会建馆委员会，集中力量，紧锣密鼓开展工作。在苏联专家帮助下，本着“一是永久性建筑，二是美丽壮观，三是经济合适”的原则，1953年12月，中苏友好大厦正式开工兴建。

1954年3月20日，苏联科学院院士、斯大林奖金获得者安德烈也夫与建筑结构工程师郭赫曼、建筑师吉斯诺娃等70多名专家抵沪，帮助中苏友好大厦建设。上海组织了

哈同花园一角(《民间影像》提供)

南京西路上的哈同花园一角

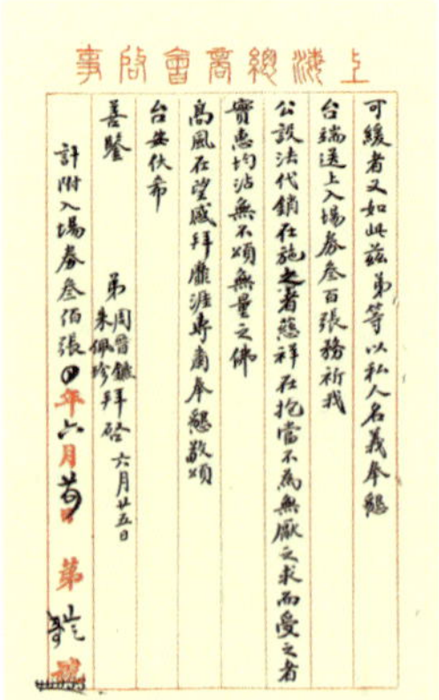

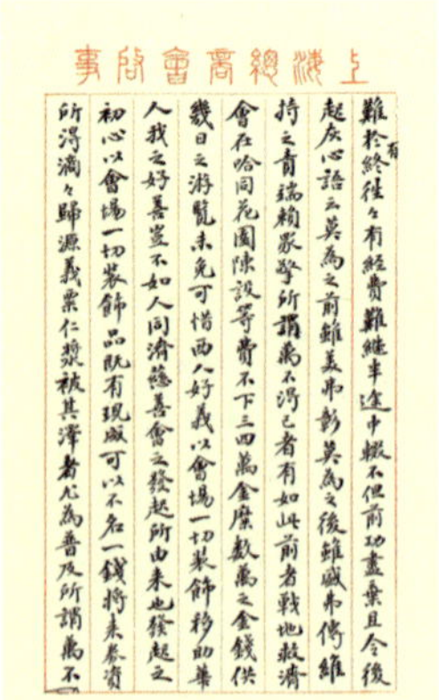

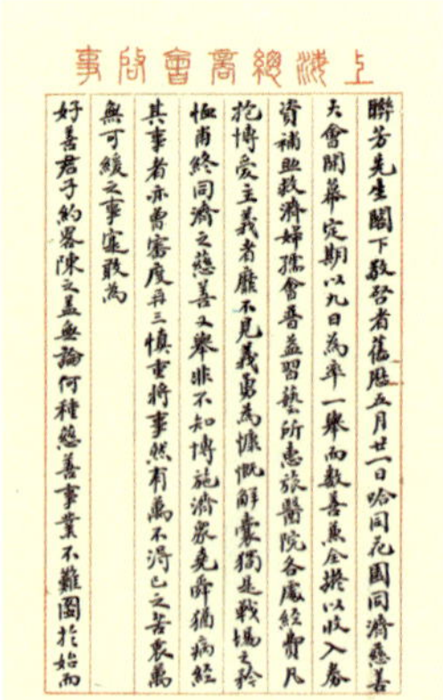

上海总商会借哈同花园档案

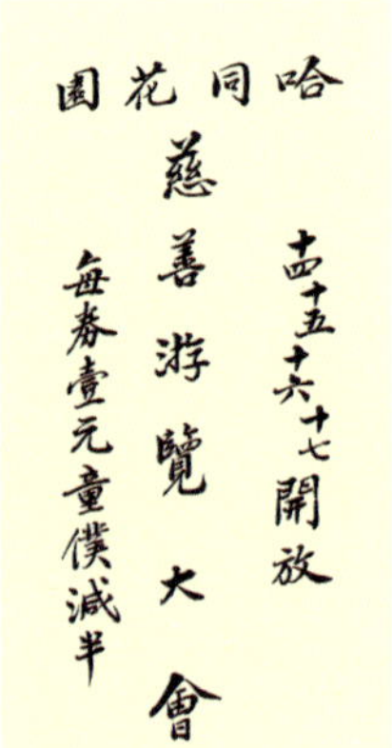

义赈会入场券

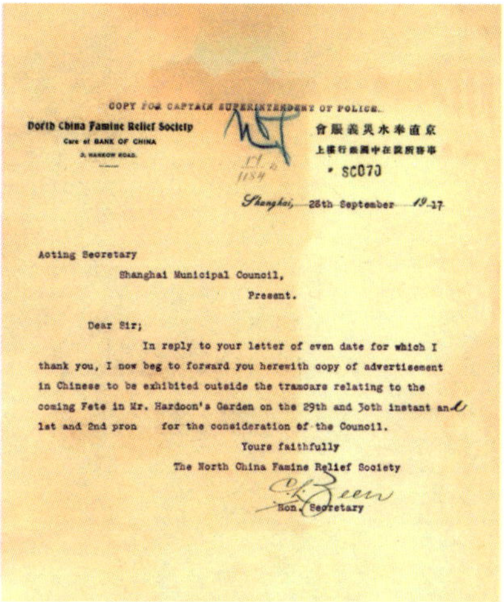

COPY FOR CAPTAIN SUPERINTENDENT OF POLICE.

North China Famine Relief Society
Care of BANK OF CHINA
3, HANKOW ROAD.

會賑義災水奉直京
上海行銀國中在設所務事

SC070

Shanghai, 28th September 1917

Acting Secretary
Shanghai Municipal Council,
Present.

Dear Sir;

In reply to your letter of even date for which I thank you, I now beg to forward you herewith copy of advertisement in Chinese to be exhibited outside the tramcars relating to the coming Fete in Mr. Hardoon's Garden on the 29th and 30th instant and 1st and 2nd prox for the consideration of the Council.

Yours faithfully
The North China Famine Relief Society

Hon. Secretary

京直奉水灾义赈会在哈同花园举办义赈会

哈同花园改建体育公园图纸

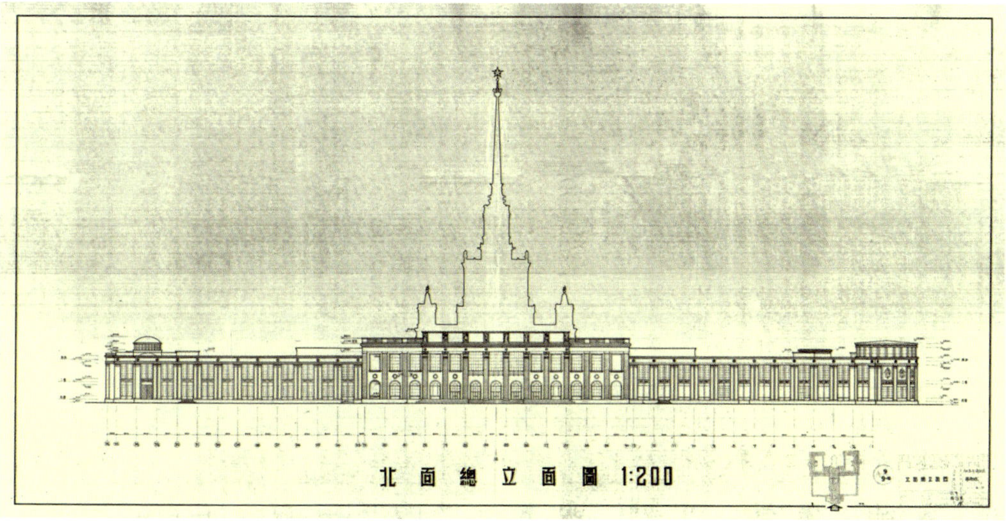

中苏友好大厦北立面图

有关部门负责同志向苏联专家介绍了关于上海建馆的计划任务及相关的规划、地形、气象等情况。22日夜晚，苏联专家就交出了上海馆初步设计总平面图、布置建筑物、立面、透

中苏友好大厦建设人员佩戴的胸章(《民间影像》提供)

视等草图。展览馆大门面临延安中路，设有中央大厅，两翼为文化馆、农业馆，在中央大厅后设工业馆。为了方便开展群众性活动，在不影响展出部分面积前提下，还在末端(靠南京西路)挤出来一个800～1000人的电影院。中央大厅上设钢架结构尖塔，其余部分一律以钢筋混凝土构架。

根据专家提出的草图，上海方面组织了一系列会议，就展馆规模、内容、规划、造价、材料、今后使用等方面作了研究，肯定了苏联专家的设计方案。1954年5月4日，中苏友好大厦开工典礼正式举行。当天正值五四青年节，参加开工典礼的上海青年还在工地开展义务劳动。从苏联专家提出设计草图到正式开工仅40多天时间，许多具体设计只能与实际施工同步举行。设计人员为保证施工进度，在7个月左右时间内，不分昼夜赶制施工图纸2500余张，并根据施工情况，作了1000多次修改。

青年在中苏友好大厦开工典礼上参加义务劳动

建築工程開工典禮

刘秋霞(左)与李莲霞在中苏友好大厦绘制展览图纸(《民间影像》提供)

中央大厅基础工程

设计人员合影，前排左⑤起华厚权、张仲义、郭赫曼、安德列夫、陈植、刘秋霞、基斯洛娃、郭蓉、蔡明道、严钦汉；二排右①李莲霞(刘秋霞与基斯洛娃之间)三排右①田聘耕(郭蓉与蔡明道之间)后排①杨伯良②应仁荣③袁尚达④方鉴泉⑤沈仲山⑥夏凤梧⑦王文琳⑧林俊煌(《民间影像》提供)

中苏友好大厦建设工期紧、任务重，施工过程中，平均每天投入劳力2600多人，最多时达4700多人。北京、辽宁、山东、浙江等地也抽调人员参与建设。参建工人和技术人员克服了连续两个月的雨季，8级至9级左右台风，以及几十年未遇的零下10℃严寒等不利因素，经常顶风冒雨加班加点。施工过程中还采用了高层移动脚手架和悬空脚手架等新技术，使工期大大缩短。中央大厅基础工程首次采用当时先进的箱形基础，使整个建筑物上下成为一体。只花了3个多月时间，全部土建工程即告完成。

1954年9月，施工进入建筑装饰阶段。建筑物上的艺术浮雕和花纹图案装饰由苏联艺术家设计，这些浮雕工艺要求复杂，中方派出多名高级工匠雕刻。完工后的浮雕粗犷与纤巧兼而有之，工艺精巧，凝结了中苏两国建筑艺术工作者的才智和心血。特别是中央大厅

中苏友好大厦效果图(陈植绘制《民间影像》提供)

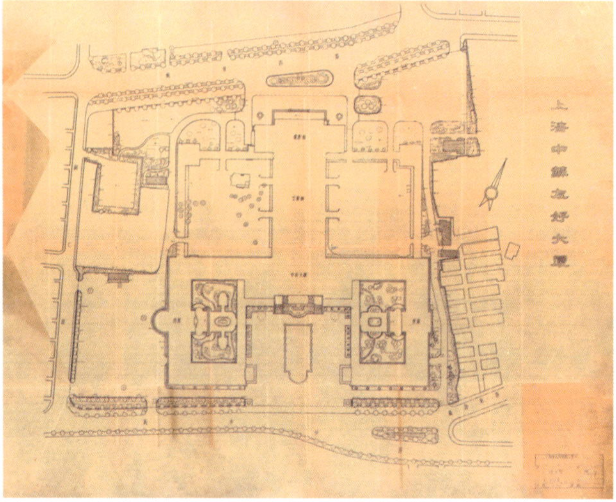

中苏友好大厦平面图

顶端的八角形钢塔，用钢板制成，外复压花紫铜皮，再以镏金处理，高110.4米，重32吨，安装难度极大。工程技术人员在大厅底层地面搭起一座井字架，用3台人力绞车，把22段塔身逐段起吊、焊接。钢塔尖顶由玻璃材质制成巨大红色五角星，直径3.5米。这颗红星由上海三民玻璃厂玻璃吹泡工唐元华经30多次试验后制成，在酷暑严寒与气温急剧变化时不变形、不破裂。在缺乏大型精密安装设备的情况下，建设工人苦干加巧干，仅用了7小时就将红星安装到位，误差小于1%。

1955年3月5日，经过短短10个月施工，中苏友好大厦正式竣工。整个建筑的结构和装饰工程，全部使用国产材料。在1955年5月4日的工程验收会议上，与会人员一致认定其总质量为优等。1956年4月1日，在北京举办的全国建筑展览会上，中苏友好大厦被列为重点产品。建设过程中，还对大厦的绿化、停车、周边道路等作了周详的总体考虑，大厦北侧南京西路上的路灯设施等也重新做了调整。

建成后的中苏友好大厦呈典型的俄罗斯古典主义建筑风格，室内外运用了大量俄罗斯风格装饰构件及黄金等贵重材料。大厦坐北朝南，正南广场筑有1座1100平方米大型喷水

阿尔巴尼亚外宾参观中苏友好大厦

池，池内有玻璃制成荷花31朵，喷水时池上水珠如帘，池内荷花怒放。主楼矗立正中，上竖镏金钢塔，金光灿烂，塔尖上的红五角星在阳光照耀下熠熠生辉，其距地面高度超过了当时上海最高建筑物——国际饭店，成为新上海的标志性建筑。

中苏友好大厦由中央大厅(现改称序馆)、工业馆(现改称中央大厅)、东翼的文化馆(现改称东一馆)、西翼的农业馆(现改称西一馆)及友谊电影院(现改称友谊会堂)等五部分组成，并附有东西两个角亭，分别由廊柱和长廊相连接，形成一个完整建筑群落。大厦总建筑面积58900平方米。中央大厅平面为正方形，边长46米，14层，包括夹层为17层。文化馆和农业馆各为18米宽、186米长的2层矩形建筑。工业馆宽46米、长84米，屋顶为圆拱形薄壳结构，厚7厘米，跨度39米，中间没有一根柱子。友谊电影院位于工业馆北端，与工

1956年1月20日，上海市私营工商业全部公私合营大会在中苏友好大厦召开

业馆连接成“T”形，底层为咖啡厅(现改称友谊厅)和底层大厅，2楼是影剧场，屋顶辟有花园和露天舞池。整座建筑气势宏伟，装饰典雅华丽，是一座当之无愧的建筑艺术瑰宝。

1955年3月15日，苏联经济及文化建设成就展览会如期在新落成的中苏友好大厦开幕，这是上海解放后举办的第一个大型外国展览会。展出了苏联各种重轻工业产品、生活用品，农作物标本，以及文化艺术作品和数千种图书、出版物，其中包括俄文版《毛泽东选集》《鲁迅全集》《屈原》等中国著作。展览会历时两个月，前往参观的上海各界人士和市民群众共达382万人次。展会期间，苏联专家与中方进行了多种交流。

澳大利亚共产党代表团参观展览

上海市第三届妇女代表大会在友谊会堂举行(1958.2)

上海工业展览会全体工作人员合影(1962.7)(仲红书藏，《民间影像》提供)

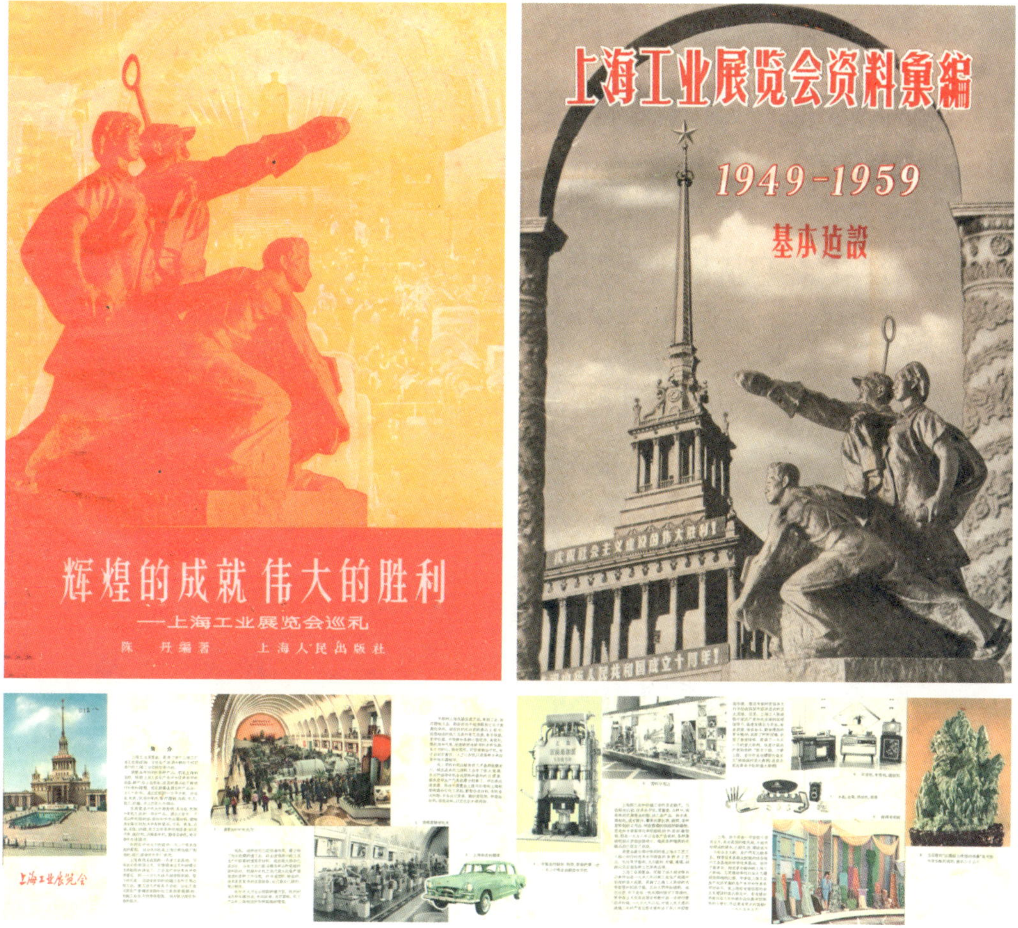

介绍上海工业展览会的材料

中苏友好大厦建成后，成为上海重要的展览和会议场所。据统计，1955～1965年间，就有41个外国展览会在此举办。这其中值得一提的是，当时尚未与中国建交的日本，在此举办过多次展览会，加深了相互了解，增进了两国人民友谊。1959年9月29日，上海工业展览会在中苏友好大厦中央大厅开展，全面展示新中国成立10年来上海工业建设的成就，吸引了大量国外来宾和国内观众，当年参观人数二百余万。由此，这一展览成为长期展出

日本年工业展览会开幕式(1963)

的固定展览，展品也不断补充和调整。据1965年统计，展览会展出的冶金、机电、仪表和电讯、医疗器械、造船、化工、轻工、纺织、手工艺等九部分产品共18000余件，直至1984年底，上海工业展览会才告结束，展出时间长达25年。

1968年，中苏友好大厦改名为上海展览馆，1984年，上海展览馆改称现名——上海展览中心。其间，场馆多次改建，增建了东二馆和西二馆，各类设施设备不断完善。改革开放后，身处市中心的这座场馆也见证了上海的飞速发展。

随着改革开放不断深入，如今的上海，现代化大型展览场所星罗棋布，但上海展览中心仍以其优越地理位置，在上海会展行业占有重要地位，举办展览愈加丰富多彩，其中最受市民喜爱的，无疑是一年一度的上海书展了。1981年9月6～20日，“1981上海书市”在上

海展览馆举办，大量读者蜂拥而至，许多图书一抢而空。五年后，上海展览中心又举办了第二次大规模书市。2004年7月28日～8月2日，首届“上海书展”在上海展览中心与广大爱书市民见面。之后，上海书展每年基本在上海展览中心举办，除了琳琅满目的书籍，书展还举办讲座、座谈会、新书发布、签售等活动，中外文化大家与广大读者分享其阅读经验和文化感悟，让展览中心增添了浓浓的文化气息，也成为上海一道亮丽文化风景线。

上海展览中心建成后，举办过许多重大的政治、外事活动，接待过多位党和国家领导人及数十位外国国家元首、政府首脑，组织了上千场国内外展览和会议。1989年该建筑被评为“1949～1989上海十佳建筑”，1999年被评为“建国50周年上海十大金奖经典建筑”，2005年又被评为上海市第四批优秀历史建筑。2001年，上海展览中心开始现代化改造，原

日本科学仪器展览会(1966)

加拿大客人参观上海工业展览会(1974)

中日青年联欢(1984)

1980年代末的展览中心

2005年上海书展

市档案馆书展活动(章永哲摄，2020)

2021年全国消费促进月暨上海五五购物节启动仪式(上海展览中心提供)

有建筑结构得以加固，功能进一步提升。此次改造注重延续建筑精华，保留了最具特色的中央大厅和各展厅穹顶、顶花、金属花饰、吊灯、水磨石地面等，并进一步形成了“南展北会”的格局。

2022年，上海展览中心又完成了绿化景观提升工程，展览中心打破围墙，多个花园以全新面貌对市民免费开放，市民又多一个休憩、游玩好去处。

斗转星移，岁月如梭，上海展览中心建成已有70年了。从哈同花园到中苏友好大厦，再到上海展览馆和上海展览中心，背后是上海的百年风云。今天的上海，已不复这座建筑建成时的模样，静安寺周边早已高楼林立，但这座别具一格，具有厚重历史底色和建筑美感的建筑，仍将屹立在上海，见证这座城市日新月异，走向辉煌。

(陆闻天)

闵行一条街

——新上海第一个完整街坊

《闵行一条街》(手卷局部) 谢稚柳陈佩秋合作, 1958年创作[1]

2021年11月29日，以中国当代著名书画伉俪命名的“谢稚柳陈佩秋艺术中心”正式落户闵行。艺术中心首展——“似曾相识燕归来”展出了谢稚柳和陈佩秋各个时期代表作24件，其中最引人注目的是谢稚柳和陈佩秋合作的长卷《闵行一条街》，长约400厘米、宽约25厘米。这是1959年，他们响应上海美协和上海中国画院号召来闵行参观体验生活时，在寒冷冬日连续三天站在屋顶上速写闵行“一号路”翻天覆地的变化：平坦宽敞，干净整洁的新修马路；色彩多样，错落有致的新建街坊；车来车往，热火朝天的施工现场；碧波浩渺，白帆点点的江天一色……犹如闵行版的清明上河图，展示60多年前闵行一条街建设时的壮阔场景，记载着那段激情燃烧的难忘岁月。

闵行镇位于上海市西南部，距上海市中心30余公里。过去，闵行镇是上海县的农副产品集散地，地处黄浦江上游，有水陆码头，优越的地理条件使其一度成为“申江门户、水陆要津”，有“小上海”之称。1957，上海决定在郊区建立卫星城镇，以分散一部分工业企业，减少市区人口过分集中的问题，工业基础与交通相对良好的闵行被选为卫星城建设的先行者，上海锅炉厂、上海重型机器厂、闵行发电厂、闵行自来水厂等十余家大中型企业陆续迁入或建立，闵行镇人口猛增至8万人。曾经偏于一隅的“小上海”成为支撑上海发展的新兴工业重镇。

为使生产和生活需要能够兼顾，使生产、生活就地平衡原则得到贯彻，旧市区过分集中人口能逐步疏散，1959年，上海市建设委员会决定在闵行建设与之配套的住宅和各种公共福利设施以解决职工与当地百姓迫在眉睫的生活所需。“闵行一条街”在这样的背景下快速出台并成为卫星城建设的重要组成部分。

对闵行卫星城配套住宅设施建设，市委提出了规划设计原则：“新住宅区一定要成街成坊，要先成街后成坊，要使居民感觉方便，要能够吸引人，使人愿意去，要有城市气氛。”上海市城市建设局在全国基本建设会议上作的介绍——《闵行卫星城市和“一条街”建设的初步经验》中提到：“解放以后，我们在住宅建设方面有很大成就，但还存在着缺点：在住宅区内虽然配置了必要的公共设施，但是数量既少、商业服务设施的门类、品种更是不够，远不能满足居民生活多方面的需要。人们对过去的住宅建设普遍感到居住环境虽然安宁，卫生条件也好，但街坊布置凌乱，建筑面貌显得贫乏，缺乏城市气氛，不能吸引人。”而成街坊规划设计建设起来的闵行“一条街”正可改进这些缺点。

“闵行一号路成街成坊建筑”由上海民用建筑设计院承担设计工作，上海第五建筑公司负责工程施工。时任上海市民用建筑设计院院长兼总建筑师陈植主持项目。根据成街成坊住宅建设原则，他决定采用新的布局形式：沿公路两侧建筑多层住宅，并在临街住宅底层集中设置商业服务、文娱等公共设施，即以“一条街”的布局形式替代旧有的“小区中心”模式。为了在最短时间内尽善尽美完成设计，设计院领导将技术人员集中召集到闵行，参与项目设计的高级建筑师朱菊生回忆：“单位把能召集到的所有设计人员一起开了会，说有紧急任务，大家回去带了被子、换洗的衣物就直接出发了，车子直接把我们送到了闵行一号路。”1959年3月18日，上海市建设委员会召开闵行一号路住宅工程会，基本同意了一号路成街建筑及街坊规划方案。同时要求民用设计院限期完成图纸，第五建筑公司在收到设计图纸后即速申请材料尽快开工。

项目从规划到落地可谓“神速”。4月3日，“闵行一条街”一期工程正式破土动工，当时周边还是一片农田，而在国庆节当天，人们犹如体验了回不消失的海市蜃楼，一个全新

1950年代上海汽轮机厂开工典礼(冯培山摄)⊙

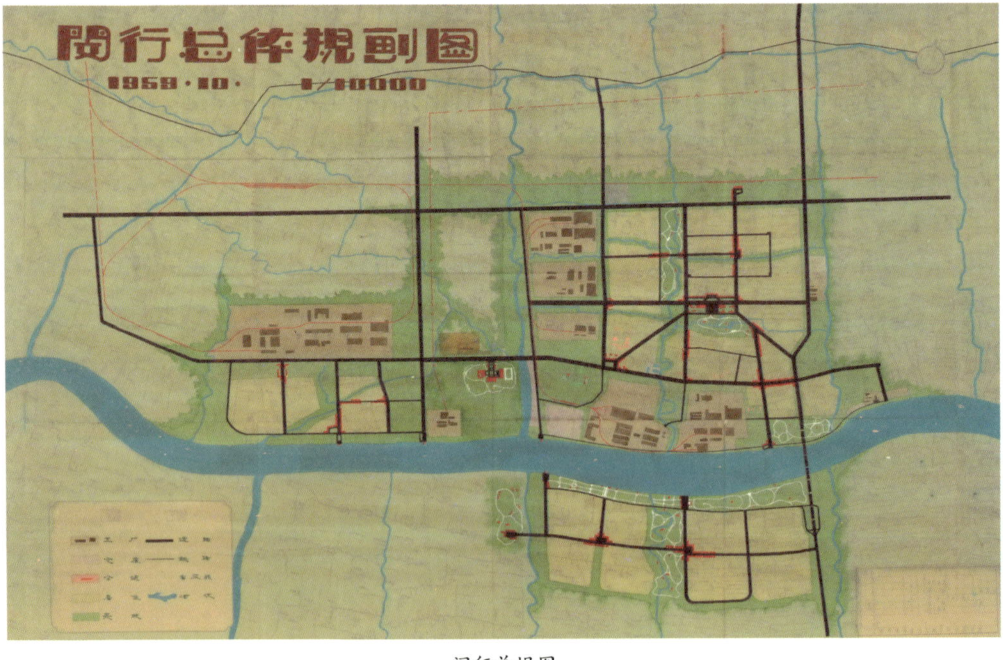

闵行总规图

上海汽轮机厂

的现代化新城奇迹般拔地而起。奇迹背后是不畏困难、勇于创新的担当。对闵行一条街建设，市委从原则到细节都作了明确批示，在建设过程中坚决贯彻统一领导、统一规划、统一设计、统一施工、统一建设及统一分配“六统”工作方法，确保一条街明朗、愉快、丰富多彩又完整统一的风格。从规划、设计到市政工程，一气呵成。

由于工程量大，分包协作单位多，为了及时统一研究协调问题，市建委要求上海县人委和有关设计施工安装运输单位负责同志组成领导小组，相互配合协作，解决共同工作中的主要问题，检查进度情况。施工单位以主要领导干部为主组成现场指挥部。如此大的体量，如此短的时间完工，对施工单位来说无疑是巨大挑战。如七月初一号路工程开工时，施工单位面临工作面大(4万多平方米)、工期短(要求三个月建成)、结构复杂(每幢楼各不相同)、劳动力不足(从各工地上仅能抽调不到2500人投入一条街建设)、材料缺乏(单木材一项即缺3000平方米)、图纸尚未完全齐备等诸多困难。面对这一状况，第五建筑工程公司迎难而上，喊出了“与火箭比速度、与太阳比热度”“抓晴天、抢雨天、小风小雨当好天、灯光底下当白天”等响亮口号。同时采用了快速准备、快速施工、快速收尾的整套施工方法。快速准备即设计与施工室内准备与室外准备相结合，如在准备现场发现河床位置不确定立即向设计单位

兴建闵行新街道上下水道*

反映，在正式出图时妥善考虑了加固方案；现场准备与加工预制相结合，在接受任务后，与设计院联系了解类型、规格和用料要求，根据图纸安排生产，分层预制，配套供应，满足现场进度需要。在施工阶段采用“立体交叉施工”法，让不同工种、不同工作同时进行以提高施工效率。如闵行饭店结构工程工期39天，砌墙及室内装修也39天，但由于在第26天即开始交叉进行，整个工期64天即全部竣工。其间，工人也潜心研究，不断改造与创新施

闵行一条街沿街11幢建筑7月中旬全面开工*

闵行一条街施工中用土法三角台令架吊装屋面板，又快又好*

电动运转机代替爬竹竿*

油漆工顾海林小队正在配制油漆涂料，突破油漆大关*

叶蔚青、欧阳萍(左2)、应芳、陈碧云等人到电台向全市人民广播演唱《歌唱闵行一条街》*

工方法。如全国砌砖先进杨长诗同志到工地上表演了他的砌砖先进工具铺灰瓢操作法后，青年突击队吴云江一马当先推广这一先进工具后，砌砖速度由原来一天1400块最高提升至7000多块。吴松元吊装小队研究出的“土法吊装”使楼板吊装由原来的104块最高提高至500块。全工区创造了“一天一层墙，两天一层楼”的“闵行速度”。九月下旬，交叉施工更是让最后阶段工作快速进行，建筑工人替房屋最后粉饰，店员忙着搬柜子、摆商品，刚拆下不久的脚手架被快速运走，人行道上正在铺预制块，园艺工人在强烈照明灯下种栽树苗……经过三个月苦干加巧干，9月28日工程全部完工，全新的闵行一条街出现在世人面前，为建国十周年献上了一份厚礼。

一条崭新宽大的马路(一号路)足有两条南京路宽，中间点缀着花园，人行道宽达四米半。路两旁建筑有四五层，甚至六层，一幢幢奶黄的、桃红的、淡灰的、嫩绿的、杏黄的楼房，衬托在阳光底下，色调优美。建筑布局高低起伏，前后参差蜿蜒而去，自然舒畅。

闵行一条街8号楼第一个拆除脚手架楼*

走在一号路上，会被一家家新开商店吸引，这里有35开间门面的大型百货商店，五开间的食品商店，四开间的服装鞋帽店，也有34座大型理发店。有点心店、冷饮店、水果店、照相店、钟表眼镜，无线电、药房，书店，银行，还有六层楼大旅馆——闵行饭店和市区迁去的老正兴菜馆。闵行百货店内花色品种繁多，老正兴有上下三层，两个宽敞大餐厅可供近800人同时用餐。闵行饭店可同时接待顾客400人左右。跨上商店的楼层看到的是设施完备的公寓：卧房、壁橱、灶间、卫生间等一应俱全。房间外面有阳台，站在阳台上可以眺望一条街全景……

创作一条街长卷的谢稚柳夫妇在12月重回闵行目睹此景非常震撼，在画卷上欣然题诗并落款："曾几何时忆旧踪，青青阡陌满春风。今来省识春风面，照眼琼楼第几重。闵行一号路七月一日至九月杪建成，盖尤不足九十日。其间文娱商业及服务性行业无不具备，建设之速瞬息万变。斯图甫成而面貌又新矣。"

闵行一号路街景

闵行二号路工人新村

在1959年前后，闵行一条街二期共建成了136000平方米(加上二号路公房后为18万平方米)，其中沿街建筑20幢，63000平方米。街坊内住宅、托儿所、幼儿园、小学食堂共三栋73000平方米。在房屋构造上，采用砖墙承重预制混凝土空心楼板。沿街一律平屋面，内部兼有少数瓦屋面，也有部分沿街建筑采用钢筋混凝土框架，二期工房扩大预制装配程度，部分阳台、扶梯、屋面也采用装配式构件。工程大体分三批先后突击，首期一号路北街坊，内部为一批36000平方米，施工期为四月至六月；沿街建筑及路南为一批48000平方米，施工期为七月至九月；二期工房54000平方米为一批，十月份开工，年内基本竣工。

1960年初，在今江川路、兰坪路东西又建成各类住宅10幢、1.60万平方米，单身宿舍5幢、1.25万平方米，底层辟为商店的住宅1幢、2202平方米，菜场、商店等公共设施8所、5940平方米，形成当时的东风一村和东风二村。1960年开始，沿街建筑向西延伸。1960年2月～1961年7月，在今江川路南北、瑞丽路东西建造住宅1.75万平方米，单身宿舍3幢、1.65万平方米，底层辟为商店的住宅2幢，1.18万平方米，饭店、小学、幼儿园等公建配套设施4项、4976平方米。这一时期的建筑成为今瑞丽新村、兰坪二村的一部分。

建成不久的闵行一条街[①]

为完善文娱设施，1960年3月在今江川路354号开工建设了闵行区第一座公园——红园并于7月23日开放；在344号兴建建筑面积5700平方米的闵行剧院并于1962年2月开幕，时任区长王范、市文化局局长孟波和文艺界知名人士袁雪芬、白杨等出席。闵行剧院一度成为上海西南地区的重点影剧院，上海市各大艺术院、团及国内各地剧院、团常来此演出，还接待过捷克斯洛伐克、罗马尼亚等文化代表团。

高标准的规划，前所未有的速度，团结一致、排除万难建成的闵行一条街，一度成为上海卫星城建设，乃至新中国工业新城规划建设的样板。闵行一条街自1959年10月首期工程完工后，毛泽东、朱德、周恩来、宋庆龄等众多党和国家领导人都先后来此视察。刘少奇曾多次到闵行指导卫星城与一条街建设。1961年初冬的一天，刘少奇又一次莅临闵行

玻利维亚妇女参观闵行工人新村

卫星城视察。其间，他称赞闵行一条街气势不凡，同时也向陪同的市委书记陈丕显指出："有不足之处，一是路灯的电线架在空中不雅观，应该埋在地底下；二是'钻天杨'行道树与漂亮的大街不相称。这种落叶乔木树质松软，容易滋生害虫，一到秋天，树叶子全都落光了。"说到这里，刘少奇感慨："十年树木，百年树人，我们要为子孙后代造福。"在他建议下，第二年春天，闵行一条街的行道树全部改种胸径15～20厘米的香樟树。一条街也是中国向世界展示的一张靓丽名片。阿尔巴尼亚人民共和国主席列希，加纳共和国总统恩克鲁玛参观，几内亚人民共和国总统杜尔等外国元首政要，保加利亚、肯尼亚、日本等国

闵行剧院⊙

练习簿上的闵行一条街⊙

1959年8月，闵行工人俱乐部外景(王朝祯摄)⊙

上世纪60年代东风一村红十字卫生站挂牌⊙

代表团都曾先后游览参观一条街。

能住进一条街的人们成了羡慕的对象。工人新村建成后，当时汽轮机厂有三十对新婚夫妇搬入新居。汽轮机厂严华平因工作出色，第一批入住新工房。1959年国庆节结婚的他，与

新旧闵行饭店⊙

同厂工作的爱人周素珍一起搬进新居。汽轮机厂夫妇王建、朱月玲也是新婚，看着宽敞明房的卧室、锃亮的地板，美观通风的阳台、卫生间有“三件套”，新娘朱月玲非常激动：“我做梦都没想过会住这样的房子”。按照设计师王詠梅的话说，这是当时华侨公寓的配置。1961年11月2日，美国作家斯诺曾到闵行，在东风新村41号采访了退休老工人姚三宝。

闵行一条街新型化城市面貌也引起了各方广泛关注。1959年10月4日，一部记录上海各界群众欢庆建国十周年盛况的彩色纪录片在申城各大影院上映，影片中的闵行一条街让观众叹为观止。《人民画报》《解放日报》等各大媒体都进行了专题报道，10月18日的《文汇报》第2版整版刊登文章介绍闵行一条街，称为“花园的街，为生产服务的街，社会主义的街”。在上海的明信片、学生练习本封面上都不断出现其身影，也是画家喜爱的创作与写生素材。一时间，闵行一条街成为上海参观游玩的重要打卡点。到闵行去，在一条街上留个影、百货商店购物、老正兴馆聚餐成为一种时尚。当时流行一句话，“到了上海不到闵行，等于没到上海”。一些电影导演把这条街选为外景地，反映新上海的新面貌，1962年出品的中国第一部，也是唯一彩色宽银幕立体故事片《魔术师的奇遇》，就在闵行一条街上拍摄。

一条街上名气最响的莫过于闵行饭店。这是新中国第一座花园饭店，当时必须凭介绍信才能入住，作为一条街上代表性的建筑，接待了众多各级领导人与外宾。

六层楼的闵行饭店是当时一条街上的最高建筑，饭店六楼阳台是观赏全景的最佳瞭望台，登高远望，工业卫星城尽收眼底。1961年10月30日，时任中国科学院院长、中国文学艺术界联合会主席郭沫若登上饭店楼顶观光平台，看着焕然一新的卫星城，作诗一首《游闵行》赠与饭店："不到闵行廿四年，重来开辟出新天。万家庐舍联霄汉，西野工场冒远烟。蟹饱鱼肥红米熟，日高风定白云绵。谁能不信工程速，跃进红旗在眼前。"其中"蟹饱鱼肥红米熟"是对闵行饭店美食的赞誉。之后又书写了毛主席的《沁园春•雪》赠闵行人委；"实事求是"四个大字，赠予闵行区人民委员会，这两幅作品现都珍藏在闵行区档案馆。

一条街建成后，许多画家、艺术家到闵行体验生活，给闵行饭店留下了许多墨宝。唐云、江寒汀的《春江水暖鸭先知》、孙祖白的《剡溪秋色》等当年的装饰国画、上海工艺美术大师们创作的黄杨木雕《闵行卫星城落成图》现都成了镇店之宝。2013年，修缮后的闵行饭店成为锦江集团旗下一员，更名"锦江都城闵行饭店"，依然是闵行人心中最具代表性的饭店之一。

60多年过去了，一号路已更名江川路，这条当年上海最宽敞林荫大道上的香樟树已长成郁郁葱葱的参天大树，一年四季绿意盎然，被评为上海首批"市级林荫道""中华香樟一条街"。当年的卫星城已褪去了昔日光环、但不畏艰苦、迎难而上的奋斗精神对今日的闵行人来说依然是一笔宝贵财富。如今的江川正以上海南部科创中心建设为重大机遇，转型打造"滨江梦创新城"。江川路也正肩负着新旧更迭、时代发展的使命，通过打造文化街区，记录工业文明足迹，彰显时代人文魅力，在上海西南这片热土上种下新的梦想，续写新的上海故事。

(陈长青)

---

* (郭书吉摄)
⊙系闵行区档案局(馆)提供

上海地铁

——从艰难起步到快速发展

地铁1号线早班列车出车场(上海申通地铁集团有限公司提供)

清晨的第一缕阳光降临，城市从沉睡中醒来。路上行人步履匆匆，汇成巨大的人流，通过城市的交通系统，有条不紊奔赴各处。如今上海已建立了高效公共交通系统，有力支撑着这座国际化大都市的正常运转。作为这一系统的骨干，一条条钢铁长龙如同城市血脉，在为乘客提供高质量服务的同时，也推动上海快速发展。

1950年初，来沪考察的苏联市政专家团正遇上“二六”大轰炸，他们建议上海修建地铁，以应对迫在眉睫的国防安全问题。当时上海百废待兴，“老大哥”的意见虽不能马上付诸实施，但建造地铁的想法已深深植入上海城市规划者的脑海中。1956年，上海正式提出修建地铁的构想。当年8月23日，市人民委员会市政建设交通办公室编制了《上海市地下铁道初步规划(草案)》，共规划了3条总长31.55公里的地铁线路。1958年7月，中共上海市委批准成立地下铁道筹建处，并指派分管建设的副市长牛树才任筹备处主任。次月，筹备

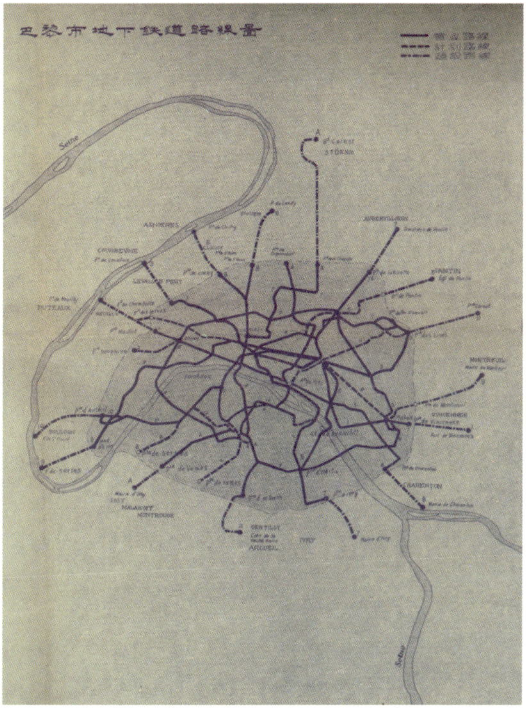

上海收集的巴黎地下轨道路线图

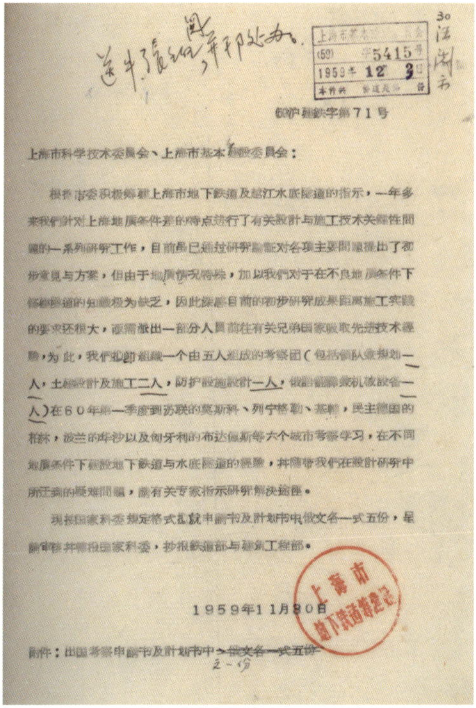

(59)沪地铁字第71号

上海市科学技术委員会、上海市基本建設委員会：

根据市委积极筹建上海市地下鉄道及越江水底隧道的指示，一年多来我們針对上海地质条件差的特点进行了有关設計与施工技术关键性問題的一系列研究工作，目前虽已通过研究論証对各項主要問題提出了初步意見与方案，但由于地质情况特殊，加以我們对于在不良地质条件下修建隧道的知識极为缺乏，因此距离目前的初步研究成果距离施工实践的要求还很大，亟需派出一部分人員前往有关兄弟国家吸取先进技术經驗，为此，我们拟即組織一个由五人組成的考察团（包括領队兼規划一人，土建設計及施工二人，防护設施設計一人，設备（車輛机械）設备一人）在60年第一季度到苏联的莫斯科、列宁格勒、基輔，民主德国的柏林，波兰的华沙以及匈牙利的布达佩斯等六个城市考察学习，在不同地质条件下修建地下鉄道与水底隧道的經驗，并随带我们在設計研究中所遇到的疑难問題，請有关专家指示研究解决途徑。

現按国家科委規定格式拟就申請书及計划书中俄文各一式五份，呈請审核并轉报国家科委，抄报鉄道部与建筑工程部。

1959年11月30日

上海市地下铁道筹备处

附件：出国考察申請书及計划书中、俄文各一式五份

1959年11月上海地下铁道筹备处关于派员出国考察的档案

处正式成立，为做好前期工作，筹建处积极收集外国大城市地铁资料，请苏联专家授课，传授修建地铁的基本知识，并派出技术人员到苏联、民主德国等学习考察。

地铁具有运量大、速度快、成本低、行车安全等许多其他交通工具不可替代的优势。作为新中国重要的工业中心，上海修建地铁，平时可用于城市交通，战时可用于调动部队、疏散人口，并作为民防掩体。据当时测算，每公里(包括车站)建设约需6700万元，投资巨大，当时决策者认为，从长远的经济效果分析，在上海这样的大城市建设地下铁道，是一种必要的、经济而合理的交通工具。现在看来，这一结论也十分正确。

1960年，我国第二个五年计划提前三年完成。经过一系列初步勘察，当年5月，上海市隧道工程局上报了地铁计划任务书。规划中的上海地铁西至苏州，北跨长江直抵南通，

使大江南北连成一体，上海境内车站有朱家角、天马山、唐桥、泗泾、七宝、虹梅路、衡山公园、淮海广场、人民广场、新北站、彭浦、大场、嘉定、崇明等。

1965年，上海又重新规划了两个地铁线路方案。第一方案由第一直径线(漕溪路—定海路)、第二直径线(天山新村—烂泥渡)、第三直径线(江南造船厂—曹杨新村)和环路(徐家汇—中山公园—国棉一厂—北站—上海博物馆—陆家浜路—徐家汇)构成；第二方案由第一直径线(漕溪路—虹口公园)、第二直径线(天山新村—定海路)、第三直径线(江南造船厂—曹杨新村)、环路(徐家汇—中山公园—国棉一厂—北站—提篮桥—烂泥渡—陆家浜路—徐家汇)构成。当时规划的原则是：①线路走向贯穿全市工业区和主要人口居住区，特别是人口密集地区，为劳动人民创造良好的掩蔽和交通条件；②线路走向经过(而不穿过)主要高层建筑和主要大型公共建筑，以更好发挥地铁作为地下坑道的作用，便于迅速疏散，又便利公共交通；③线路走向和设站位置与地面干道构成有机布局，并且使车辆与地面铁路有便捷联系，把地面交通与地下铁道构成整体。两个方案中的第一直径线均从漕溪路起经徐家汇到人民广场，因此，上海把这一段作为地铁第一期线路，开始筹划施工。

1965年2月，代号“104工程”的地铁试验工程在衡山路段开工。该工程先在衡山路10号院内建盾构始发井，再由该井分别向衡山公园和宝庆路方向掘进。考虑到“衡山公园交通比较适中，而且“在施工中不需拆迁房屋”，故此决定在公园内修建地铁车站，并于当年10月开工，1967年5月土建结构完成。“就地下铁道扩大试验而言，有拼装井，有区间推进，有车站，这就有利于积累经验，锻炼队伍”，为上海建造地铁创造条件。这次试验工程共完成双线区间隧道660米，一个车站和一个风井，证实在上海软黏土层中修建地铁，技术上完全可行。

在地铁试验段工程推进同时，上海也在其他方面为地铁建设做着准备。在地铁隧道挖掘关键设备盾构研制上，1965年6月，江南造船厂就开始总装试验工程所需盾构。上海还发挥工业体系完备优势，积极参与首都北京的地铁建设。据不完全统计，有数十家企业参与其中，涉及动力装置、电梯设备、各类阀门、开关柜、列车广播设备、中央控制系统、电气子母钟等多个品类。在盾构研制上取得一定经验的江南造船厂，也在新建机器厂、冶

衡山公园

当年地铁试验工程情形(上海申通地铁集团有限公司提供)

金矿山机械厂、大隆机器厂等众多单位协作下，承担了北京地铁盾构的研制工作。

1973年，上海在前期规划基础上，又提出修正后的地铁规划设想。新规划依然是3条直径线加一条环线的思路。第一直径线从在建的上海体育馆经文化广场、人民广场、拟议中的铁路新客站去吴淞方向；第二直径线由虹桥机场经中山公园、静安寺、人民广场、浦东陆家嘴去到杨浦方向；第三直径线由真如经曹杨新村、静安寺至江南造船厂。一条环线由徐家汇至中山公园、曹家渡、北站、陆家嘴、中山南路再到徐家汇。规划提出市区内地下铁道各车站应注意与人防干线和各重要公共建筑、高层建筑地下室联接，和地面铁路车站、码头相连。根据当时的财力，规划提出每年修建几公里，在15～20年左右建成。

1977年下半年开始，又开展了三个试验项目——地铁盾构法试验段、槽壁法试验井及泥水盾构单项试验。1978年3月，漕溪路地铁扩大试验工程开始破土动工。截至1983年底，前后三期试验工程共计完成风井1座，用盾构法施工的圆形区间隧道913米，用地下连续墙法施工的矩形区间隧道274米，总投资3848万元。就这样，从1950年代至80年代初，上海的地铁建设者们进行了广泛的准备工作，掌握了大量数据资料，论证了部分技术问题，积累了宝贵施工经验，为上海地铁的大规模建设打下了重要基础。

改革开放后，上海迎来快速发展新机遇。然而，薄弱的交通基础设施却成了阻碍上海

1973年上海市地下铁道网路规划草图

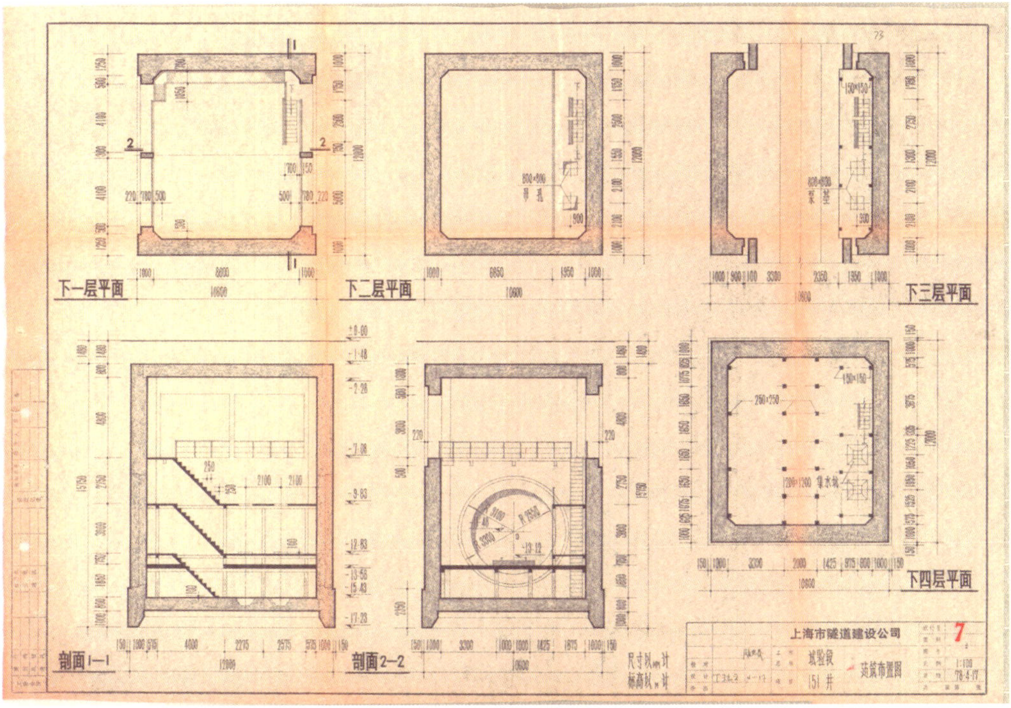

漕溪公园试验段地下建筑分布图

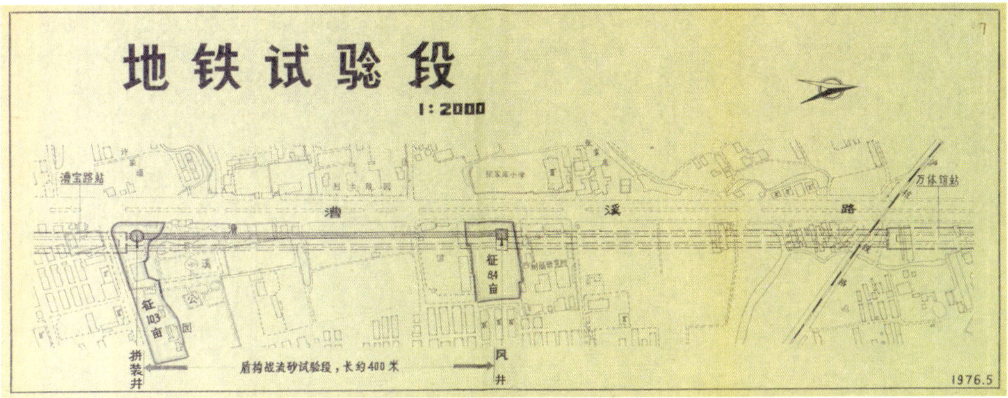

1976年绘制的上海地铁漕溪公园试验段1:2000示意图

中外技术人员在地铁1号线工地(1991)

发展的瓶颈。当时，上海人均道路面积仅2平方米，是天津的1/2，北京的1/3，既有公交系统不堪重负。建设包括地铁在内的多平面交通体系，成为破解交通难题，推动城市发展的共识。

1983年6月25日，市计委、市建委向市政府提交了《关于建设本市南北快速有轨交通线项目建议书》。该项目共分三段，其中穿越市区的中段即为地铁1号线，其走向是：南起新龙华经徐家汇、淮海路、人民广场、新闸路至铁路上海站。该线路途经上海商业、交通、文化娱乐中心，与多处交通集散点和公交线路交

1990年代初，上海街头潮涌般的自行车“大军”

施工中的淮海中路常熟路口东望(张人凤摄, 1992.2.16, 《民间影像》提供)

汇，全线建成后可承担全市6%～8%公交客运量，能有效缓和沿线交通紧张状况、减轻市中心公共交通压力。1985年，上海地铁公司成立。

地铁建设耗资巨大。1986年，经中央批准，上海决定引进外资共14亿美元，建设包括地铁1号线在内的五大市政基础设施项目，外资借贷和偿还由地方政府承担。利用当时世界地铁市场萧条的有利时机，上海引进竞争机制，获取了优惠国际贷款，以及达到80年代国际水平的技术设备，探索走出了自筹资金和引进技术的新路。1990年1月19日，经国务院同意，国家计委批准，上海新龙华至上海火车站地铁正式开工。

上海要建地铁的消息在广大市民中引起巨大反响。一位退休职工情深意切地表示，要向地铁工程捐赠1千元存款，她说："这只不过是给这项巨大工程投放上一颗沙粒而已，愿领导同志能接受赤子的一片心意。"在建设者努力下，软土地基、沉降、防水等一系列技术难关

联邦德国总理科尔(右四)出席地铁1号线交钥匙典礼

地铁1号线徐家汇车站

利用原试验段建造的地铁1号线漕宝路车站

上海南站(CGEMA影像提供)

被逐一攻克。为了在寸土寸金的淮海路商业街尽量缩短封路时长，经过反复研究论证，建设者大胆采用“逆作法”施工工艺，路面开挖后先做顶板，然后恢复路面交通，再由上往下建，使淮海路封路时间由3年缩短到11个月。

1993年5月28日，上海地铁1号线南段(锦江乐园站至徐家汇站)建成试运行，上海地铁实现“零”的突破。1995年4月10日，1号线北段(衡山路站至上海火车站站)开通。此后，又向南延伸到莘庄，向北延伸到共富新村和富锦路。克服了一个又一个困难，一代代建设者用智慧和汗水，使几十年地铁梦化为现实，书写了城市建设传奇。

上海的第一条地铁线路在各方面都达到了1990年代国际先进水平，为改善城市中心区域交通结构，缓解市民出行难发挥了重要作用。上海地铁建设自此驶上了快车道。

地铁4号线蒲汇塘停车场(李政蔚摄，上海申通地铁集团有限公司提供)

新龙华景象(袁拿恩摄)

1999年9月20日，上海地铁2号线(中山公园站至龙阳路站)建成投入试运营，地铁第一次越过黄浦江到达浦东。

2000年12月26日，上海轨道交通3号线一期通车。2003年11月25日，上海轨道交通5号线试运营。2005年12月31日，上海轨道交通4号线投入运营，形成C字形线路。2007年9月21日，全线贯通形成O字形……

上海地铁的建设，极大缓解了城市交通拥堵状况，随着地铁网不断织密，公交出行，首选地铁逐渐成为广大市民的习惯。地铁建设也极大促进了上海城市发展，1999年地铁2号线开通，从根本上改变了原本中心城区东西向主干道之一南京东路的功能，几乎与此同步，南京路步行街正式开街。城市发展热点在哪里，地铁就延伸到哪里，徐家汇、人民广场、陆家嘴、外高桥、临港、五角场等因地铁通达而日益繁华，地铁上盖，一座座时尚现代的大型

轨交浦江线三鲁公路站(郭相男摄，上海申通地铁集团有限公司提供)

第一辆沪产城市轨交列车下线典礼

2020年12月25日，第7000辆轨交列车抵沪(上海申通地铁集团有限公司提供)

商业综合体拔地而起，上海火车站、上海南站、上海西站、虹桥机场、浦东国际机场等交通枢纽也被地铁串联起来。原本偏远的郊区也因地铁联通而不再“遥不可及”。可以毫不夸张地说，地铁路网不断延伸完善，重新塑造了上海城市的格局。

伴随着地铁里程增长，上海地铁建设运行总体水平也不断跃升。2003年9月，第一辆沪产轨交列车下线，从以进口技术、车辆为主到国产化率不断提升，多线交会成为常态。隧道挖掘、盾构应用对于如今的上海已不再是难题。2020年12月，第7000辆地铁列车抵沪，上海轨道交通城轨网络和车辆规模双居世界第一。同时，地铁交通“好友度”也不断提升，从购买磁卡插卡过闸机进出站到各式无感移动支付成为主流，原本功能相对单一的地铁还成为展示城市风貌、城市文明、城市文化重要窗口。

随着上海地铁建设不断加速，地铁对城市整体功能和形象提升的拉动作用，极大激发了长三角地区乃至更大范围内城市建设地铁的热情。2005年5月15日，南京地铁开通。2012年4月28日，苏州地铁开通。2012年11月24日，杭州地铁正式开通。2014年5月30日，宁波地铁开通。2016年12月26日，合肥地铁开通。到2021年，长三角地区已有10个城市开通地铁。地铁成为提升现代化水平，展现城市形象的重要标志。

如今，上海地铁已开通30周年。30年来，上海地铁共开通运营线路20条，运营里程达831公里，运营车站508座，路网规模领跑全球。中心城(外环线以内)轨道交通站点600米服

轨交员工在地铁1号线呼兰路场站进行维保作业(谭伟伟摄，上海申通地铁集团有限公司提供)

11号线、13号线换乘的隆德路站穹顶大厅(姜嵘摄，上海申通地铁集团有限公司提供)

建设中的9号线三期工程(上海申通地铁集团有限公司提供)

18号线龙阳路站“跟着档案看上海”文化长廊

务半径覆盖1/4土地面积和42%的人口。目前，上海还有13条地铁正在加紧建设，7条线路规划待建，全部建成后，运营里程将超过1000公里，车站达640余个。上海地铁一如上海这座城市，追求卓越、锐意进取，勇立时代潮头，不断超越自我！

(陆闻天)

上海中心

——中国第一高楼

2008年11月29日，上海，浦东陆家嘴烂泥渡路，中国第一高楼——上海中心大厦开工建设。百年前，烂泥渡路刚刚辟通，来往行人绝不会想到，百年后，这里会竖立起这样一栋高楼，成为上海“高度”的象征。

1990年，党中央、国务院宣布浦东开发开放，浦东成为中国改革开放前沿阵地。1993年12月，《上海陆家嘴中心区规划设计方案》正式获批，短短数年间，黄浦江畔这片滩涂

上海中心*

地迅速成为改革开放热土，高楼林立，生机勃发，成为世界观察中国、了解上海的重要“窗口”。据《上海陆家嘴中心区规划设计方案》，该地区将建三幢高楼。1994年，第一栋420.5米超高层建筑金茂大厦开工。1997年，第二栋492米环球金融中心开工。2005年8月，位于陆家嘴Z3-2地块的上海中心项目建设消息正式发布。她将与金茂大厦、环球金融中心这两栋超高层建形成小陆家嘴中心区的制高点区域，勾勒出陆家嘴的城市天际线。

浦东开发开放初期，东方明珠“一枝独秀”，整个陆家嘴地区没几幢高楼

2006年4月，上海市政府专题会议正式宣布启动陆家嘴Z3-2地块建筑概念方案征集和深化研究工作。此后，由上海城投牵头，与上海陆家嘴金融贸易区开发股份有限公司和上海建工集团三方出资，成立了上海中心大厦建设发展有限公司。

上海市委、市政府高度重视该项目。2007年，习近平同志在上海工作期间，多次到陆家嘴地区实地调研，研究陆家嘴地区规划，审定上海中心大厦设计方案，推动相关工作，要求把上海中心建设成为绿色、智慧、人文的国际一流精品工程。

规划中的上海中心高632米，地上127层，地下5层，总建筑面积57.8万平方米，相当于外滩从外白渡桥到中山东一路“第一立面”建筑面积总和。该项目作为小陆家嘴地区超高层建筑群的收官之作，其意义不仅在于建一栋特别高的楼，还在于通过创新和实践，探索、引领全国乃至全球超大、超高建筑综合体的建设和运营。上海中心对外发布设计任务书的关键词就是“绿色”和“垂直城市”。

1998年，金茂大厦拔地而起

绿色，是贯穿上海中心全生命周期的追求。从设计开始，上海中心围绕于此，在节耗、节材、节工、节能、节水等各领域都进行了执着探索。

该项目在3万平方米土地面积上，拓展出57.8万平方米垂直建筑空间；大楼幕墙玻璃能将室外光反射率控制在12%以内；120°螺旋上升的独特建筑外形，能有效降低约24%的风荷载，更好保护建筑安全。75%的建筑材料在500公里范围内采购，以减少运输能耗和污染。

建筑信息模型(BIM)技术的运用，使上海中心实现了建造过程精细化与集成化管理，大幅减少了施工现场工作量及各类建材损耗。

楼内75%以上垂直电梯，使用能量回馈控制；建筑还采用冰蓄冷技术，夜间利用低价电制冰存储冷量，白天用电高峰时通过融冰实现联合供冷。大楼采用双层玻璃幕墙，避免室内外直接热交换，降低玻璃幕墙热损失，减少对人造冷热源的依赖，有效降低了能耗。

2008年11月29日，上海中心大厦工程开工仪式*

上海中心采用9组传输泵和1套水质消毒过滤设施，实现了632米卫生安全绿色水源供给。设于地下5层和地上66层的中水雨水系统，年设计非传统水源处理量达23.5万立方米。

在设计及施工阶段，上海中心创造性集成应用绿色建筑技术43项。尽管这样会增加2%左右建筑成本，却能使运营后建筑能耗下降20%，每年减少碳排量1.25万吨，相当于种下11万棵30年树龄的冷杉树。建成后的上海中心更积极围绕可持续发展目标，进一步加快建设“绿色商管”和“ESG生态圈”架构，更高站位探索实践绿色发展战略，结合运营实践找准发力点，赋能企业高质量发展。运营以来，上海中心始终保持了全球唯一600米以上同时获美国LEED铂金级认证和中国绿色建筑三星认证这两项中美最高等级绿色建筑认证的摩天大楼，成为国际一流绿色建筑标杆。

建设中国第一高楼，还要攻克许多技术难关，首先要面对柔软土质难题。上海地处长江三角洲冲积平原，是典型的天然软土地基区，松软土壤深280多米，含水量高，被喻为“豆腐土”。而上海中心体量相当于2栋金茂大厦、1.5栋环球金融中心，重量相当于70座埃菲尔铁塔。在软土地基上建造600米以上超高层建筑，犹如在豆腐上建万丈高楼，全球尚无先例。上海中心能否创造纪录，首先要解决的关键性难题，是桩基。

在软土地基上建造摩天大楼，国际通行做法是使用钢管桩，与上海中心一路之隔的金茂大厦和环球金融中心，采用的都是这种施工工艺。钢管桩是一种能在工厂直接加工好的成品桩，只要将它运到施工现场，用桩锤直接打到地下即可。然而，2008年上海中心开工时，其所处地理位置已不具备采用这种常规施工方法的条件。锤击法打桩产生的噪声与震动，土体挤压导致周边管线道路变形更是可怕后果。面对困难，工程师们联合国内最顶尖桩基研究和施工专家，终于找到了解决办法——采用后注浆钻孔灌注桩。实验数据显示，一根常规灌注桩，采用这种新工艺后，极限承载力可从800吨提升到3100吨。1079根后注浆钻孔灌注桩扛起了上海中心主楼近百万吨的重量，绝对保证了大厦安全。“中国智造”一举成功，为后续施工打下坚实基础。

其次是实现“滑移支座”装置的国产替代。“柔性幕墙”是上海中心又一“大智慧”。大楼整个外幕墙面积14万平方米，共20357块，每块重500～800公斤。由于其楼体旋转120°缓慢旋转状向上逐渐收分的特殊外形，每个单元板块均为异形单元板，没有一块完全相同。上海是季风气候，幕墙既不能太紧密，也不能太松，太紧密会受压破碎，太松会漏水。整个大厦分9个区，每两个区设备层跨越12～15楼层。要达到最高安全系数和最好的视觉效果，整体幕墙需用柔性钢结构支撑。建设团队发现，柔性幕墙的核心构件，是一种“滑移支座”装置，又是一块超难啃的“硬骨头”。

“滑移支座”原设计采用的进口部件价格昂贵、供货周期长，要价2.5亿元，是预算的10倍！而且这些来自海外的天价装置只在100多米高建筑上运用过，要用在超600米高大楼上，全世界没有先例。为此，上海中心迎难而上，成立了联合课题攻关小组，通过自主研发实现国产替代，大大降低了建设成本，确保了幕墙工程顺利施工。

这个其貌不扬的“滑移支座”凝聚着大厦众多建设者的智慧和心血。值得一提的是，

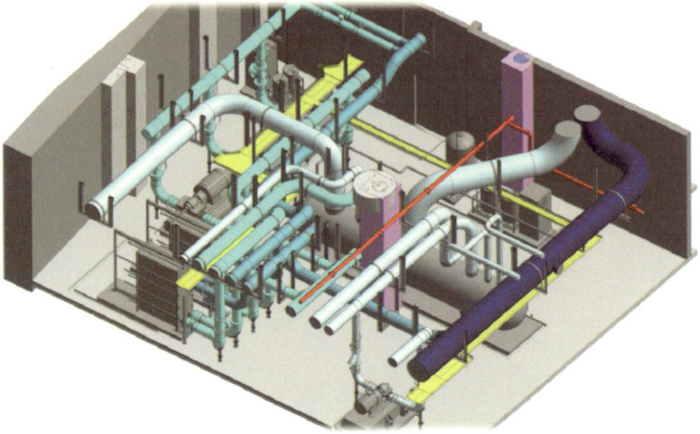

上海中心使用BIM系统进行机房深化设计*

因“滑移支座”技术攻坚，外幕墙施工延误了8个月。大厦充分发挥全程使用BIM技术的优势，幕墙板块及结构部件加工制作、现场安装实现可视化、数据化，以机械加工精度来做建筑工程，幕墙施工进度也从传统的六七天一层，加快到3天一层，最终把延误的工期抢了回来。另外，为确保安全，上海中心外幕墙每块幕墙玻璃均通过严格的水密性能、气密性能、抗风压性能、平行内变形性能测试。这也是世界范围内最大规模的幕墙样板测试，由此，大楼幕墙工程被业界一致认定为“世界顶级幕墙工程”。

此外，被外界称为“镇楼神器”的电涡流阻尼器，同样由我国技术团队自主研发。在研究各国高楼各种阻尼器技术后，上海中心决定设立被动式阻尼器，但在技术深化研究过程中，技术人员又发现了一种叫电涡流的阻尼技术。上海中心首次将该技术运用到超高层建筑风阻尼器

2010年3月26日，上海中心大底板浇筑完成*

上海一建确保优质完成上海中心大厦基础混凝土浇筑
上海建工材料公
上海建工为上海
市建设再作新贡献

建设中的上海中心(2013)

上，委托上海材料研究所设计实施，尝试取代进口。此举将大幅压缩造价，但风险和不确定性也会陡增……

由中国自主研发的电涡流摆式调谐质量阻尼器，重1000吨，是目前世界上最重的阻尼器。与传统阻尼器相比，该装置寿命更长，且无摩擦、无振动、无噪声，在常遇大风条件下，能达到目前世界最高的舒适度标准。这种运用电磁原理消能减振的技术曾用于磁浮工程等领域，用于超高层建筑阻尼器在国际上尚属首次，又一项“中国智造”诞生了。

2020年，美国《建筑实录》在创刊125周年之际，寻找125栋有全球影响力的建筑，拥有多个世界之最、中国之最称号的上海中心与悉尼歌剧院、纽约帝国大厦等一同入选。上海中心问鼎世界的并非只是高度，也不仅体现在建筑施工、技术创新等方面，还在于从建设到运营始终坚持“绿色、智慧、人文”的理念。这座“天空之城”始终追求注入文化

上海中心幕墙安装*

艺术细胞，拥有世界最高博物馆、世界最高空中园林、世界最高艺术酒店、世界最高人文艺术空间等，有温度、可阅读，闪耀人文之光，成为世界最具影响力建筑中最有特色的高楼。

在上海中心一层大堂，有三件出自中国著名画家、工艺大师的作品，被称为“三宝”。

第一宝，是上海中心一、二层办公大堂晶莹剔透的墙体——琉璃壁画《心相山水》。2015年9月10日，这幅总长132米、高4.2米，世界上最大的琉璃壁画揭开面纱，它是艺术家、工艺大师施森斌为大厦专门创作，以中国传统视觉艺术中最具意境的山水画为本体，展现天地间的和谐平等，焕发与众不同的生命力。

第二宝，是上海中心一层大堂前台背后的弧形釉面墙面陶艺《鱼乐图》，融入景德镇青花、洛阳三彩、宜兴紫砂等名窑制陶精华。其中陶板2015件，对应上海中心大厦的建成

琉璃壁画《心相山水》*

《鱼乐图》*

年份，合纵排列127列对应上海中心的楼层总数，632条飞鱼则对应上海中心的高度。作品由18位国家级大师共同制作完成，代表了当代中国陶艺领域的最高水准。

第三宝，是位于上海中心一层办公大堂主入口的已故著名艺术家陈逸飞先生遗作《上海少女》。这座实心铜雕高2.9米、重达数百公斤，是陈逸飞创作的唯一铜雕塑作品。2014年12月，其生前好友将该作品捐赠上海中心，《上海少女》婀娜多姿，其神韵与上海中心大厦融为一体。

上海中心第37层有“世界最高的博物馆”——观复博物馆，展陈与设计充盈着上海这座国际化大都市的典雅浪漫气质。馆内常设展现宋辽金时期人文精神、生活趣味的瓷器馆、见证18世纪中西文化交流的东西馆、穿越千百年历史沧桑依然耀眼璀璨的金器馆，涵

《上海少女》*

盖汉传、藏传、东南亚地区佛像代表的造像馆，以及定期为游客奉献主题展览的临展馆。五个展馆全年无休，并以开放式展览，为游客营造环境“与古人对话，与文化交流”。

上海中心52层，有一处集阅读分享、会议展览、讲座培训、社交休闲等多功能于一体的公共文化空间“朵云书院”。作为上海最高书店，同时也是朵云书院旗舰店，这座面积约2200平方米的“城市文化客厅”面向陆家嘴金融城都市白领，辐射全球各地游客，为爱书人提供了丰富的文化体验，每天吸引众多游客慕名而来，广受青睐。

上海中心84～120层中的15层为世界最高的艺术酒店，汇集古今中外之长、集合多种艺术之美，给予宾客俯瞰上海的全新视野，从设计、美感、科技和服务出发，打造一座云端私人艺邸，提供具有现代东方特色的旅居体验。

大楼126层，距地面垂直高度583米，是一处殿堂级艺术空间。这里首次尝试将功能机

37层观复博物馆*

械艺术化，把电涡流阻尼器制成集功能和美观于一体的艺术品，阻尼器上部雕塑《上海慧眼》，造型酷似眼睛，灵感来自《山海经》中的“烛龙之眼”。雕塑高7.7米，底座直径9.1米，采用琉璃玉和钢制作而成。前NBA著名球星科比•布莱恩特在此发表过演讲，国际斯诺克大师约翰•希金斯与对手在此进行过巅峰对决，传世300年的意大利国宝级小提琴“克莱蒙纳人”在此展示，好莱坞著名电影《阿凡达》《泰坦尼克号》的音乐制作人西蒙•弗兰格伦，为这一空间量身定制了乐曲《上海的一天》。为了进一步丰富其文化艺术内涵，上海中心与锋尚文化合作打造天时(Sky632)光影科技互动沉浸式演绎项目，2021年12月31日正式向公众开放至今，成为上海中心又一品牌项目，备受瞩目。

2023年2月20日，上海中心大厦B1层新增一家色调鲜明的实体书店和知识漫画空间——混知书店。店名来自深受广大粉丝喜爱的微信公众号“混知”创始人——青年漫画家陈磊。作为小型文化综合体，该书店包括书店区、快闪区、咖啡馆、小剧场，还有一家实打实的小酒局，占地面积近2000平米，这也是目前上海形态最丰富的复合型实体书店。

值得一提的是，上海中心共有21个花园式庭院“空中大堂”，其中37层的“半亩园”最具特色，被誉为世界最高的空中园林，宛若玻璃幕墙间的江南梦。但那些千年树龄的紫藤、天竹，以及假山、水榭、亭台等，早在十多年前规划设计时，便已预留了位置。

另外，大厦22层的陆家嘴金融城党群服务中心，下辖10个片区党群服务站，覆盖金融城区域450多个基层党组织、11000余名党员。2018年11月6日，习近平总书记参加中国首届进口博览会期间，视察陆家嘴金融城党群服务中心并作重要讲话。作为上海楼宇党建最重要最知名的示范点，陆家嘴金融城党群服务中心广受认可和欢迎。

上海中心是目前中国第一、世界第三高楼，有电梯158台，设备用房超过1700余间，车位1800余个，各类管道、线缆总长超2000公里……大楼工作人员、租户、访客、观光客、餐饮客相互叠加，人潮涌动，每日平均客流量近3.5万人次，是名副其实的“垂直城市”。对这座超高层综合体的运营管理者来说，放眼世界亦没有太多模式先例可循。大厦

52层朵云书院*

101层J酒店大堂*

坚持对标国际一流，积极引入有一百多年商业地产运营管理经验的国际建筑业主与管理者协会(BOMA)相关标准，对照大楼运营实际进行了运维管理全方面整改和提升。

大厦先后荣膺国际建筑业主与管理者协会“BOMA全球创新大奖”、世界高层建筑与人居学会“2016世界最佳高层建筑奖”、世界最大房地产展会“最具人气奖”等及中国建设工程鲁班奖、中国土木工程詹天佑奖、国家优质工程金奖等重要国际国内大奖。其高品质运营服务，受到客户与市场认同，也因此吸引了J.P.摩根、法国巴黎银行、安联保险、惠誉评级等各行业、各类国内外知名企业入驻。专业高效的物业管理、亲切可人的观光接待、贴心细致的酒店管家，服务高端大气的会务、美味新巧的餐饮、创意非凡的展览等，全面展现了上海中心作为地标建筑品牌的无穷魅力。

而今，国际化体育运动赛事和展览、多国国宝级艺术展示，都争相在上海中心举办。

126层阻尼器上部雕塑《上海慧眼》*

B1层混知书店*

22层党群服务中心*

37层“半亩园”*

2018年11月25日，第二届上海中心国际垂直马拉松赛开跑，国际奥委会副主席胡安•安东尼奥•萨马兰奇作为赛事形象大使领衔开跑*

“一带一路丝路行”2019年德国汉堡——上海文化使者跨越欧亚新丝路抵达仪式(2019.7.5)*

2023年12月上海中心举行敦煌快闪活动*

从南京路外滩看上海中心(CGEMA影像提供)

546米高的上海中心观光厅，能360° 俯瞰上海浦江两岸美景，2023年接待全球游客近170万人，包括多国元首与政府首脑。上海中心是上海向世界敞开品牌窗口靓丽的名片。632米，只是它凝固的高度，而文化则是这座摩天大楼永恒的生命主线。

打开上海中心档案之门，一张张照片、一段段视频、一卷卷资料，真实记录了这座中国投资、设计、建设、管理的中国第一高楼的建设运营历程，更展现了当今中国、当今上海的勃勃生机。如今，直入云端的上海中心，犹如一条腾飞巨龙，以自信的姿态，放眼世界，为世人呈现最美的“心中上海”。

(严　明)

---

*系上海中心提供

后记

与第一辑相同，本书所用大部分档案来自上海市档案馆的馆藏。

感谢上海市孙中山宋庆龄文物管理委员会及所属单位、江南造船集团、上海申通地铁集团、黄浦区档案馆、静安区档案馆、虹口区档案馆、普陀区档案馆、闵行区档案馆、上海中心、上海展览中心、CGEMA影像资料库等众多单位对本书编撰的大力支持。

责任编辑陈立群先生一如既往对书稿文字、图片严格要求，为使本书更为精彩，还提供了许多珍贵资料及线索，在此一并表示感谢。

本书得以出版，更要感谢各位作者。

本次编撰，我们吸收了市档案馆更多青年研究人员参与写作，还将作者范围扩大到有关单位和区档案馆。他们在繁重的专业和行政工作之余开展写作，全凭对档案事业和上海城市历史的热爱。

众手成书，书中难免存在不足之处，真诚地希冀社会各界与广大读者批评指正。

编 者

2024年12月